軟性電路板技術與應用

林定皓　編著

全華圖書股份有限公司

國家圖書館出版品預行編目資料

軟性電路板技術與應用 / 林定皓編著. -- 初版.
　-- 新北市：全華圖書, 2018.09
　　面；　公分
　ISBN 978-986-463-903-8(平裝)

　1.印刷電路

448.62　　　　　　　　　　　　107012984

軟性電路板技術與應用

作者 / 林定皓

發行人 / 陳本源

執行編輯 / 呂詩雯

出版者 / 全華圖書股份有限公司

郵政帳號 / 0100836-1 號

印刷者 / 宏懋打字印刷股份有限公司

圖書編號 / 06374

初版二刷 / 2019 年 11 月

定價 / 新台幣 680 元

ISBN /978-986-463-903-8(平裝)

全華圖書 / www.chwa.com.tw

全華網路書店 Open Tech / www.opentech.com.tw

若您對書籍內容、排版印刷有任何問題，歡迎來信指導 book@chwa.com.tw

臺北總公司(北區營業處)
地址：23671 新北市土城區忠義路 21 號
電話：(02) 2262-5666
傳真：(02) 6637-3695、6637-3696

中區營業處
地址：40256 臺中市南區樹義一巷 26 號
電話：(04) 2261-8485
傳真：(04) 3600-9806

南區營業處
地址：80769 高雄市三民區應安街 12 號
電話：(07) 381-1377
傳真：(07) 862-5562

編者序

電子產品受空間與機構限制，不少產品必須搭配軟板進行配置。隨著可攜式產品空間壓縮，人機介面、產品外型都已不是傳統機構所能應付。當以觸控螢幕為主的智慧型配備成為主流，超薄機構也必須有可彈性連接的軟性電路板才能盡其功。軟性電路板技術發展，代表著電子產業基礎的完整性，不斷輕薄化的設計更呈現出它的重要性。

軟板與硬板類似但不同，結構比較偏向搭配產品機構來設計，複雜產品外型設計都需要導入不同軟性電路板結構。面對價格競爭壓力，廠商必須擁有個別差異與技術能力，才能應對多樣快速變化的市場。當產品世代更迭更快速，如何滿足系統期待成為軟性電路板業者最大挑戰。

如今離筆者首次編寫軟性電路板相關技術專書已經多年，這些年因為工作關係，參與過多次軟硬板的專案製作，並對市場狀態進行解析。在更新版本時總希望能適度將經驗與見聞，整理進內容。

引介書籍資料與個人看法，都僅是理論與特定狀況的再現，或許與同業前輩經驗、知識、看法未能契合，謬誤在所難免，向祈讀者不吝指教。

景碩科技 林定皓
2018 年春　謹識 于台北

編輯部序

「系統編輯」是我們的編輯方針，我們所提供給您的，絕不只是一本書，而是關於這門學問的所有知識，它們由淺入深，循序漸進。

本書共十五章，涵蓋軟性電路板主要技術議題與各種經驗。豐富的數據、表格、圖片、輔助說明，能讓相關知識易懂且快速吸收，並集結多方文獻，經整理分類可以加速學習。對有意踏入軟性電路板領域的讀者必有助益，本書適用於電路板相關從業人員使用。

同時，本書為電路板系列套書 (共 10 冊) 之一，為了使您能有系統且循序漸進研習相關方面的叢書，我們分為基礎、進階、輔助三大類，以減少您研習此門學問的摸索時間，並能對這門學問有完整的知識。若您在這方面有任何問題，歡迎來函聯繫，我們將竭誠為您服務。

目　錄

v

CONTENTS

CONTENTS

CONTENTS

CONTENTS

CHAPTER 1

軟板簡介

1.0 緣起

本書是有關軟性電路板 (Flexible Printing Circuitry)(以下簡稱 "軟板") 的技術書籍，編寫目的是要整理說明：軟板材料、製造方法、設計原則、檢驗與規範等資訊，期能幫助讀者理解，讓他們能有效利用這個強大電子互連技術。

1-1 軟板技術綜觀

硬板與軟板直觀上類似，同時也有不少共通技術與製造設備，不過最根本差異在於結構材料，這讓兩種技術特性呈現大區隔。本章內容整理目標，希望讓讀者理解整體技術特性並有清晰輪廓。

過去業者曾用多種方式定義軟板，廣爲業者接受的描述，以 IPC-T-50 "印刷電路板的詞彙與定義" 爲代表。這份文件對軟板定義是：「使用軟性基材，在其上隨機配置印刷線路並可有或無保護層 (cover layer)」。這個定義對熟悉使用軟板的人相當容易理解，對熟悉複合基材電路板人來說，也能望文生義。

不過更廣泛延伸 "軟板" 這個詞彙，可以擴及軟板組裝及連接器或部件技術，可以進一步延伸 IPC 軟板定義，將意義放大到如後範圍：

● 線路圖形是以重覆製程產生，如：印刷導電油墨、影像轉移與蝕刻、機械性切割金屬薄膜、以數控 (NC) 設備形成與配置線路。

● 介電質材料與導體線路會產生緊密貼附。

● 典型產品整體厚度低於 0.5mm。

這些額外描述，釐清了印刷、隨機問題，降低了製造方法範圍混淆。

1-2 軟板一般特性

軟板產品類型，會設計成以下幾種代表型式：

● 單面軟板。

● 單面線路雙面組裝軟板。

● 雙面軟板。

● 多層軟板。

● 軟硬板。

● 部分強化支撐軟板。

設計者對這些軟板類型，選擇時必須有清楚認識，才不致選用不當機構應用。當選定軟板結構，如何善用軟板組裝去發揮最佳撓曲、彎折表現，是成功應用軟板產品的關鍵。軟板應用考慮的事項包括：功能、成本、信賴度、構裝效率、空間應用等。良好設計可降低成本、改善功能、節省空間、提升信賴度，這些因素在應用時都要同時考慮。

以功能考慮，用軟板替代傳統電纜排線設計，約可以減少 50% 重量。利用軟板設計電子產品，可以擁有以下諸多好處：

性能方面

● 部件有相對運動需求，軟板可提供高循環撓曲壽命動態連結。

● 部件組裝可在平面進行，並依據產品需求彎曲組裝搭配產品外型。

● 必要時可以恢復平整狀態做維修。

● 可以有效提昇構裝效率。

成本方面

● 軟板可減輕傳統排線組裝負擔，約節約組裝成本 20 ～ 50%。

● 可以降低固定接點及配接方向錯誤，簡化檢查、偵錯、重工。

● 與排線比可以省去切線、剝線、處理接頭等繁複作業。

　　相較於硬板尺寸穩定度，軟板需要更多製程、工具、量測等公差控制。用聚醯亞胺樹脂材料製作軟板，單價比同面積、結構硬板材料高，但加入軟板可降低硬板用量及排線連結。使用軟板可讓產品整合更容易，降低部件、端子、接點量，提昇產品信賴度。

　　早期軟板用途大半做為纜線 (Cable)，提供點對點互連。此類功能軟板多是單、雙面板，因此常見軟板多為單、雙面板。它們是以銅箔壓合在 PET 或 PI 基材上，利用製程形成單雙面線路。

　　軟板不只能當撓曲電纜 (Cable)，實際應用還有連續動態 (Dynamic) 撓曲。早期美國軍方特殊用途最多，70 年代末軟板逐漸用到計算機、攝相機、印表機、汽車音響等。日本業者導入最積極，成為當時軟板主要消費市場，爾後美國軟板應用轉向民生。近來這類應用尤其廣泛，諸如：軟硬式磁碟機、光碟機、筆記型電腦、手機、數碼攝相機等，都因為需要動態連結大量採用軟板。某些軟板要能承受數十萬至數億次動態撓曲，圖 1-1 所示為硬碟機讀寫頭應用範例。

▲ 圖 1-1　硬碟機的讀寫頭

　　目前業者慣用 FPC(Flexible Printed Circuitry) 直呼 "軟板"，這能表現出它的物性。電子產品多樣設計，不但電氣連結重要，還要達到立體設計組裝便利，這是軟板無可取代的功能性。高階軟板應用如：軟帶式自動組裝 TAB (Tape Automated Bonding) 構裝，利用內引腳做積體電路構裝，或者做直接晶片安裝 (DCA-Direct Chip Attachment)，這類技術也因為軟板材料輕薄、柔軟特性被使用。目前多數平板顯示器，也大量使用 COF(ChiponFilm) 技術，又是軟板重要應用。

　　1980 年代 SMD 技術開始發展，促使組裝密度大幅提昇，同時也有利於微型化。軟板最重要特徵，就是具有薄而不易斷裂的介電質，某些應用已用到 7.5 μm 厚的材料，這些超薄特徵對積體電路構裝有幫助。特定應用甚至不以軟為訴求，而以薄及高絕緣性為考量。圖 1-2 所示，為美國 Tessera 公司發展的 CSP 軟板構裝。目前，業者可量產～ 7μm 厚的軟板基材，實際應用價值可期。

▲圖 1-2　Tessera 軟板 CSP 構裝與類似產品

電子產品製作組裝前，為持取方便及尺寸、外型安定性，軟板有時會局部貼附背板 (Backer) 或補強板 (Stiffener)，強化軟板提升操作性。在少數高電功率應用，也有類似硬板增加金屬散熱片的設計。

輕薄材料經歷組裝熱循環，會因為材料柔軟而容易吸收熱漲冷縮應力，因此在直接連結 "無引腳 (Lead-less)" 構裝部件，很少聽到軟板因為疲勞斷裂的問題。面對高密度構裝趨勢，軟板不但讓晶片直接安裝可行性提高，在 3-D 構裝軟板也備受矚目。

1-3 ⫶ 軟板發展沿革

最早軟板用線路印刷製作，早在 1904 年 Thomas Edison 在亞麻紙上製作導電線，取代電線功能。他提出油墨印刷，在圖形表面灑金屬硝酸鹽粉末，再還原法金屬鹽為金屬。這是實用概念的開始，但未見實際量產。近年又有類似概念提出用於細線路製作，不過金屬化已採用 60 年代後的觸媒技術。多家日本廠商發展含硫酸銅與還原劑混合油墨，希望在觸控面板上印刷線路後，還原製作導線，也是軟板應用的延伸。

早期電路板先行者有諸多專利，提出多種不同製程，包括：印刷法、轉印法、電鍍法等技術組合。早期因為可用材料有限，橡膠類材料成為發明者主要選擇。雖然材料不同，但質地軟、可撓曲都在文件中出現，雖然數十年後立體 3-D 線路才被實用化，但概念早已存在。圖 1-3 為典型傳統電線與系統配線的比較。從桌機到筆電，正式這種觀念的實踐。

▲ 圖 1-3　典型傳統配電線與系統配線的比較

　　不論軟、硬電路板，真的大量用於工業產品，是在 1940 年代後。它取代 40 年代前產品以銅線配電生產，使大量生產複製速度加快，產品體積縮小、方便性提昇、單價下降。60 年代後，電唱機 / 錄音機 / 錄影機等產品，陸續採用電路板製造，軟板則在後來的彈性連結及特殊應用導入。它隨電子構裝及產品立體化、輕薄化，重要性與日俱增。

1-4　幾種典型軟板、立體線路範例

　　文獻討論軟板，偏重軟性材料製作的電路板，探討主要範圍也以堆疊結構表達。不過實際電子世界，需求的是立體互連，因此不限定在我們認知的軟板形式。圖 1-4 所示，為較常見的軟板類型示意圖。

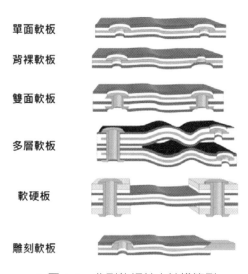

▲ 圖 1-4　典型軟板基本結構範例

　　高分子材料成熟發展與多樣性，讓電路彎折產生變化。後續陳述，是三個不同可彎折軟板應用領域範例：

a. 軟板

　　軟板也區分爲單、雙、多層板，當然業者也針對特殊結構產生不同產品稱謂，本書內容以這部分佔最大比例。

b. 薄膜式開關 (Membrane Switch)

　　也分單、雙層電路，不過線路多數都以印刷法製作在 Mylar 上，配合碳墨印刷、跳線及各式按鍵片組合，形成完整薄膜式按鍵，用在各種儀器設備上。圖 1-5 所示，爲標準薄膜開關軟板。目前比較簡易的血糖測試片，也有部分是採用這類技術製作。

▲ 圖 1-5　薄膜式開關

c. 塑性立體電板

　　Rogers Bend-Flex 是早期美商 Rogers 的專利產品，不過應用者不多，如圖 1-6 所示。

▲ 圖 1-6　Rogers Bend-Flex 實物

軟板以外的立體線路

　　模具射出互連部件 (MID-Molded Interconnect Device) 也是立體電路技術，它是在可射出成型塑膠基材上，製作的立體線路結構產品，如圖 1-7 所示，是軟板以外可以建構立體連接的模式。

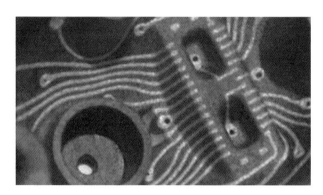

▲ 圖 1-7　MID 實物照片

　　它的主要製造流程類型可分為：(1)FilmTechnique　(2)Photoimage Technique　(3)Two-Shot Molding 等幾種。前者以軟膜製作線路切成小片，之後做熱塑樹脂射出完成互連線路定型。第二項技術以曝光或雷射活化局部材料，之後利用金屬化技術做線路製作。第三項技術則以兩次塑膠射出製作外型與局部活化區，接著以金屬化技術製作線路。

　　這類技術目前比較大的應用，是製作立體天線及汽車面板類產品，到目前為止這類技術應用仍不夠普遍，也非本書的主要訴求技術，在此僅與軟板做對比陳述。

1-5　典型軟板斷面及製作簡述

　　軟板包含三層主要材料：一層基材介電質、一個中心導體層與一層頂部保護膜 (覆蓋膜 - 若是層膜) 或覆蓋塗裝 (覆蓋塗裝 - 若是液體塗裝)。保護膜或覆蓋塗裝在低成本產品也可能缺席，又或者以高解析度產品使用的感光影像轉移、絲網印刷製作。

　　保護膜開口，是為了提供端子襯墊 (Pad) 與導體接觸的位置，產生開口是透過剝開 (Baring) 法，製作穿透基材介電質材料的開口，不論是在導線產生前或後都可執行，製作線路後才處理稱為反向剝開 (Reverse Baring)。若襯墊雙面都作剝開結構，襯墊就呈現全裸露無支撐狀態。

　　保護膜會對正蝕刻金屬外型，並對齊堆疊執行壓合。壓合會先做沾黏假貼 (Tacking)，以局部加熱施壓達成 (可改用焊接烙鐵)，或者可用溶劑潤濕保護膜、黏著劑完成，之後將材料壓在一起，持續一段短時間。

　　導線是以光學與機械製程生產，做出精確尺寸線路，靠原始感光線路圖形工具：〝底片 (Artwork)〞。導線製作法，會影響材料使用與手法。多數軟板製作，是靠減除蝕刻法去除部分銅，留下未蝕刻的線路銅。典型減除蝕刻結構示意，如圖 1-8 所示。約有近 80% 軟板，介電質是高性能成本的聚醯亞胺膜，常見膜厚 12.5 ～ 50μm，其它產品則維持使用聚酯樹脂 (PET) 或其它低成本材料。

▲ 圖 1-8　全減除結構示意

　　使用半加成製程製作的軟板百分比逐漸增加，這種製程是在基材金屬種子層上製作影像，暴露出期待線路圖形，之後用互連種子層作導通，電鍍線路圖形到達期待厚度。最後光阻與金屬種子層會被不同蝕刻與剝除程序清除。圖 1-9 所示，為半加成製程結構示意圖。

▲ 圖 1-9　半加成製程結構示意

高性能介電質材料，會因爲用黏著劑做介電質與導體層結合讓性能降級。爲了應對高性能需求，業者使用較新材料組合稱爲〝無黏著劑 (Adhesive-less)〞結構製作軟板。這種材料以幾種製程生產：

- 塗佈液態介電質材料先驅體到介電質上並壓上銅皮
- 沉積導電金屬到介電質材料膜上再調整厚度
- 使用特性接近介電質材料的高溫、高性能黏著劑來結合銅皮

以上幾種方法，都因爲排除使用熱塑黏著劑，可以提升整體介電質材料性能。

廉價軟板產品，可以在介電質上直接印刷導電油墨製作線路，這就是所謂高分子厚膜 (PTF) 法。線路圖形，可以利用絲網印刷介電質油墨做絕緣，同時可以在期待互連點製作開口，接著在其上製作額外導體層產生多層結構。這種技術的兩個主要劣勢是：(1) 線路電阻比較高 (高於銅 10 ～ 30 倍)　(2) 必須使用特殊端點處理技術。

也有業者採用導電膏做高密度半導體裝置貼裝，這種技術用量正在增加。因爲這種技術只需通過適度熱暴露，且事後不需清潔處理，又可以用在小於 20mil 細間隔 (fine-pitch) 的端子組裝。厚膜技術製作的線路常用到導電膏，它的另一個重要用途是處理不可焊接的端子組裝。

端子處理

電路板各種襯墊與端子典型處理，是製作一個放大的導體區，時常是在導體終點製作通孔或襯墊來承接連接器插梢或其它硬體結構，這些接點多數都以焊錫銜接到襯墊，通孔透過 NC 鑽孔或模具沖壓製作。

當線路複雜度增加，且繞線結構需要多於一層以上，就必須使用電鍍通孔 (PTH) 技術搭配立體結構。靠複雜化學製程，軟板通孔內圓柱型孔壁被賦予導電能力，之後做銅電鍍形成圓桶狀互連機構，串接各層襯墊。電路板被孔貫穿，內層襯墊與孔圓柱邊緣的附著稱爲 " 介面結合 "，桶型兩端表面襯墊則與其它導體做互連。

軟板 PTH 孔，普遍用途是作爲連接器介面，連接器插梢會通過叢集通孔做焊接。這種介面機械強度高，是良好信賴度產品愛使用的結構，因爲插梢與通孔形成傳統插入結構，可以保護接點承受外來應力。圖 1-10 所示，爲軟板通孔連接範例。

▲ 圖 1-10　軟板通孔連接的範例

軟板主要生產問題之一是對位，或者說是保護膜開口、孔覆蓋開口與端子位置間對齊問題，這就是所謂環狀圈 (Annular Ring) 問題。正對中心與層間對位，受到工具與操作方法控制，它們包括：

● 先期影像工具孔製作

● 後段蝕刻光學對齊用工具孔與蝕刻線路圖形

● 局部對位與多區對位

● 目視或作業人員的局部對齊

不論片狀或連續捲式，軟板會製作緊密巢狀線路圖形，在片或捲狀材料可用區域配置最多的重覆線路圖形。多數業者是以片式生產，這樣可以得到最大生產彈性。一旦通過了覆蓋膜壓合程序，個別軟板會從大片結構切割出來或做成形處理。

當軟板客戶傾向使用全片模式組裝，軟板會做局部成形 (留下小牽引區固定線路位置，這些區域組裝後會扯掉) 或者全部切割後在出貨前再以全板配置包裝。最普遍成形的方法是用刀模 (低成本切割工具，是刀鋒固定插入背板刀座的刀具) 切割，其它方法還包括 NC 設備切形或用高精度沖模成形。切形工具會以工具孔、標靶、樣版、對位點等對正線路。典型軟板連片結構，如圖 1-11 所示。

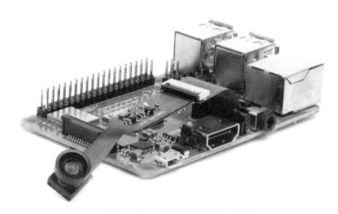

▲ 圖 1-11　典型軟板連片結構

軟板襯墊接觸常用焊接，也常用零插入力 (ZIF) 與低插入力 (LIF) 連接器。這些都需要特別襯墊表面處理，此類工作以全板作業比較容易。另外業者也會因爲組裝前儲存壽命考量，採用不同金屬表面處理，軟板商會針對不同需求提供這類處理，稱爲 "最終金屬表面處理 (Metal Surface Finish)"。普遍處理法包括：電鍍錫、電鍍鎳金等，這些表面處理可以維持可焊接性數月，同時也與低成本連接器相容。業者有時也會使用有機防鏽或抗氧化塗裝，這類技術的優勢是，軟板產品不需經歷高溫處理。

標記

電路板製造商普遍會將產品名稱、商標、型號、製作日期與其它文字訊息、命名製作入底片，用來定義電路板線路圖形。其它會出現在軟板的標示項目包括：連接器插梢、測試點定義、設計版本等。底片上標示訊息的優點是，可以整合電路板明確資訊，同時可永久性保持其定義。標示也常用絲網印刷、打印，以環氧樹脂或其它耐久油墨製作在最終電路板上。

1-6　小結

　　1980 ～ 1990 年代軟板大宗應用是電腦、資訊與週邊，約佔市場比例三分之一，另外五分之一是汽車工業應用，其它則比較零散如：儀表板、通訊產品等也佔了 15%。不過現在可攜式產品處處可見，這也是為何現軟板地位如此重要的主因。軟硬複合板過去被用在航太設備，提供高密度及可靠電路連結。

　　充分利用軟板可撓曲、三度空間配線，對產品小型化有重大貢獻，且連帶促使半導體部件、高密度構裝嘗試採用技術。這些產品跟著人們隨身移動，讓行動通訊產品更方便且可穿戴、植入 (如：智慧型衣服、電子耳、心律調整器)，產品幾乎已經成為人體的一部分。

　　不少硬基板被軟板取代，提供獨立部件載體功能，如：晶元級尺寸構裝 (Chip Scale Packages, CSP) 就是典型代表。無論在 IC 部件、電子或液晶顯示面板構裝，軟板都沒有缺席。製程設計及新材料使用要一併考慮，才能顯現軟板效能。軟板已由傳統只做為訊號連接，轉為可承載半導體，應用也已跨入 IC、LCD 和醫療、航太等高密度線路領域。

CHAPTER

2

使用軟板的動力、好處與代表性應用

2-1 使用軟板的動力

　　使用軟板的目的，是要降低連接成本並提升性能。用於部件間連接的三種普遍結構產品是：排線串接、軟板與電路板，最普遍且有較大彈性的是軟板。軟板與硬板，都是高度工程化且能量產的互連產品，具有低組裝成本與穩定轉換功能性優勢。電路板具有較好的部件支撐力，是它的重要特徵。若部件不重，軟板也可以利用局部補強提供這些功能。

　　在多種應用表現，軟板明顯優於硬板，因為它可以搭配產品外觀幾何形狀變動，適應最極端立體佈局與組立形式，同時可以利用彈性結構吸收衝擊與震動。多數軟板應用也優於排線表現，如：硬式磁碟機必須有嚴苛撓曲壽命與扭力規格，軟板就是唯一選擇。至於朝向更小部件發展，快速滲入 COB 產品、輕薄需求技術、多層微連接技術，軟板在這些領域都展現特有優勢。表 2-1 所示，為軟板在電子領域成功的應用範例。

▼ 表 2-1　軟板在各電子領域產品的應用範例

汽車		電腦與週邊	
儀器板		點陣打印頭	
後台控制		光盤驅動器	
接頭連接線		噴油印表頭	
ABS 系統		打印頭電纜	
消費性產品		工業控制	
數碼攝相機		雷射測量儀	
個人娛樂		電感線圈	
運動監視器		影印設備	
手持電算機		加熱線圈	
醫療		儀器	
助聽器		NMR 分析儀	
心率調整器		X-ray 設備	
心跳顫動停止裝置		顆粒計數器	
超音波探針頭		紅外線分析儀	
通信			
行動電話		基地台	
高速電纜		智慧卡與 RFID	
軍事與航太			
衛星周邊裝置		智慧型武器	
儀器面板		雷射陀螺儀	
電漿顯示器		魚雷	
雷達		電子遮蔽機構	
噴射引擎控制		無線高頻通信	
夜視系統		監視系統	

2-2　使用軟板的優劣勢

　　產品使用軟板能獲致的優劣勢，在後續討論可以逐步呈現。使用軟板的應用優勢如後：

● 可以降低系統佈局錯誤，減少部件及端子數目並降低組裝負擔。

● 簡化組裝結構讓彎曲位置能順利操作，部件也能穩定安裝在基板上。

● 使產品比採用硬板點對點設計更輕量化。

● 充分運用空間同時可以獲得立體化連結設計可能性。

● 可以提供動態連結機構，同時提供立體組裝的彈性與最佳途徑。

● 減少接點可以減少操作，減少接點應力可以提昇連接信賴度。

● 薄材料有利於熱傳，若使用金屬支撐結構更有利於高瓦數產品設計。

● 柔軟材質特性可以改善構裝效率。

● 薄膜有利 SMT 部件漲縮應力平衡，降低熱應力所產生的斷裂傷害。

● 柔軟可以對線路連結產生整合性優勢，縮小構裝尺寸。

● 改善空氣流通與熱管理狀態。

● 順應載板需求可以應用在表面貼裝技術。

● 可以做立體構裝設計，如圖 2-1 所示。

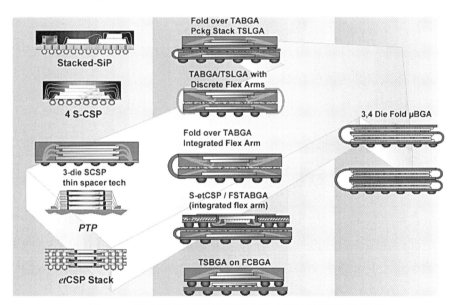

▲ 圖 2-1　軟板可以組裝後折疊產生立體空間應用的效果

● 改善產品外觀。

● 改善訊號整合，範例如圖 2-2 所示。

▲ 圖 2-2　軟板有特殊功能，可以做成雙絞線圖形並做線路遮蔽

　　軟板沒有絕對標準可用目錄查詢，個別應用都是特殊設計。對於特定應用，必須做個別設計、採購、配送、庫存，這些都是必要項目。因為個別軟板設計，需要考慮前段工程努力與昂貴治具投資，不論硬體與基礎數據建立都包含在內，小量生產產品成本偏高且改變困難。

　　因為執行面只能在互連設計後才開始，因此先期規劃難免因此延遲。相對的，排線可以不必製作治具就生產，也可以在整個產品完成發展前先行製作，又可以重工增加導體，並隨時改變接點間連接關係。

　　使用軟板的劣勢整理如後：

● 軟板單價比同面積硬板單價高 (高分子厚膜聚酯樹脂板例外)
● 軟板外型變化工具更動難，必須謹慎設計才能控制成本 (雷射切割發展後可改變)
● 與電纜相比仍然無法承受較高電流 (有調整空間)
● 支撐機構常是支撐大或重部件的必要手段
● 不易獨立處理單一部件，較難做修補或更換焊接部件
● 需要治具才能做自動組裝與焊接工作
● 特性阻抗比硬板穩定性差，因為線路形狀不定又有吸水變化問題
● 整體尺寸穩定度較差

2-3　何處使用軟板最佳

　　選擇軟板大量組裝是一門技術，排線、導線連接對樣本與實驗用途比較適合。軟板成本主要因子是線路面積，對排線主要因子則為線數與長度。當許多線路在小面積運作，軟板因為單位連線成本低會勝出。若只有幾條線路做長距離連接，則導線、排線是好選擇，表 2-2 是兩者在各種應用的簡單特性比較。

　　如果構裝工程、設計師關心大量生產組裝成本，軟板是必然需要斟酌的部件。如果能提供製作產品資訊，並在前端做工程、工具成本管控，軟板有機會成為低組裝成本技術。軟板成本會因為利用率增加與設計調整降低，低成本來自於下列因素：

● 軟板被用在各種等級互連：部件至部件、多部件間、片對片
● 所有硬體如：連接器、較大部件都可以採用軟板連接

● 軟板允許大量端子設計
● 軟板設計可以事先做最終電性測試

▼ 表 2-2　軟板與排線連接的優劣特性比較

項目 ＼ 連接類型	軟板	排線、導線
工程啓動成本	高	低
反應時間	長	短
採購成本	高	低
組裝人力	低	高
檢驗成本	低	高
重工	低	高
一致性	高	低
遮蔽需求	少	高
容易改變	低	高
成本基礎	面積	導體數量

2-4　軟板典型互連結構

軟板搭配 SMT 技術

　　業者會因爲不同原因，採用軟板做電子構裝互連，如：動態撓曲就必須選用軟板，這類應用限制頗多缺乏可替代品。不過業者有更多領域與機會採用軟板，這些也都經過證實與考驗，確認其使用成功性。軟板可以搭配其它技術達到結構密度改善，尤其是搭配 SMT 可以善用電路板面積整合小電子部件，提升軟板技術最低構裝能力。

　　這種技術整合優勢，可以改善互連信賴度，因爲軟板材料具有表面貼裝部件低彈性係數與高順服特性，降低部件與基材間熱膨脹係數不搭配的影響。圖 2-3 所示，爲軟板用於 SMT 組裝範例。

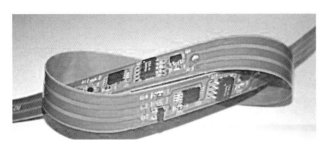

▲ 圖 2-3　搭配 SMT 技術的軟板組裝範例

軟板安裝晶片 (COF-Chip on Flex) 技術

　　這些年來為了要在最小空間內配置最多互連結構，設計與構裝工程師採用結合軟板與晶片為一體的 COB 技術生產 COF 產品，就是軟板裸晶直接構裝。這類想法的產品，有幾種不同技術嘗試，比較重要的除了 COF 產品外還有 TAB 結構。硬板的晶片構裝 (COB) 產品，在 1970 年代後期就已商業化，發展到軟板晶片構裝是水到渠成。晶片貼附到軟板基材，會用適當治具貼裝材料，之後靠打金、鋁線或覆晶技術產生連結。無膠軟板基材是這類結構慣用的材料，因為軟板應用材料會有相對較軟的黏著劑，偏軟基材會減損打線能量，導致打線不良。

　　TAB 型懸空引腳軟性電路板，是另一種軟板與晶片整合，軟板必須做出延伸懸空引腳。這種技術並沒有被廣泛應用，但在特定領域有其特殊實用性。圖 2-4 所示，為軟板用於 IC 構裝範例。

▲ 圖 2-4　使用 IC 直接連接的軟板產品

IC 構裝中介板

前述晶片與軟板整合應用，偏重在軟板作晶片構裝介質。近年來較新穎的技術，嘗試以軟板製作到晶片上做構裝，先驅者以專攻晶片尺寸構裝 (CSP) 的 Tessera 公司較知名。此發展比較特殊，採用類似 TAB 模式互連，使用特別設計的軟板產生球陣列構裝，軟板完全落在晶片範圍內，圖 2-5 所示為 Amkor 製作的 Flex BGA 應用範例。

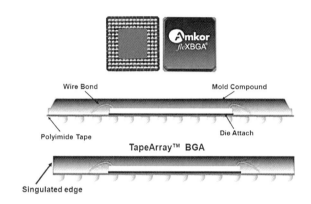

▲ 圖 2-5　Amkor 製作的 Flex BGA 晶片尺寸構裝

這種設計讓晶片構裝可以達到接近晶片尺寸，容易測試並可在組裝前完整檢測，這可以降低直接晶片貼裝顧忌。其球陣列構裝，已經廣泛應用，可明顯縮小電子產品尺寸與製造成本，目前是重要構裝技術選擇。一種特別的 μ-BGA 結構，使用低彈性係數灌膠做軟板組合，因為不需要底塗 (Under-fill) 成為吸引人的晶片構裝。軟板結構也可以做折疊，可以讓晶片構裝相互堆疊，其觀念如圖 2-6 所示。不過這類堆疊，因為通路較長不利於高速線路連接。

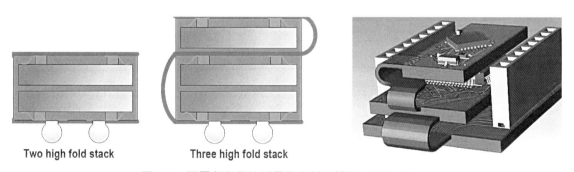

▲ 圖 2-6　單層與多晶片折疊軟性基材構裝 (來源 : Tessera)

階梯式構裝 (SSP-Step Stair Packageing)，是另一種高密度軟板晶片構裝形式，可利用階梯互連結構做阻抗控制。關鍵在於新外型結構，可以透過這種方法產生多層基材晶片構裝卻不需要電鍍通孔。這種方法著力於簡化電子設計與製程，同時能提供相當大潛在電氣性能改善。圖 2-7 所示，為階梯式構裝應用範例。

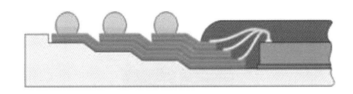

▲ 圖 2-7　階梯式軟板晶片構裝具有多於一層絕緣與多尺寸球體 (來源：SiliconPipe)

Z- 軸互連技術

有高密度軟板採用 Z- 軸多層互連結構，期待以低成本製作高密度多層互連結構。其製程以高良率單雙面基材利用壓合進互連，主要技術可分為兩種類型：異向性與同向性技術。

異向性互連結構

異向性導電膠已使用多年，過去這種技術使用導電顆粒分散在黏著劑中，只允許互連作用發生在 Z 方向，讓橫方向保持絕緣狀態。這樣可以產生選擇性交錯點導通，特別適合軟板互連觀念。使用保護膜可以保護其它線路區避免短路，觀念如圖 2-8 所示。

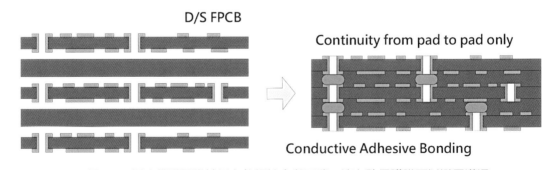

▲ 圖 2-8　異向性導電膜被用在軟板結合與互連，邊上貼保護膜可以避免導通

這個技術也被用在軟板與硬板突出線路的互連，這類應用正在逐漸增加中。用在顯示器驅動器驅動的軟板，搭配液晶顯示器 (LCD) 與發光二極體 (LED) 顯示器就是典型的應用範例。

點狀導電壓合互連結構

事先設計電路板結構點並經過處裡，之後以導電材料選擇性做出點連接結構，做壓合產生連結導通。圖 2-9 所示，為 Tessera 發展的計畫性互連結合結構。這類結構技術，還包括 Toshiba 發展的 B2IT 與松下公司發展的 ALIVH 製程。技術明顯優勢是，可以產生極短部件間互連通道，利用格點上任何位置隨機做繞線設計。

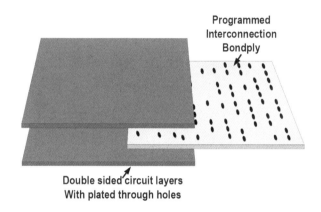

▲ 圖 2-9　利用壓合內層與事先安排的互連結合膜做計畫性導通點結合
(來源：Flexible circuit technology 3rd edition by Joseph Fjelstad)

2-5 特定領域的互連軟板應用

軟板傳統目的，常被用來取代電線連接，目前軟板技術範疇早已超出限制延伸到更廣領域。電子構裝工程師以更新方法使用軟板，且擴大技術特性展現更新穎電子互連結構。讀者值得檢視軟板特殊能力，以增加對電子構裝密度與性能提升想法。使用軟板特殊搭配作法，可以增進線路密度與特殊訊號傳輸能力，如：在 IC 構裝面加上新連接結構就可以大幅改善訊號表現。

電腦數據處理

許多動態軟板應用，發生在電腦磁碟驅動機構，包括讀寫頭等部分，印表機、打字機及影印機等應用也有類似處。多數這類軟板設計會用輾壓銅皮 (RA foil) 及聚醯亞胺樹脂製作軟板及覆蓋層，設計多採用單層軟板。因為印表機與打字機軟板需要的撓曲度較緩和，因此也成功使用了聚酯樹脂軟板。線路因為夾在兩層軟板材料間，機械應力不容易傷到金屬強度，可以承受近十億次的撓曲操作。圖 2-10 所示為軟板在硬式磁碟機的應用範例。

▲ 圖 2-10　Seagate 硬式磁碟機

立體組裝接頭

　　軟板是最具有立體組裝優勢的連結系統，過去有相當多研究都朝向灌模膠 (Molding)立體線路發展，同時也有專業開發這類技術的公司成立。圖 2-11 所示爲軟板灌膠製作的產品。

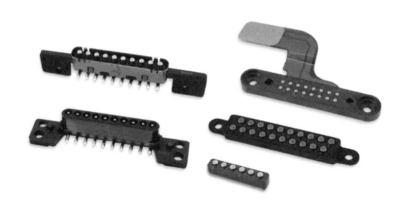

▲ 圖 2-11　軟板灌膠製作轉接頭產品

　　適當應用軟板特性，可以在經濟條件下成功引用灌模膠技術製作立體線路部件。使用軟板，還能讓部件組裝在平面上進行，組裝後經過測試驗證再撓曲灌模，達成立體需求。軟板可以針對不同應用選不同基材、銅皮、黏著劑、製作技術，整合這些技術，軟板有適應多種不同應用可能性。

　　如果構裝密度、彈性組裝、動態連結、長期信賴度、產品輕質化、散熱能力、SMD接點信賴度等是產品主要需求，則使用軟板結構有助於提昇這些特質，即使產品成本略高也可從功能提昇獲得回饋。

汽車與儀器線束

軟板與汽車工業發展總是保持緊密關係，長期大量應用在線束互連。這是最早大量應用的軟板，可以大幅節省手動組裝時間。原來主要用在燈光板線路製作，當汽車電子含量持續增加，軟板互連重要性隨之成長。圖 2-12 所示，為汽車儀器線束的軟板應用。

▲ 圖 2-12　軟板被用在汽車儀器線束互連

聚酯樹脂類軟板被用在製作設備線束數十年，這些線束主要用在連結電源供應器與車燈儀表，多數設計仍然是單面板。圖 2-13 為汽車配線用軟板範例，對於數量多又簡單的電氣連結，軟板是不錯的選擇。

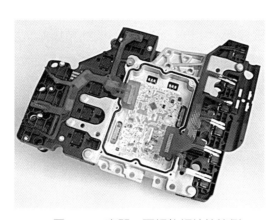

▲ 圖 2-13　車門、面板軟板接線範例

當汽車電子愈來愈多，雙面通孔軟板就出現在汽車產品上。部分產品為了信賴度、耐溫與安全，採用聚醯亞胺樹脂基材。傳統聚酯樹脂軟板，多採用前述沖壓黏合或用印刷、蝕刻製作。但由於電子產品逐漸複雜，沖壓黏合所能製作的線路板逐漸受限。以往以高分子厚膜印刷製作的軟板，主要是因低成本受到親睞，它也是較早大量使用 3D 概念的軟板設計。

電子控制器

　　許多設計複雜的電子構裝，因為其幾何結構問題必須用到軟板，多數這種產品會使用雙面通孔軟板設計，至於部件使用則是以 SMD 為主。圖 2-14 所示為電子控制器用的軟板與照明用鋁板。

▲ 圖 2-14　電子控制器與照明用鋁板都屬於靜態軟板概念

　　為何它們會採用軟板設計，是基於以下原因：

● 構裝密度優勢

● 優異高溫表現 (測試數據顯示 –40℃ 至 +150℃ 間熱循環測試可以超過 2,000 次)

● 較薄材料有更好散熱性，加上金屬支撐設計，能提供更高散熱效率

● 軟板材料能吸收焊點熱膨脹應力，可以提升焊接表現與信賴度，這種特性在汽車類高冷熱循環應用尤其表現優異。因此部分軟板會用在如：引擎控制器、ABS 煞車系統、環境偵測控制器及環境要求較為嚴苛處

電子感應器

　　車用電子使用愈來愈多感應裝置，這些裝置主要在偵測溫度、壓力、轉速等。這類應用，軟板可提供耐溫、抗潮、熱循環承受度、柔軟度等優勢。搭配 SMD 組裝，仍可有良好環境信賴度，是這類應用重點。感壓器多存在惡劣環境，不論組裝難度與環境承受度都受考驗，用軟板可以獲得彈性組裝與環境承受度優勢。典型應用範例，如圖 2-15 所示。

▲ 圖 2-15　感應與加熱的軟板應用 (左圖來源：Minco)

高速電纜結構

　　高速軟板組裝經過證實，可以用在高速線路製作，尤其是板間距離達到 75mm 且傳輸數據量達到 10Gbps 的系統設計，可以使用軟板整合直接進入連接器，典型範例如圖 2-16 所示。它可以同時搭配差動 (Differential) 阻抗與單端終止結構，這對高傳輸速度更加重要。

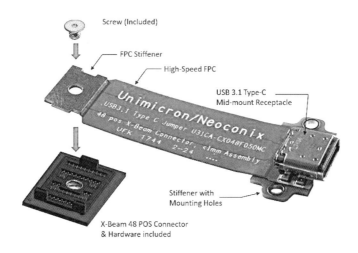

▲ 圖 2-16　高速軟性電纜可直接連接構裝，跳開寄生電容、避免串音這些傳統設計問題
(資料來源：neoconix.com)

助聽器

助聽器是電晶體發明後首先發展的重要產品之一，產品出現在 1950 年代初期。目前助聽器已經相當符合使用者耳朵尺寸，而這類產品小型化使用的重要技術之一就是軟板技術。應用範例如圖 2-17 所示。

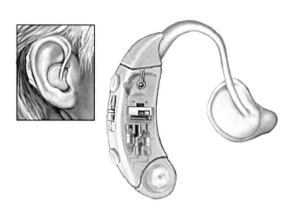

▲ 圖 2-17　助聽器軟板應用範例

導管內的電子產品

軟板讓醫療產品製造出關鍵部件，可在各種內導管醫療與診斷器材發揮高價值，如：電化生理機能研究，可以追蹤心臟顫動且以高頻消除心律不整導致的顫動缺陷。圖 2-18 所示，血管氣球擴張器的範例。

▲ 圖 2-18　軟板用在醫療氣球擴張器及心律調整器

電源供應線路方面的應用

　　軟板特性提供優異多重連線優勢，如：閥門控制、ABS 組裝、多重繼電器組裝等，多重複雜連結因使用軟板而簡化。尤其軟板對汽車用液體承受度，如：煞車油等，都不致受傷而可以用在惡劣環境。另外在散熱、輕質構裝及電流承載，軟板也有不錯表現。多數這類應用用單雙面聚醯亞胺樹脂基材製作。圖 2-19 所示為電池構裝的軟板應用。

▲ 圖 2-19　鋰電池的軟板包裝

太陽能電池陣列

　　太陽能電池技術明顯成長，有跡象顯示電池效率可達到近 50% 水準，這個值在早期是做夢都不敢想的。密集、高密度能量方案是使用太陽能電池的重要目標，相當適合採用軟板技術。

　　軍事用途相當關注捲式太陽能電池發展，它是輕量方案可用在下一代能源應用。它們也是潛在商機，可以用在未來綠能世界。NASA 希望提供能量給國際太空站，電池陣列設計可以產生電壓 160 伏特數萬瓦的電量。太陽電池陣列應用範例，如圖 2-20 所示。

▲ 圖 2-20　軟板太陽電池陣列應用與航太的範例

相機與攝相機

　　日本工程師快速體認到軟板可以延伸到許多產品，比較早被看到的是相機工業。由於更多自動化功能被整合到，軟板被用來提供馬達、測光器與觀測裝置等功能部件的電源。1990 年代初出現數碼影像後，接著手持攝相機也導入大量軟板技術，不僅提升產品外型種類，也強化了品質性能與表現。軟板在相機的應用範例，如圖 2-21 所示，這是筆者拆解的鏡頭模組。

▲ 圖 2-21　軟板用在相機應用上的狀況

電子計算機

　　隨身型電算機會使用到軟板設計，早期電算機也用聚醯亞胺樹脂材料製作，但目前多數已使用低價聚酯樹脂材料與高分子厚膜製作。圖 2-22 為電算機高分子厚膜軟板使用範例。

▲ 圖 2-22　高分子厚膜軟板的應用

電算機聯結模式多數用軟板設計，例如：電池、液晶顯示器、切換開關、燈源、鍵盤等，都使用類似軟板概念，各式焊接、黏貼組裝法用於量產。軟板彈性特色使電算機功能得以提高，但高分子厚膜技術及聚酯樹脂的低單價使售價保持穩定且容易整合新部件。

無線身份認證 (RFID) 與智慧卡線路

另外一些軟板應用明顯成長的領域，是無線身份認證技術與智慧卡，它被用在改善庫存控制與安全門禁措施。軟板因為可以低成本大量生產而成為理想的應用技術，軟板本身是相對簡單的電路板產品，它不過是利用線圈搭配互連晶片製作而成。線圈線路可以同時作為裝置電源與用作查詢電感，來接收與傳送數據。圖 2-23 所示，為 RFID 線路範例。

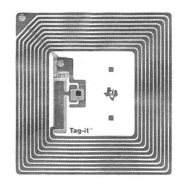

▲ 圖 2-23 典型 RFID 應用範例

動力線圈應用

傳統磁力線圈，都採用漆包線纏繞法製作，但是當可攜式產品需要薄形化時，不論在組裝、設計、結構方面都有挑戰。此時，如果能採用軟板製作線圈，不但可以簡化結構建置，同時可以降低粉塵產生而有利於光學系統應用。某些微機電應用，也已經開始採用這類技術製作產品。圖 2.24 所示，相機防手震模組應用範例。

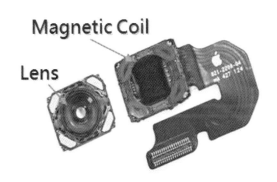

▲ 圖 2-24 防手震模組應用範例

2-6 軟板的發展趨勢

過去這些年，軟板專利申請仍然持續成長，為三維架構立體構裝與微機電產品提供各種互連可能性。讀者要瞭解更多專利技術，可以上相關網站查詢。對許多記憶媒體與小型化電子產品，充分利用空間做構裝整合，成為實現新想法的利器。軟板的優勢，不僅只是前述的這一點點範例，更多微型化與新應用仍然有待設計者對軟板功能的充分掌握。儘管專利數量不能當作應用發展的絕對指標，但是從軟板技術在新發明中所佔有的必要地位，可以想見它在未來仍然具有活力與持續性。

2-7 小結

軟板連結不以成本為唯一考量，傳統電路板沒有軟性連結能力，構裝需求也較單純，對信賴度要求仍然以硬板規格為依歸。如果線路連結複雜度高，線路長度變化也複雜，那麼使用傳統電路板設計或許仍然是恰當選擇。但如果是長度短又需要撓曲連結，用軟板就是最佳選擇。

軟板應用主要是為應付軟性連結、組裝便利性、信賴度、環境承受度、重量、空間利用等需求，這些問題都不是傳統電路板能解決的，驅動軟板應用的力道仍將持續。技術可以延伸的應用，會因為不同階段而有不同程度關注。整體電子產品構裝與互連密度仍在提升，軟板技術從 IC 晶片到外接插槽都會有相當大貢獻。

唯一限制軟板應用的因子，是如何進一步想出可用方法，而系統架構密度、穩定度必然會直接影響下一世代系統性能。如果本書整理的範例，可以幫助讀者啟迪新想法，則是筆者相當慶幸的事。

CHAPTER 3

軟板的基本結構形式

3-1 簡述

業者討論電路板形式，關注重點在斷面結構。多數軟板應用重點在撓曲，除了特殊多層及軟硬板外，都不會有太複雜結構。但由於軟板所用材料形式多，且可採用設計也不如硬板標準化，產生的變化不少。以簡短文字涵蓋所有軟板技術是不可能的任務，因此筆者僅嘗試以通用內容架構，將可描述軟板產品基本結構適度整理，供讀者參考。

3-2 單面軟板

單面軟板是以單層金屬基材加工產生，商用與軍用都有，因爲結構單純，單價低、製程簡單。面銅可以用電鍍或輾壓銅皮，選擇依據應用而不同。直接用銅皮塗膠壓合製作的基材，是所謂有膠基材，部分軟板則以無膠基材生產。典型單面軟板結構與成品範例，如圖 3-1 所示。

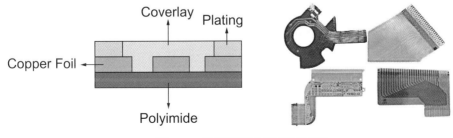

▲ 圖 3-1　典型的單面軟板與結構

軟板製作線路方法有兩種，它們各以半加成與全蝕刻做線路。半加成法以乾式蒸鍍一層薄金屬在基材表面，之後做線路電鍍並將非線路區薄銅蝕除。這種作法，適合製作非常細的線路，但材料成本高。至於全蝕刻製程，是以感光膜做影像轉移，直接蝕刻形成線路。雖然做法簡單，但做超細線路有困難，因此細線產品會採用較薄金屬製作。

動態撓曲軟板幾乎都用單面結構，銅導體可以包覆在材料幾何中心，撓曲過程承受最低應力，而能有較長壽命。也因此印表機軟板、磁碟機驅動機構，都以單面軟板製作。但它的局部區域仍然需要高密度設計，因此這類動態撓曲軟板會採用 2-3 mil 線路製作。這類軟板多採用輾壓銅皮，最長壽命可承受數億次撓曲。近年來由於可攜式產品風行，高密度組裝是必要設計，但薄輾壓銅皮難做且造價高。因此對規格較寬的產品，業者也採用改良高延展性電鍍銅皮，隨身 CD 播放器就是其一。

當然最低成本的軟板，仍然以高分子厚膜 (PTF-Polymer Thick Film) 技術最廉價。目前幾乎所有低價電算機都以此技術製作，只是多數設計開始將單面推向雙面結構。這類厚膜技術，可以用印刷法製作導電膏線路、通孔、絕緣層，並能製作雙面及多層產品。

3-3 ⋮⋮⋮ 可雙面連結的單面板

許多軟板只將電路設計在單面，就可符合線路密度需求，但為了組裝需求必須在雙面留下組裝接點。這種設計，最簡單做法就是在軟板需要區域開出窗口或長條空槽 (Slot)，就可以達成雙面連結但以單層線路製作的設計。典型結構與產品如圖 3-2 所示。

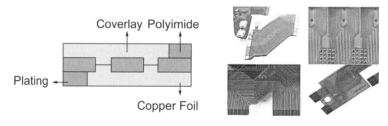

▲ 圖 3-2　典型的單層雙面連接軟板

製作這種結構，會採用基材塗附膠合樹脂，先以沖壓去除空區，接著做銅皮疊合壓合。這種做法由於需要組裝接合區，兩面都有銅皮曝露，因此組裝不成問題。但因為後續要做線路製作，這些無支撐的區域失去基材支撐，無法做濕製程線路蝕刻，因此必須增加一道保護膠塗裝，再製作線路。線路完成，必須將保護膠去除才能做金屬表面處理，因此執行程序較為繁複。這類產品以 TAB(Tape Automated Bonding) 產品為典型代表。典型TAB 製程，如圖 3-3 所示。

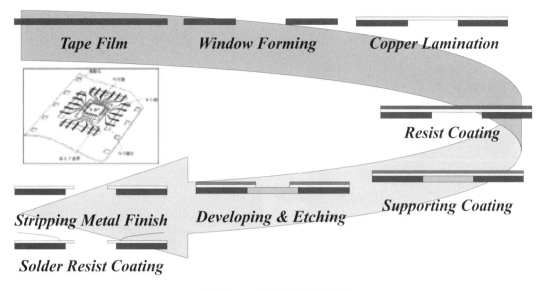

▲ 圖 3-3　典型的 TAB 製程

　　TAB 是特殊連續軟板 IC 構裝法，它利用軟板基材開窗，在軟板上作出連結線路，而在開窗區作出懸空線路及連結手指 (Bond Finger)。在晶片組裝時利用熱壓或打線法，將連結手指與積體電路襯墊 (Bond Pad) 結合。產品特色是捲帶多數有導引孔 (Sprocket Holes)在兩旁，有助於穩定捲動行進。顯示器產業快速發展，應市場需求生產者增多。品全球領導廠商，以日本三井、新藤電子、住友等市佔率高。圖 3-4 所示為典型導引孔生產 TAB與 COF 軟板。

▲ 圖 3-4　典型導引孔生產的 TAB 與 COF 軟板

　　事後製作開口的想法也有廠商採用，做法則以雷射或鹼性蝕刻法開窗，選擇性將部分軟板基材去除，藉以產生雙面連結區塊。這兩種方法雖然都簡單，但單價卻有極大不同，業者使用的做法還是以強鹼開窗為主。雷射技術進步頗快，或許不久未來會有比較廉價的方案出現。

為了能做構裝並搭配顯示器、特殊裝置連接，業者發展出特殊構裝。比較早的結構，採用捲帶自動結合技術 (TAB-Tape Automation Bonding)，為了提升結合密度改用軟板覆晶構裝 (COF-Chip on Flex) 做結合。這兩類典型軟板產品，如圖 3-5 所示。COF 是更高密度構裝應用的產品。

▲ 圖 3-5　TAB 與 COF 構裝用軟板範例

3-4　多片軟板局部堆疊結構 (Air Gap)

多層軟板結構會失去柔軟度，但只用單層無法滿足佈線需求，為了能維持撓曲性又高密度，必須用頭尾壓合中間分離的結構。業者給這種結構〝單單堆疊〞、〝空氣間隙〞等名稱。圖 3-6 所示，為這類軟板結構。

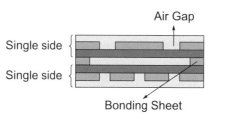

▲ 圖 3-6　多片軟板間隙堆疊結構

3-5　雙面軟板

當單面無法擔負連結密度，就必須增加導電層，高分子厚膜技術也做此類產品，只是必須分面製作。雙面線路會充分利用各單面繞線面積，靠選擇性互連滿足更複雜需求。許多不同雙面結構，都可達成面間連通。如：鉚釘、焊錫填孔、壓入式插梢，都曾用在層間連通，電鍍通孔是最廣泛做法。通孔製作包含：成孔、導通層建立、電鍍加厚或線路電鍍等，作法及順序隨想法不同而有異。典型雙面軟板結構如圖 3-7 所示。

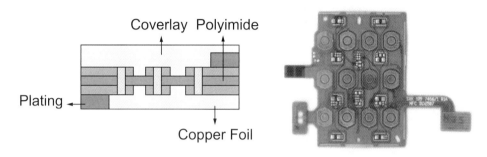

▲ 圖 3-7　典型的雙面軟板與結構

3-6 蝕雕 (Sculptured) 軟板

"蝕雕 (SCULPTURED) 軟板" 是有趣的軟板技術，製程包括特殊軟板製程，最終軟板結構會有表面處理過的導體。蝕雕軟板結構比較特殊，沿著它的長方向不同位置會有不同厚度，裸露在外懸空的銅墊或引腳通常會較厚，以增加強度。圖 3-8 所示，為典型的蝕雕軟板範例。

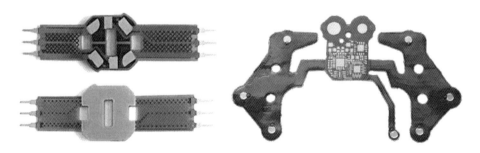

▲ 圖 3-8　雕刻軟板有無支撐延伸引腳板邊，可以用來做插梢與插槽應用

3-7 軟板搭配補強板

軟板柔軟性是應用重點，但為了整體組裝及後續功能表現，必須在某些區域做強化。常用的軟板強化，是背板 (Backer Board) 固定，也有人以補強板 (Stiffener) 稱呼。所謂加背板，就是在軟板強化區墊硬材料，降低柔軟度方便組裝。圖 3-9 所示，為軟板典型補強結構。用的強化材料包括低價膠板或金屬板，某些 PI 基材強化被要求使用同種 PI 材料，以符合產品高信賴度要求。

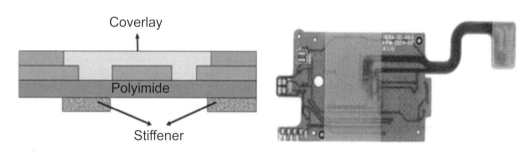

▲ 圖 3-9　軟板典型補強板結構

3-8 ⠿ 多層軟板及軟硬板

　　軟板多層化是較差設計，因為材料柔軟度會降低，多數多層軟板採用 PI 材料製作，這種結構必須使用低熱膨脹材料。這類產品在 80 年代美日歐等地出現，由於近年高密度線路設計需求，使用量略有增加，高密度磁碟機與電腦產品也曾使用。圖 3-10 所示，為典型多層軟板結構。

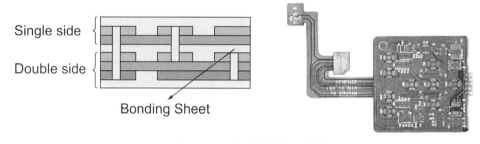

▲ 圖 3-10　典型多層軟板結構

　　多層軟板和硬板一樣利用壓合法做多層結合，但有時也會用真空艙型 (Autoclave) 壓機生產，可以避免氣泡及溢膠問題。之後做通孔及清孔處理，軟板清孔多用化學、電漿除膠渣法。之後經過孔壁導通，就可以做電鍍銅處理。

　　銅材概略漲縮係數為 17ppm/℃，而塑膠材料在玻璃態轉化點以下的熱膨脹係數多數都超過 50ppm/℃，兩者間差異會產生熱循環內應力。而塑膠延伸量比銅延伸量大很多，會對銅材料產生極大拉扯力，這種問題尤其對通孔電鍍銅影響最明顯，軟、硬板皆然。

　　因此多層軟板設計層數，會限制在一定厚度範圍，尤其對傳統材料層數限制更明顯。某些特別為高層電路板設計的材料，會刻意加入填充材料 (Filler)，可以降低電路板漲縮程度，但相對會讓材料柔軟度減損。對需要撓曲疲勞強度較高的產品，不適合使用這類含有大量添加物的材料。幸好多數需要較佳撓曲性的產品，並不需要高層次設計，因此它仍然能保有一定柔軟及撓曲強度。

對於同時需要軟、硬結構的產品，可以採行所謂軟硬板 (Rigid Flex) 結構設計，它混合軟硬板於一體並排除端子連結，直接以軟板將多段不同硬板連結在一起。典型多層軟硬板結構產品。如圖 3-11 所示。

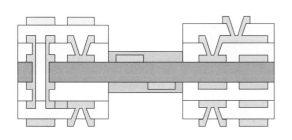

▲ 圖 3-11　典型多層軟硬板結構產品

這類應用以往以軍事用途較普遍，但因為可攜式電子產品壓縮組裝空間，以軟板搭配端子製作的方法已經捉襟見肘，因此這類軟硬板結構就被用在特別需要輕薄短小的產品。如：MP3 播放器、超薄手機、掌上型遊戲機、攝相機等，就有一定比例使用軟硬板。

3-9　軟板與硬板特性差異

其實軟板不僅可以撓曲，也是達成立體線路結構的重要方法，這種結構搭配其它產品設計，可以廣泛支援各種應用。因此從這點看，軟板與硬板非常不同。

對於硬板，除非以灌模膠將線路做成立體，否則電路板都是平面的。因此要充分利用立體空間，軟板是良好方案。硬板目前常見的空間延伸，是利用插槽加上介面卡，但軟板以轉接設計就可以完成類似結構，且方向調整彈性。利用一片連結軟板，可以將多片硬板連結成一組線路系統，也可以轉折成任何角度來適應不同產品外型。

軟板當然可以採用端子接合做線路連結，也可以採用軟硬板避開這些接合機構。一片單一軟板，可以用佈局配置很多硬板。這種做法少了連接器及端子干擾，可以提升信號品質及信賴度。圖 3-12 所示為多片硬板與軟板架構出來的軟硬板。

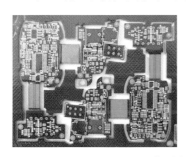

▲ 圖 3-12　典型多片軟硬板架構

軟板因為材料特性可以做出最薄電路板,而薄型化正是可攜式電子產品重要訴求。多數軟板是用薄膜材料做電路,因此也是電子產品薄型設計重要素材。由於塑膠材料傳熱性差,因此愈薄塑膠基材對熱散失愈有利。軟板厚度與硬板差距都在數十倍以上,因此散熱速率也就有數十倍差距。軟板有這個特色,因此高瓦數軟板部件組裝,很多都會貼附金屬板提升散熱效果。

軟板當焊點相鄰距離近而熱應力大時,受惠於彈性特質能降低接點間應力破壞。這種優點對表面貼裝無引腳 (Leadless) 部件特別有幫助,因為接點彈性空間小容易發生熱應力斷裂,但透過軟板組裝可以吸收其熱應力,這種問題會大幅降低。

3-10 軟板與硬板生產方法差異

軟、硬板生產的最大差別,是軟板可用捲對捲 (Roll to Roll) 生產,單雙面軟板都可用整捲生產。這種生產方法無論是影像轉移、線路製作、電鍍、印刷等,都是連續的。雖然生產效率可提昇,但生產控制與管理難度提高。尤其在設備因為動作連在一起,自動化與同步性維持,成為技術的關鍵。圖 3-13 所示,為捲對捲軟板連續生產線。

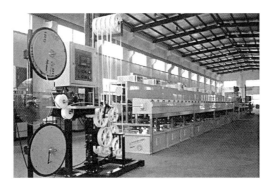

▲ 圖 3-13　捲對捲生產線

早期美國是技術開創者,但連續生產規模日本最大。日本電子工業發達是必要條件,且日本設備經驗與製造力也較成熟。如果軟板採用捲對捲連續生產,那麼組裝考慮也會做相同規劃。早期電算機生產就採用捲對捲組裝,當時 SMT 技術尚未成熟,但已使用類似部件觀念。現在仍有許多產品用這種方式生產,主要組裝以熱烙鐵 (Hot Bar) 焊接完成。

3-11 軟板產業概況

隨著電子資訊產品普及，軟板用量跟著大幅成長，3C 產品更使軟板需求加溫。近年軟板佔整體電路板產值比例明顯提升，不過因為軟板產值常混入部件組裝產出而顯得撲朔迷離。依據多年可攜式電子產品成長速度看，年度複合成長率應該都可以超過 15% 以上。

全球重要軟板生產國以日本最大，因為多國廠商生產基地都移往中國，若以屬地統計，則該地已是全球軟板最大產地。不過若以生產屬國統計，日本仍執牛耳，產值應該超過總量的 35% 以上。美國整體市佔率持續下滑，不過軍事、航太、醫療應用仍然保持領先。亞太地區除日本外的市場，台、韓所佔比例仍高，不過可預見的未來港商與內地商高度成長應該可以預期。

日本較知名軟板商有，Mektron、Sumitomo、Fujikura、Nitto、Sony 等，而美商則以 Parlox、Sheldahl、Adflex 等較具代表性。其中日本的 Mektron 產值最高，是目前全球最大的軟板供應商，部分美商則已經被併購或改名。

在軟板基材方面，美商杜邦、日商 Toray、Mektron、宇部興業、信越、有澤、Nippon Steel 等公司有材料供應，台灣地區目前也有軟板材料商陸續參與這類產品生產。軟板基材廠商可分為軟板薄膜製作與銅皮基材製作兩部分，部分廠商只做其中一種產品，也有兩者都製作的公司。台虹、達邁、杜邦太巨、律勝、旗勝、四維、亞洲電材等公司都有原料提供，對國內需求頗有助益。

台商在軟板產業的表現一直有起落，如果包含 TAB、COG 類產品在內，旗勝、嘉聯益、同泰、台郡、鴻海集團、新寶、毅嘉等都是比較具有規模的公司。旗勝為日商 MOK 轉投資，所生產的軟板大多回銷日本。目前國內廠商以生產單雙面板居多，主要供應 NB、手機、LCD 面板、PDA 等廠商的需求。

除了大家比較注意的 PI 基材類產品，國內在鍵盤及按鍵類產品也有突出表現，尤其是鍵盤用的薄膜電路產品，其產量與產值時常未被重視列入統計，因此不容易在市場資料看到他們。但儘管如此，並不減損其重要性與貢獻。整體軟板產業競爭程度比硬板緩和，但同業競爭仍讓大家面對單價下滑壓力，如何避免過度投資惡性循環值得業者深思。

3-12 小結

　　軟板與硬板共用不少技術，50 年代中期逐漸商業化並持續穩定發展至今。初期生產線路，以高效能高分子膜、銅皮結合線路為主。融熔組裝程序導致材料面對產品尺寸穩定度與熱耐受性問題，促使業者發展兩種類形的介電質材料，包括黏著劑與貼附膜系統。許多軟板特別應用，會面對非標準結構需求，如果設計者有不同的想法，應該可以彈性整合軟板特性發展出特有結構。

CHAPTER 4

軟板有機基材與接合材料

4-1 簡介

　　有許多介電質與導電材料已經用在軟板製造，比較早軟板的陳述可以從專利結構來解析，典型敘述如："一片包含平整金屬導體製作在石蠟塗裝紙張的線路產品"，"亞麻布結構基材上以含石墨膠狀材料製作出線路"等，這些都是軟板啟蒙時期類同軟板結構產品採用材料的概略敘述。數十年後一種實際用在軟板製作高溫 Aramid 纖維基材出現，其表面以高分子厚膜油墨製作線路，用在高分子厚膜類軟板與薄膜開關，這與早期先賢描述的軟板概念不謀而合。

　　已經有許多材料嘗試或實際使用，不過只有部份確實推廣使用到現在。後續內容要檢視這些材料，並舉不同材料範例，討論可以正確選擇與搭配應用的方向。其中最值得檢討的，還是業者最常使用與期待的軟板基材。

4-2 設計者對於軟板基材的特性期待

　　到目前為止，業者都沒有完美軟板基材可用，而有些材料規格描述，可以用來定義共同的特性。這些特性涉及廣泛，材料至少必須符合某些特徵才能符合最終產品需求。儘管已知材料無法達成所有廠商衝突性期待，不過能在心中保有材料的概略輪廓，有助於業者選擇材料時的看法。

基材尺寸穩定度

理想的軟板基材要有穩定尺寸，軟板基材在製程中縮小或膨脹是製造與使用者的重大課題，它會同時影響軟板製造與組裝，尤其是無法預估軟板尺寸變化特別痛苦。某些步驟可以降低不穩定材料對尺寸的影響，但不依賴這些手段的材料更有優勢。

整體材料耐熱性

多數電子組裝會使用升溫製程，如：部件組裝迴焊是常見的工藝，選擇軟板材料要能承受這種處理溫度，同時不能產生過度扭曲。這是清楚的定義，但從科學與環保角度看，全球已經推動無鉛焊接多年，這種要求讓材料耐熱性需求更殷切。

耐撕裂性

軟板結構是薄且無強化處理的，它們容易受損或產生撕裂。因此用在軟板的基材，應該要具有高耐撕裂性。

電氣特性

材料電氣特性的重要性，會因為訊號速度增加持續提升。軟板愛用的材料，應該具有業者設計的必要電氣特性。面對高速訊號普及，材料介電質係數與訊號損失需求都更低，另外高絕緣電阻則是高電壓應用的期待。理想的材料應該能應付各種需求，符合設計電性期待，這仍然是軟板材料努力的夢想。

撓曲與吸濕性

撓曲性是軟板材料關鍵特徵，業者期待軟板可以暴露在極端溫度下，從爐體高溫到極地低溫都能承受。因此在寬廣溫度範圍，如何維持撓曲性是基本課題。特別是在低溫的撓曲性更要小心，多數材料在低溫環境會呈現脆性。而電子產品應用，都期待軟板能具有低吸濕性，濕氣會造成製程負面衝擊，也會影響最終產品物性表現。

耐化學性

依據應用，軟板材料需要有各種不同程度抗化學能力，這對製造商與終端使用者同樣重要。軟板製造使用多種腐蝕性化學品，會讓製造者擔心材料是否能承受這些化學品。因此軟板材料必須能與多種化學品相容，這包括用在組裝與清潔製程的溶劑。

批間一致性

　　大量生產會面對製程與時間變異，因此產品一致性是良好控制的關鍵。當面對六個標準差品質目標，沒有穩定的一致性，永遠無法在製程中達成水準。材料需要的一致性包含：物性、機械性、電性等，這些都是關鍵。一致表現可確保產品使用穩定，不論在製造與應用都一樣。

多個來源

　　對任何製造者，單一原料來源總是重大顧忌。理論上不論直接製造者與後段客戶都有類似看法。但使用第二來源原料，就不容易保持品質一致性。多數狀況，要做第二來源規劃，該供應商必須能生產出同級產品，且使用前應該做材料規劃與認證。

合理成本

　　尋求合理成本是電子產品共同準則，業者總是無終止尋找更低價格物料來源，因此製造商與組裝者都只享有微薄利潤。不過重點還是，要留意變動對整體產品的影響，更換供應選擇是否會衝擊製造品質、整體成本，而不是只關心單純材料進門成本。

4-3 軟板基本結構元素

　　傳統軟板包含五個獨立材料層，基材介電質膜、導體層、保護膜與兩層黏著劑層。其中黏著劑，用來結合導體與薄膜介電質形成基材，第二層黏著劑用來結合保護膜與蝕刻線路。基於穩定性考慮，軟板總是以相同黏著劑與介電質膜製作。

　　雖然軟板結構元素不多，不過任何基本結構元素都很重要，各元素必須符合產品壽命一致需求。各材料可靠性必須與其它材料元素一致，以確認可以順利製造並具有良好信賴度，後續內容將粗略陳述軟板結構基本元素與它們的功能。

軟板基材材料

　　軟板基材是軟性高分子膜，作為線路站立的基礎。一般環境下，基材是軟板最主要的物理與電氣特性決定者。

　　儘管軟板材料可用厚度範圍很廣，實際使用的軟板膜厚度範圍其實相對窄，常見厚度從 7.5 到 125μm 都有。依據經驗，薄材料會有比較好的撓曲性，理論上多數材料強韌度正比於厚度的三次方。這意味著如果材料厚度加一倍，材料強韌度會增加為八倍，也就是在同樣負荷下會只有八分之一彎折度。圖 4-1 所示，為典型聚醯亞胺樹脂膜產品。

▲ 圖 4-1　聚醯亞胺樹脂膜

接合黏著劑

黏著劑用作軟板接合介質，當它需要耐溫特性時，典型撓曲特性就不易維持，這在選用聚醯亞胺材料時會特別明顯。因為早期製作聚醯亞胺黏著劑難度高，多數該材料採用的黏著劑是取自不同類高分子，不過目前有些新改質熱塑聚醯亞胺黏著劑逐漸成熟。

如同軟板基材一樣，黏著劑也有不同塗裝厚度，厚度選擇會因應用而不同。例如：保護膜會採用不同黏著劑厚度，以符合填充不同線路厚度需求，這是軟板必須考慮的。

金屬薄膜

金屬薄膜是軟板基材導電元素，可以製作金屬線路。儘管最典型軟板基材，是用壓延迴火銅皮，設計者還是可以用不同類與厚度的金屬薄膜生產軟板。

在非標準案例中，軟板商會要求用指定替代金屬薄膜生產特別基材，如：使用特別銅合金或其它金屬膜。這可用不同壓合基材達成，也可以採用有或無膠結構，這些會因為材料膜特性而不同。

4-4　軟板有機材料

檢討過軟板基本結構元素後，現在可以討論如何混搭這些元素產生不同素材，以符合軟板需求。後續陳述，是可用在軟板製造的基本有機材料形式。

基材

　　軟板結構，覆銅皮基材是基本形式，銅皮是最常用金屬，某些特定狀況會使用特殊金屬膜。典型軟板基材以底材、黏著劑與金屬膜接合產生，這種堆疊結構必須面對壓合製程高熱與高壓，製作成永久性金屬貼附高分子基材。

　　製作無膠基材，結構沒有黏著劑，部分"無膠"基材用同類薄黏著劑生產基材，這種產品雖使用黏著劑膠料，還是歸類為無膠結構，也有業者採用直接塗裝 PI 法生產無膠基材。

基材保護膜

　　軟板用保護膜是雙層材料，包含一層底材與一層適當熱固黏著劑，不過也採用適當厚度的熱塑型膠膜當保護膜，保護膜可用來保護軟板導線並幫助提升撓曲性。保護膜材料也常用來生產軟板基材，直接連接軟板膜與金屬薄膜，這是軟板廠自製材料的典型方法。

　　另一類軟板用保護膜，是可以影像轉移處理的覆蓋膜。這類產品不在基材部分做討論，它比較像是乾膜止焊漆。這種材料需要使用真空壓合確保良好線路密封性，之後如感光止焊漆一樣，做曝光、顯影，就可以露出部件接點。

覆蓋塗裝 (Cover coat)

　　這不是先前討論的標準軟性基材內容，不過覆蓋塗裝對特定類型軟板非常重要。覆蓋塗裝這個詞彙，用來描述固定範圍的薄膜塗裝，製作在導體表面發揮類似保護膜功能。儘管部分材料供應商，確實提出不錯撓曲循環測試數據，不過覆蓋塗裝還是主要用在非或低動態軟板應用。

　　在製造過程，覆蓋塗裝是以液態絲網印刷塗裝製作，之後以熱聚合或 UV 曝光硬化。部分覆蓋塗裝，目前允許用在軟板部件開口外型處理，同時具有影像轉移能力，可以改善其開口解析度。

結合片 (Bondplies)

　　結合片是軟板結構元素之一，是由底材膜兩面塗裝黏著劑所構成，典型黏著劑是熱固型材料。結合片可以用在生產雙金屬層基材，典型用法是在製程中建構比較複雜的軟板結構，如：多層軟板與軟硬板。銅金屬會隨著期貨價格同步變動，廠商為了避免價格風險，直接提供軟板廠這類單雙面塗膠材料，讓他們自行生產軟板基材。圖 4-2 所示，為典型軟板基材與結合膜的結構關係。

塗裝黏著材

塗裝黏著材是單純的黏著劑，多數是熱固型樹脂，這種材料被塗裝在拋棄式載體或離型膜上。塗裝黏著材也常被用在結合軟板的硬質補強板材料，特定狀況下它們也被用來取代結合片。

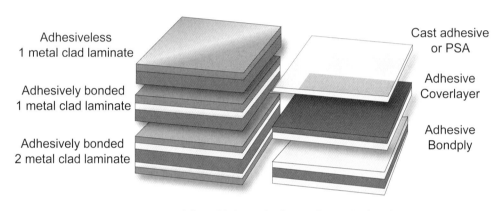

▲ 圖 4-2　用在軟板製造用的結合膠層與基材結合關係

感壓膠

感壓膠 (PSA-Pressure Sensitive Adhesive) 屬於半永久性到永久性黏著劑族系，它可以直接轉換到軟板表面或其它材料上，做後續表面附著。一旦感壓膠被製作到軟板上，可以在其它時間貼附到任何表面，不過多數軟板用感壓膠是用來貼合補強板。

也有些旁系感壓膠，可以用絲網印刷直接製作在軟板背面，之後做聚合再靠 UV 曝光提供必要沾黏性，具有大量生產與低成本優勢。

補強材料

它雖然不是軟板不可缺的部分，補強材料還是軟板的重要元素，補強材用來強化軟板需求剛性的區域。多數補強位置是在部件組裝位置下方，它提供組裝與部件支撐功能。補強功能可用材料眾多，包含：金屬、塑膠、樹脂玻璃纖維基材或額外保護膜材料層。使用保護膜材料做軟板局部補強，是非常普遍的軟板製作結構。表 4-1 所示，為典型補強板選用比較。

特別的無膠結構基材

如前所述，有特別類型基材歸類為無膠基材，這些無膠基材是以幾種不同的代表性製程生產。代表性作法之一，是先在軟板底材上成長一層薄金屬種子層，之後以電鍍加厚，可以採用單一金屬或混搭金屬，這是目前普遍採用的軟板基材製作法。製程中高分子會經過含氧電漿清潔前處理，之後再做表面金屬化。金屬化處理先以濺鍍製作非常薄 (範圍在約 200Å) 的接合層 (tie coat) 金屬，如：鎳 - 鉻，接著做較厚 (約 2000Å=0.2μm) 銅種子層濺鍍，額外銅厚度則靠電鍍製作 (如：2-5μm)。

▼ 表 4-1　典型常用的補強板種類及特性

項目	酚醛樹脂	玻璃纖維	PET	PI	金屬板
厚度	0.6 〜 2.4mm	0.1 〜 2.4mm	0.025~0.25mm	0.0125~0.125mm	無限制
耐焊錫性	可	良好	不可	良好	良好
可使用溫度	〜 70℃	〜 110℃	〜 50℃	〜 130℃	〜 130℃
機械強度	大	大	小	小	大
熱硬化接著劑	不可	可	不可	可	可
耐燃性	UL94V-0 可	UL94V-0 可	UL94V-0 不可	UL94V-0 可	UL94V-0 可
成本	中	高	低	高	中
主要用途	承載接腳部件	承載接腳與 SMD 部件	連接器插頭	承載 SMD 部件	承載 SMD 部件

另一種常用方法，則是直接塗裝高分子到金屬銅皮上，之後做聚合也可以生產出無膠基材。還有一種類型 "無膠" 基材，採用改質薄層聚醯亞胺黏著劑塗裝，之後做金屬膜高溫壓合。無膠基材應用上有特別優勢，尤其是產品預期會面對高溫環境時更明顯，同時也對較厚應用有利。另一個優勢是，這些材料對製作非常細線路外型有幫助。

在產品表現優勢方面，它可以製造更可靠多層與軟硬板結構。優勢來自底材 Z 軸熱膨脹係數低，如：聚醯亞胺樹脂明顯比多數黏著劑膨脹係數低，這是電鍍通孔長期信賴度重要因子，尤其對更複雜的線路結構。不過製造成本比傳統基材略高，過去無膠基材優勢只能吸引特定應用採行，有不少新想法都在嘗試突破這個缺點，目前成本差距正不斷縮小。

4-5 材料特性綜觀

　　經過軟板材料元素 (基材、黏著劑、金屬薄膜、補強板、塗裝材料) 基本探討，也檢討了典型材料如何做混搭，就可以進一步理解可用材料選擇與它們的整體特性。這可以讓設計師有足夠資訊，瞭解與判定軟板材料對最終產品的影響做出決定。

軟板基材膜

　　軟板對基材膜有許多特性需求，它要能承受生產製程應力、必須具有高抗張強度與抗張彈性係數、高融熔點與良好熱穩定度、低殘留應力、低 CTE 與高 Tg。成品軟板期待的膜特性包括：低介電質係數、低損失因子、高體積電阻與表面電阻。

　　軟板基材膜，應該在可接受成本下容易取得 (傾向多來源)。它們要具有低吸濕性 (低於 1%) 與可貼合表面，以利生產與組裝如：製作記號與灌膠。它們要能做機械加工，如：鑽孔、切形或模具切割。

　　基材膜特性決定了軟板尺寸穩定度，它支撐製程內軟板通過蝕刻與保護膜製作過程。基材穩定度也會影響生產良率，這當然會影響到軟板製作成本，高品質材料除了採購價格偏高是負面因子，其它應該都是正面的。聚醯亞胺及常用軟板介電質特性數據整理如表 4-2。

　　除特殊應用，所有軟板膜都該有適當耐化學性與電性表現。幾乎各種案例選用底材原則，都是以成本及組裝存活能力為重點。因為組裝過程有明顯快速熱應力，如果焊接或組裝使用超過 150℃以上溫度，則聚醯亞胺或類似高溫膜是較好選擇。如果採用低溫組裝法或小心焊接並搭配適當熱遮蔽，也可使用聚酯樹脂與其它類似等級低溫膜。已經有不少材料被用在軟板底材或基材膜製造，可用典型材料與特性如後：

● 氟高分子膜如：鐵氟龍。

● Aramid 纖維 - 底材紙張與布如：Nomex。

● 可以定型的組合如：彎折 / 彈性。

● 各種彈性環氧樹脂為基礎的組合。

● 熱塑薄膜如：PET、聚乙烯、聚乙烯基化合物、氟化聚乙烯聚合物。

　　這些薄膜材料組合都有軟板量產實績，其中許多目前仍然持續使用，其成本變化相當大。目前最普遍指定軟板材料是聚酯樹脂 (PET) 與聚醯亞胺 (PI)，使用哪種材料作底材取決於經濟性、最終產品特性、組裝程序、作業溫度等綜合考量。

▼ 表 4-2　介電質聚醯亞胺膜特性表現的比較

特性	Kapton		Upilex S	聚酯樹脂	PEN
	FPC-V	FPC-E			
抗張力 kpsi	34	40	55	28MD(機械方向) 33TD(橫向)	32
彈性係數 kpsi	400	800	1238	600MD 700TD	870
起始撕裂強度 g/mil	1090	1090	575	1000	1000
撕裂延伸強度 g/mil	12	12	8.25	16MD 12TD	11.5MD 12.5TD
CTE, ppm/℃ (20～100℃)	24	17	10	23MD 18MD	20TD 21TD
CHE, ppm/% RH	17	9		10	10
縮小, %	0.03 (200℃)	0.03 (200℃)	0.07 (250℃)	2～5 (195℃)	< 0.8 (195℃)
吸濕, %	3	2.4	0.9	< 1	< 1
02 滲透力, cm³/m²/天 (3-mil 膜)	114	4	0.8	1400	500
介電質係數	3.2	3.3	3.5	3.3	3.3
損失因子	0.004	0.004	0.0013 (0.0078～200℃)	0.002～0.016	0.002～0.016
體積電阻歐姆	3.6×10^{17}	3.1×10^{17}	10^{17}	10^{18} (25℃)	
表面電阻, 歐姆	$10^{-13}\times10^{17}$ (乾)	> 1018	10^{16}		
Tg, ℃			> 500	80	122
融熔溫度, ℃	> 400	> 400	> 400	254	266

* 介電質特性會隨濕度、頻率與溫度而變動

　　除了特殊應用，所有軟板膜都應該有適當耐化學性與電性表現。幾乎各種案例選用底材的原則，基礎都是基於成本及組裝中存活能力為考量重點。因為組裝過程會有明顯快速的熱應力作用，如果焊接或其它組裝法會使用超過１５０℃以上的溫度，則聚醯亞

胺或類似高溫膜是比較好的選擇。如果採用低溫組裝法或小心焊接並搭配適當熱遮蔽，也可以使用聚酯樹脂與其它類似等級低溫膜。已經有許多不同類材料被用在軟板底材或軟板基材膜製造，相關可用的典型材料與特性如後：

◎ 氟高分子膜如：鐵氟龍

◎ Ar ami d 纖維 - 底材紙張與布如：Nome x

◎ 可以定型的組合如：彎折 / 彈性

◎ 各種彈性環氧樹脂爲基礎的組合

◎ 熱塑薄膜如：PET、聚乙烯、聚乙烯基化合物、氟化聚乙烯聚合物

所有這些薄膜材料的組合都有軟板量產實績，而其中許多目前仍然持續用在特定領域，其成本變化相當大。目前最普遍的指定軟板材料是聚酯樹脂 (PET) 與聚醯亞胺 (P I) ，使用其中哪種材料作爲底材高分子物質取決於經濟性、最終產品特性、組裝程式、作業溫度等綜合考量。

聚醯亞胺與聚酯樹脂是目前軟板生產主力，但某些替代膜技術因爲特定原因而用量增加。例如：PEN(Polyethylene naphthalate)，從成本看和聚酯樹脂與聚醯亞胺相比，是相當吸引人的材料。業者使用最低成本的 PET(polyethylene terephthalate) 膜，做低價品生產，大約有 20% 美國軟板產品採用這種材料。其來源多，熱與機械性能好，又適合捲對捲熱塑黏著劑生產低成本軟板。不過融熔溫度相對低於焊接溫度近 80℃，限制了這種材料廣泛使用。

PEN(Polyethylene naphthenate) 是聚酯樹脂近親，以往沒有明顯滲入軟板產業，它的表現類似 PET 但有略好耐熱性，包含 Tg 高出 40℃ 與融熔溫度高出 12℃。PET 與 PEN 材料雖然有數倍成本差異，但相對於聚醯亞胺膜單價都還算低。這類材料，因爲製作過程會用到毒性較高原料，因此生產廠商不多，目前日本杜邦帝人是最大供應商。

如前所述 PET 受耐熱限制，無法用在大量生產焊接製程。PEN 增加了 12℃ 融熔溫度，有機會用在高一點溫度的應用。即便材料比 PET 貴，但與聚醯亞胺相比還是便宜得多。PEN 會產生高雙軸向結晶形式，延伸範圍是大約 10x，例如：擠壓並拉伸 1-mil 的膜可以產生 10 mils 最終尺寸。在美國聚醯亞胺膜被用在近 80% 軟板產品，這些相對高成本但高性能膜，可以提供優異混合特性，並被多數軟板標準與規格指定。

最大美國聚醯亞胺膜生產者是 DuPont 公司，市場上生產幾種不同類型 PI 膜，用 Kapton® 作爲商標。另外一個主要 PI 膜來源是日本的宇部興業 (Ube) 公司，它在美國銷售商品商標爲 Upilex®。日本的 Kaneka 則是另外一家這類材料重要供應商，軟板基材商品

商標是 Apical®，以上三家是目前排行前三名的軟板材料膜供應商。聚醯亞胺如同環氧樹脂，是化學結構陳述，實際材料細節結構各家仍然有差異。

商用可得聚醯亞胺膜，吸濕範圍從低於 1% 到超過 3%，具有抗張力特性範圍從"彈性的"到"硬質的"，而表面則有非常方便黏貼與相對不易黏貼的產品。部分聚醯亞胺屬於功能性熱塑型塑膠，還會被用在黏著劑，此外這類樹脂還有一些不同配方的未知高融熔材料。因此在可選性多元，設計者必須清楚指定採用哪種聚醯亞胺膜作軟板材料。其簡單產品特性範例陳述如後：

● 吸濕膨脹係數 (CHE) 對聚醯亞胺膜，提出的是 22ppm/%RH。如果相對濕度改變 20%，其尺寸的最終改變大約每英吋 0.44 mils，在反向變化時濕度發生快速變化也會有這種變動。

● 另一種廣泛使用的聚醯亞胺，在暴露於光阻剝除液中，每英吋會膨脹約 0.010 in 相當於約 1%。經過工業界持續研討，並改善分子級結構，聚醯亞胺膜供應商已經發展出比較適合使用的產品，這些產品可以在製程與使用環境更穩定。

感光聚醯亞胺膜基材，一直是業者努力方向。過去因為單價、技術難度，這類材料停留在液態光阻形式。不過業者確實有突破性發展，長興化工幾年前，已經展示了低膨脹係數、高解析能力乾膜型聚醯亞胺材料。雖然以筆者角度看，材料單價與操作性還有改進空間，但從材料使用彈性看，這是一支相當值得期待的材料。

其它軟板基材用膜

一些特別產品，會限定使用其它介電質支撐膜，典型基材有：Aramid papers、融熔貼附 FEP 鐵氟龍、電子級聚乙烯基材料、液晶高分子膜 (LCP film) 等，也有彈性調整的環氧樹脂系統。Aramid papers 不是膜，但從功能與機械性看，可作為支撐骨架，搭配黏著劑類似高分子膜。優勢是有極好介電質表現 (介電質係數 K=1.6 ～ 2，損失因子 = 0.0015)、良好尺寸穩定度、適當成本與寬廣可用厚度。劣勢是有高吸濕性，製程中纖維容易吸收殘留物導致污染及變色，美國、日本都有貨源。

融熔貼附的 FEP 鐵氟龍 (與聚乙烯) 線路板，可以提供最佳電性表現，但難以低成本量產，原因與早期軟板問題相同：這些材料融熔製程尺寸穩定度差，特別是在保護膜基材層壓合會局部流動。

電子級乙烯基 (vinyls) 材料目前很少見，但已被用在捲對捲大量產的低成本線路。可在 105℃ 下做小心焊接，乙烯基材料是優異的低成本絕緣材料，介電質特性 (K = 4.7、損

失因子 =0.093) 可滿足互連應用。尺寸穩定度差，但適合用在簡單、大外型線路製作。

對於動態與彈性需求低的應用，可以考慮的材料包含調整過的軟性環氧樹脂或其它高分子。這些材料可以看做有足夠撓曲性的電路板基材，可以允許有限彎折與變形，用在類似軟板場合。優勢是低成本且具有適當性能，並可用捲式量產。

Aramid papers 耐燃環氧樹脂材料或其它熱固介電質樹脂都容易取得，儘管其最小厚度 (0.004 in) 高於聚醯亞胺膜，這些材料還是已經用在建構局部軟性多層板樣本。Aramid papers 的優勢是 X-Y CTE 非常低 (儘管 Z CTE 相對高)，這可以提供非常好的尺寸穩定度與層間對齊，同時它們容易鑽孔與 PTH 處理，這是因為沒有玻璃纖維在內，其介電質趨向均勻結構 (因為纖維小且均勻分佈)，而此系統搭配耐燃樹脂可耐燃。

依據製造商提供的基材與保護膜比較數據，很難用這些廣泛大範圍與測試條件資料做比對。不過筆者還是將這些訊息整理成後續比較表，幫助傳遞的膜、黏著劑與軟板等材料性能表現。表 4-3 所示，為典型軟板基材特性比較。

▼ 表 4-3　軟板基材的特性比較

基材材料	介電質係數	損失因子	介電質強度	濕氣吸收	抗張力強度	伸長率
聚酯樹脂	3.2	0.005	7000 v/mil	<0.08%	25 kpsi	～ 120%
聚醯亞胺	3.5	0.003	7000 v/mil	1.3 ～ 3.0%	25 kpsi	～ 60%
PEN	2.9	0.004	7500 v/mil	1.0%	30 ～ 35 kpsi	～ 75%
LCP	2.9	0.003	6000 v/mil	0.02 ～ 0.1%	15 ～ 25 kpsi	～ 15%
FEP	2.0	0.0002	5000 v/mil	< 0.01%	2 ～ 3 kpsi	～ 300%
PTFE	2.5	0.0002	5000v/mil	< 0.01%	15 ～ 25 kpsi	N/A
PVC	4.7	0.093	500 v/mil	< 0.5%	5 kpsi	120 ～ 500%
Aramid Paper	2.0	0.007	380 v/mil	3.0%	11 kpsi	～ 10%

依據 4-3 表的性能資料，可以做出一些材料的使用建議：

1.　Upilex S 具有優異堅韌度 (抗張強度與彈性係數) 及低 CTE，有良好尺寸穩定度、高彈性係數，也會產生比較低延伸性撕裂強度。

2.　低吸濕與滲透性是多層結構的期待，當材料吸附揮發物會引起高溫製程壓合空洞

3.　除可操作溫度偏低外，聚酯樹脂與 PEN 膜是可以與聚醯亞胺相抗衡的。PEN 是半投入生產的膜，會逐漸普遍，因為具有比聚酯樹脂好的耐熱性，又比聚醯亞胺價格低。

4. 聚醯亞胺膜被設計成符合銅 (17 ppm /℃) 的 CTE 水準，黏著劑則具有高得多的 CTE。

5. 儘管重要，耐化學性很難整理到表中，也很少影響到膜的選擇。所有目前使用的膜，都對普遍的電子化學品具有優異耐受性。

新興 LCP 高分子膜

液晶高分子材料 (LCP- iquid Crystal Polymer)，號稱可以提供比現有 PI 材料更好的特性。因為產業朝向高頻數碼電子產品發展，使得液晶高分子 (LCP) 材料逐漸受到重視，且應用範圍正在逐步增加。這種材料具有吸引人的物理與電氣特性，如：LCP 材料先天具有較低吸濕性 (0.02% ～ 0.1%)。圖 4-3 所示為 LCP 軟板材料與應用。

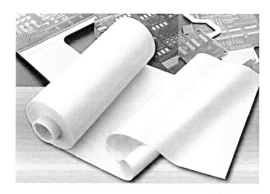

▲ 圖 4-3　LCP 軟板材料與應用

這種材料應該可以排除烘烤，而烘烤是聚醯亞胺製造的必要步驟，這源自於它先天吸濕性。低吸濕也是低訊號損失的重要條件，典型 LCP 材料訊號損失率為 0.003，且其介電質係數約為 2.9，具有吸引人的特性，可以應對高速應用。另一個 LCP 吸引人的特性是可以化學蝕刻，類似聚醯亞胺的特性，這種優勢可用來製作相對複雜的結構。圖 4-4 所示，為 LCP 基材製作軟板的範例。

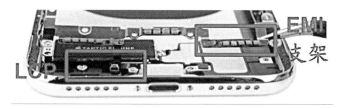

▲ 圖 4-4　應用 LCP 材料製作的軟板實例 (來源：YAMAICHI)

LCP 材料，目前對現有電路板廠，最大困擾是壓合溫度偏高。目前多數基材商提供的材料，都建議壓合溫度設定在 300℃ 以上，這超出多數現有板廠設備最高可操作溫度 250℃。技術升級問題並不大，但材料單價、製程相容性、技術利用率等問題，是這類材料發展的重要觀察點。目前，業者對這類材料使用，仍以單雙面基材為主，涉及到壓合能力，多層使用者不多。不過未來的 5G 通信，需要更寬頻的應用，已經有廠商利用這類材料設計產品，其潛力與應用是否會創造高峰，是值得觀察的項目。

此外氟素高分子基材也是軟板材料，可以應對軟板互連需求。雖然不適合動態應用，但 PTFE 材料可以用在低損失與低介電質係數應用。PTFE 材料典型訊號損失值低於 0.001，且介電質係數會落在 2.0 ～ 2.4 範圍。目前軟板設計者，還是會優先選用最常見的聚醯亞胺與聚酯樹脂軟板基材。表 4-4 提供使用在軟板結構，可以參考的聚醯亞胺與聚酯樹脂基材特性比較，設計者可以依據需求做判定。

▼ 表 4-4　聚酯樹脂與聚醯亞胺膜的比較

聚醯亞胺	聚酯樹脂
全球有幾個聚醯亞胺膜製造商，可從亞洲、歐洲、亞洲取得。聚醯亞胺膜多數是高信賴度類型 (軍用、醫療等)，且可用於動態軟性應用。品名包括：Kapton、Apical、Upilex	有幾個不同類型的聚酯樹脂可用，這種高分子材料是熱塑型塑膠且如果必要可以做加熱射出。這是一般認同的優勢，聚酯樹脂普遍的商品名稱包括：Mylar、Melinex、Celanar
優勢	
在各種溫度下優異的撓曲性 良好的電氣特性 優異的耐化學性 (除了熱鹼性溶液) 非常的良好的耐撕性 最高的抗張強度	低成本 耐撕裂 良好的撓曲性 低吸濕 良好的電氣特性 良好耐化學性
劣勢	
吸濕 (重量比可達到 3%，與配方相關) 與聚酯樹脂比較相對昂貴 高溫表現受限，與使用的黏著劑有關	有限度可用於焊接 不適合極端冷的環境 (高分子變脆) 在大氣環境下會支撐燃燒

1980 年代後期，超薄樹脂纖維材料在歐美日推出，逐漸被軟板業界接受，低於 8mil 以下材料還有捲式生產可能性。在 FR-4 類的 4 mils 厚材料，也曾被用於生產類似 TAB 軟板產品。這類應用預期會增加，用在非動態 (Non-dynamic) 軟板領域。

當然硬式電路板設計無法用在動態軟板，但業者會因為某些特殊需求而將軟板與硬板整合，製作所謂複合軟硬板 (Rigid-Flex)，這種現象使得軟、硬板間的應用界線模糊化。幾年前日本的日立化成公司，曾嘗試推出的 Cute 軟板材料，就具有這種特色。圖 4-5 所示，為該公司產品範例。這種產品似乎為了軟硬板應用發展。不過據說材料因為市場整體發展不順，該公司是否仍會繼續生產這支材料待觀察！

▲ 圖 4-5　日立化成所發展的軟硬板材料 Cute

軟板黏著與塗裝劑

傳統融接可以用連續壓合生產長電纜，製程持續一系列重疊壓合，產出材料比片狀生產規模大得多。這類作法普遍用於融熔製程，介電質包括：Kel-F、FEP 鐵氟龍、PET 聚酯樹脂與其組合材料、電子級乙烯膜等。熱塑型高分子在特定溫度融熔，冷卻後逐漸凝固，這個作法理論上可以無限重複。熱固配方只有第一次熱循環融熔，之後儘管有部分軟化 (超過 Tg)，但融熔不會再發生。

接著軟板發展以兩層融熔製作，就是膜加上黏著劑。因為使用熱固型黏著劑，可以低溫壓合，基材黏著劑層貼附沒有再度融熔。早期生產的黏著劑，普遍以單面板為對象，它需要良好剝離強度、低流動與簡易處理能力。控制襯墊開口必須低流動性，因此業者被迫使用較厚黏著層填充線路。增加黏著劑厚度有較高殘留應力。裸露線路需要填充，介電質因低流動而用高百分比黏著劑。

黏著劑脆弱但必用的軟板連結劑，層組合技術需要用黏著劑。也有業者採用部分 PTF 或覆蓋塗裝技術製造軟板，將必要結構固定在一起。黏著劑大幅影響軟板電性、熱與化學特性及關鍵因子，特別是在阻抗控制線路表現。黏著劑是介電質，會圍繞著導線層，典型結構會佔有 50% 或更多厚度。

軟板常用的介電質膜類型以聚醯亞胺、聚酯樹脂為主，但黏著劑卻主導了產品整體表現，因此對這個主要材料，在此簡單檢討其特性：

● 因為圍繞著導體，黏著劑是軟板絕緣物質，也決定軟板特性如：體積與表面電阻、介電質係數、損失因子，基材膜特性是站在第二位。

● 耐燃能力會受黏著劑影響，多數電子用膜都具有自我熄滅性，黏著劑除非搭配抑制配方，是其中最會支撐燃燒的材料。

● 黏著劑是產品關鍵特性因子，如：提升溫度絕緣性與降低 Z 方向膨脹。

● 結合強度是依靠黏著劑：決定組裝過程承受損傷的能力，黏著劑當然是重要因子

● 耐化學性也是黏著劑重要功能，經過化學品暴露測試後，其剝離強度會有某種程度改變。

黏著劑塗裝與注意事項

軟板黏著劑產品是以溶劑、高分子與聚合配方生產，這種混合物以機械塗裝製作在載體單、雙面上，形成基材、保護膜、結合膠片、塗裝膜黏著劑等。溶劑在乾燥爐清除，留下不黏的塗裝並以離型膜保護。

離型膜在最後捲收階段導入，並維持到堆疊才撕除。離型膜有時候會在鑽孔前清除，避免額外應力對尺寸的影響，在作業後則又再貼附。剝除膜時會產生大量靜電荷，有引起異物吸附的機會要小心。

基於必須保持應有特性，塗裝應該要注意後續事項：

● 黏著劑塗裝必須達到不沾黏，才能讓異物吸附降到最低，且能讓保護膜容易對位及膠片壓合。

● 塗裝膜實用厚度為 0.001 ～ 0.002-in，才有足夠黏著力而不脆，必須能從載體上脫離並對位而沒有扭曲。多數塗裝膜是脆弱的，要做精確對齊鑽孔、沖壓開口、蝕刻線路都困難，會比較耗費人力。

● 塗裝必須保持低殘留揮發物含量 (期待低於 1%)，以達成最少壓合 空泡與結合不良。基於同樣理由，聚合不該產生離型揮發副產物。

● 聚合黏著劑必須能承受製程中化學品攻擊，而矛盾性需求則是鑽孔殘渣也必須能順利在 PTH 製程中從襯墊邊緣清除。

● 因為它們已經熱固到某種程度，保護黏著劑塗裝的庫存物應該避免提升溫度，比較傾向於使用冰箱或者冷凍設備儲存。

● 以合理時間在適當溫度下做完全聚合，1 小時 180℃是典型條件。

● 儲存壽命有限的物料，都必須要監控並確認新鮮度與期待表現。

　　無膠軟板在過去或現在，都是為了符合產品機械性、耐熱性、電性與化學性表現，高性能膜如：聚酯樹脂、聚醯亞胺或鐵氟龍等都是。新黏著劑配方，時常來自軟板材料供應商。他們先尋找最佳組合，再依據分析調整添加可取得材料。軟板產業快速改變，這類議題討論應該要成為常態，這些議題結論可以誘導黏著劑特性發展與對軟板表現的影響。

　　軟板黏著劑厚度範圍從 0.7 ～ 3mil，其黏著劑低流動能力限制了對線路密封性能，普遍作法是讓保護膜變形環繞著線路，來降低密封線路黏著劑需求量。這意味著，1mil 黏著劑可以填充 1.4mil 的線路，不過即便是在基材內最小黏著劑厚度 0.75mil，一片 1mil 介電質膜的軟板，含有 1.75mil 的黏著劑，超過整體總介電質厚度 2.75mil 的 50%。

　　軟硬板產品較複雜，多層結構有電鍍通孔，黏著劑表現相對比較重要。此處已排除傳統軟板黏著劑，以高交鏈鍵結的膠片取代，這些材料會提供較高流動與較好熱穩定度且降低殘留應力。在軟硬板增加使用無膠材料，與軟板一樣有較好表現，而傳統黏著劑則呈現較弱連結。

　　軟板黏著劑是以幾種形式使用：作為薄膜的單面塗裝、作為介電質膜的雙面塗裝，被稱為結合膠片或者製作成無支撐塗裝膜：

● 基材與保護膜 - 包含單面黏著劑塗裝在一片介電質膜上，同時也可以形成單面軟板介電質系統

● 結合膠片與塗裝膜黏著劑，用來結合軟板成為多層結構。結合膠片提供蝕刻線路間介電質屏障，也可以作為保護膜。兩者常會製作開口或特殊形狀並對位到多層結構，以便達成連接功能，對特定場合、軟硬板硬質區都有用處

黏著材料的種類與用法

　　軟性黏著劑用來結合金屬薄膜與底材，產生基材間結合力，這如同多層結構看到的一樣。黏著劑選擇，必須留意能否搭配並達到最佳基材混合特性。後續內容將粗略討論最常被軟板使用的黏著劑，不同類型黏著劑的特性比較如表 4-5 所示。

▼ 表 4-5　常被用在軟板基材的黏著劑特性比較

黏著劑類型	焊接後剝離強度	黏著劑流動 mils/mil	濕氣吸收 max%	表面電阻 minMΩ	損失因子 (1MHz)	介電質係數 (1 MHz)
聚酯樹脂	N/A*	250um max	2.0	104	0.02	4.0 max
壓克力	1.6 N/mm	125 p.m max	6.0	107	0.02	3.5 nom
環氧樹脂	1.4 N/mm	125 um max	4.0	104	0.06	4.0 max
聚醯亞胺	1.0 N/mm	125 um max	3.0	105	0.01	4.0 max
酚醛樹脂	1.0 N/mm	125 um max	2.0	104	0.025	3.0 max
PTFE	> 1 N/mm	125 um max	0.01	1012	0.0007	2.2 nom

* 聚酯樹脂不適合焊接而不使用，聚酯樹脂黏著劑最小剝離強度數值是 0.9 N/mm。

1. 聚酯樹脂黏著劑

聚酯樹脂膜是熱塑黏著劑，可以捲式處理的高產出低成本材料，它可以與銅皮製成耐燃材料，並符合 UL-94VTM-0 規範。它無法通過漂錫測試，最大使用溫度是 110℃。

聚酯樹脂黏著劑典型用在聚酯材料，不過它們也偶爾被用在其它材料上，這依據應用類型而定。聚酯樹脂黏著劑首要優勢是低成本與低製程溫度，弱點則如前述：高溫性能不良，限制了它潛在應用範圍。

其它潛在弱點是，黏著劑在壓合流動量偏高，且結合強度相對偏低。不過它適合用在許多應用，尤其是對溫度與物理限制較低的領域。

2. 壓克力黏著劑

壓克力黏著劑是軟板製造長期的首選，它受許多聚醯亞胺基材製造者喜愛，源自於它的優異結合力與簡單操作性。壓克力黏著劑提供合理耐熱表現 (承受焊接溫度)，製程簡單且先天與許多材料結合力也不錯。

這種材料的負面表現，則是在熱鹼性溶液中會有膨鬆浸潤問題，這類藥水普遍出現在許多無電解與電鍍線。此外它們具有較高的熱膨脹係數，會有潛在通孔電鍍斷裂風險，尤其被用在各種多層與軟硬板結構時，過度 Z 軸膨脹會有不良影響。

3. 環氧樹脂與改型黏著劑

環氧樹脂是全世界最普遍使用的黏著劑，難免出現在軟板應用。環氧樹脂與修改版本是泛用黏著劑，可以用在許多不同材料連接，包含金屬、陶瓷與高分子物質等。

環氧樹脂耐高溫能力好，可以呈現最佳漂錫剝離強度值。不過可惜的是，環氧樹脂與其它替代材料比較，先天比較傾向脆性，不過修改配方後經驗證可以降低此問題。環氧樹脂有一定吸濕性，業者要小心操作。

4. 聚醯亞胺黏著劑

聚醯亞胺黏著劑被限制用在聚醯亞胺基材上，這源自於它需要較高製程溫度。不論如何，使用聚醯亞胺黏著劑有較好材料搭配性，可以改善基材表現。它們逐漸普遍用在典型聚醯亞胺黏著劑產品，是熱塑性材料，且需要相對高壓合溫度與壓力。因此軟板製作如果完全用聚醯亞胺黏著劑，可以有最大耐溫能力。聚醯亞胺黏著劑也被認定，可以在多層軟硬板領域表現優異，這源自於它較低的熱膨脹係數。

聚醯亞胺黏著劑的負面問題，包括材料來源與實務經驗都有限，雖然可用材料在持續增加中，但與其它黏著劑相比仍嫌稀少。另外的顧忌是結合強度，聚醯亞胺黏著劑的表現略低於其它替代品。

5. 其它黏著劑

除了以上引用的黏著劑，還有其它熱塑材料也曾用在軟板製造。包含 FEP 與 PEI(polyetherimide) 類，這些材料所需製程比較類似聚醯亞胺黏著劑，貼附要高溫與高壓。

FEP 有時候會被用在低損失連接膜應用，如：多層微波高頻板，且選用原因常因為製程溫度比較低。FEP 是熱塑型塑膠，有時候在組裝過程延長時間會再熔解，這在無鉛焊接溫度下會脫層。因為它有高溫焊接時間延長的顧忌，所以在高溫應用此材料必須通過認證。

6. 灌膠

端子區最佳保護法是灌膠或密封軟板接點及硬體，業者常利用聚合膠塊絕緣。這個技術可以完全支撐端子，並保護它們避免機械或環境應力，這種方法常用在軍事與高信賴度商業組裝上。

這類灌膠使用的化合物，必須能強固且有彈性，而不僅是軟板接點與灌膠質地堅硬，這樣可以避免磨損與切割風險。熱固與熱塑高分子物質都曾被導入，熱固型包括：環氧樹脂、聚氨基甲酸乙酯、混合環氧樹脂與聚氨基甲酸乙酯、矽橡膠等。

　　熱塑材料作業時間短且成本低，適合大量生產也適合以治具做射出，但即便是低熔點化合物也需要升溫與壓力控制。小心做灌膠設計、選擇適當化合物、軟板與灌膠間良好密封、對軟板保護性等，都是這類製程必要關鍵考量。

7. 硬體

　　端子與部分硬體，在灌膠時必須完整密封，以免液化的化合物擠出污染非灌膠區。在連接器內，多數典型成對接腳是處於懸浮狀態，部分則被固定埋在部件內。最佳作法是灌膠密封，讓連接器完整外露發揮正常功能。這樣化合物未滲到非灌膠區，也不會破壞懸浮接腳。如果介面已經被設計固定，且必須用到軟板半段懸浮端子，最佳處理是以彈性密封材料做各接點密封，這樣灌膠就能保證連接器正確接觸與對齊。灌膠固定軟板，製作成固定外型或彎折狀部件，可以改善與提升組裝精確度。

8. 定型塗裝

　　定型塗裝偶爾會用在軟板組裝上，作為暴露焊錫接點陣列部件的外部塗裝，或者是任何需要保護區但無法用灌膠的部分。其目的是要保護該區，避免密集區意外短路，同時能保護軟板免受銳利內圓角磨損。

覆蓋層與綠漆塗布

　　多數軟板設計，都需要在線路上建立保護層，以保護外露線路同時界定組裝及焊接區。軟板主要有兩種覆蓋層製作法，其一是使用含膠保護膜，底材近似軟板材料且貼合前先做外形切割，之後做對位貼、壓。另外一種是所謂保護層或綠漆塗佈，如何使用取決於產品設計及需求。

　　業者最普遍使用的塗佈法仍然以絲網印刷為主，至於印刷完成後的聚合固化，依油墨不同而分為熱硬化與 UV 硬化兩種，這種製作方法當然比起覆蓋膜經濟又方便操作，但是要符合軟板需求卻是大問題。要柔軟又有抗化性，這種油墨實在不容易設計。感光油墨的做法可以提升製作對位性，有助於製作能力的提昇。

　　多數用於動態撓曲軟板必定以覆蓋膜製作，這種結構不但可以耐久使用，並能承受高溫及惡劣使用環境。使用這種夾心結構，是為了能保持結構均勻對稱，對覆蓋膜厚度要求都會與基材厚度相同。

至印刷保護層製作，主要用於撓曲性能較低的應用。但這類做法受限於材料特性，而不能使用在特定領域，如：汽車用控制系統軟板。因爲需要選擇性塗佈並建立約 2 mil 保護層，因此主要作法是精密印刷。又因多數量產廠採捲對捲生產，普遍使用 UV 型油墨。圖 4-6 所示爲捲帶生產線。

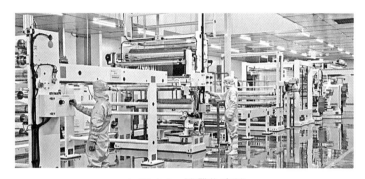

▲ 圖 4-6　捲帶生產線

由於表面貼裝高密度化，部件組裝精度要求隨之提昇，這種要求使影像轉移式覆蓋膜需求提高。不論是感光油墨或感光乾膜型覆蓋膜，經過曝光顯影都可提供較好解析度及對位。雖然硬板用這類技術多年，不過軟板採用較晚。因爲以往貼膜精度要求不高，使軟板使用影像轉移式覆蓋膜技術時間延遲。

從電路板生產看，硬板多可在短時間內確認作法，且有較多供應商與較接近的供貨價格。有些公司還可以提出公開成本結構與尺寸、採購數量關係，這可讓期待訂購客戶即刻計算出取得價格。軟板對報價需要的反應時間長得多，而價格範圍也較寬，至於產品交貨時間常比預估長又不確定，這些都反映出軟板變動性。

這種現象的肇因，應該歸咎於 "軟" 對 "硬" 材料間的先天差異，硬質基材先天上尺寸就比較穩定，大工作尺寸與嚴謹公差是必然。軟板工業理解這些問題並逐年改善，調整壓合溫度、使用低溫製程，確實對致命問題有改善。不過高分子材料經過幾十年發展，仍然缺乏足夠穩定度，儘管有「無接著劑 (Adhesiveless)」材料推出，軟板工業還是不曾享受到如硬質基材般的穩定度。

簡單的說，有效發展軟板製造技術的主要障礙，源自於材料基本特性。這個產品仍未發揮完全潛能，不是因爲缺乏努力而是其天性，要讓軟板如同硬板商品化就必須先克服這種問題，這個工作充滿著挑戰性。

4-6 材料的組合應用

軟板材料設計是針對：可彎、可折、可捲、不產生基材及導體傷害這些議題做開發，至於要做到何種程度，就要看應用領域及製程。軟板面對的製程考驗，某些時候比最終產品需求更嚴苛，對黏著劑、基材、導體，它們在製程中必須能面對以下劣化問題：

● 機械操作：鑽、切及生產操作
● 化學處理：電鍍、蝕刻、除膠、溶劑清洗
● 高溫處理：壓合、焊接

基材與導體間結合力要求為 4 lbs/in 以上，基材維持這種結合力是可能的，對無膠軟板基材，這個特性特別重要。基材特性比較，如表 4-6 及表 4-7 所示，主要針對典型黏著劑及基材特性作討論。

如果有產品應用領域需要面對高溫連續操作，同時需要超過一百萬次撓曲又必須採用焊錫爐組裝，這時候選用聚醯亞胺樹脂 / 壓克力黏著劑 /RA 銅皮就是不錯選擇。因為這種材料具有最佳耐溫及焊接承受力，同時具有耐彎折一百萬次以上能力，而 RA 銅皮適用於動態撓曲，只是需要選用恰當表面處理而已。

▼ 表 4-6　容易取得的銅箔基材

介電膜	黏著劑
聚酯樹脂	聚酯樹脂、強化纖維聚酯樹脂、改質環氧樹脂
聚醯亞胺樹脂	壓克力樹脂、強化纖維壓克力樹脂、改質環氧樹脂、聚酯樹脂、聚醯亞胺樹脂、酚醛樹脂
氟素樹脂	環氧樹脂、壓克力樹脂、氟素樹脂
Aramid	壓克力樹脂、改質環氧樹脂、酚醛樹脂
改質環氧樹脂	改質環氧樹脂、聚酯樹脂

▼ 表 4-7　軟板基材特性比較

基材 / 黏著劑	聚酯樹脂 / 聚酯樹脂	聚醯亞胺樹脂 / 壓克力樹脂	改質環氧樹脂 / 改質環氧樹脂
熱安定性	差	優異	好
尺寸安定性	差	好	優異
撕裂強度	好	差	優異
柔軟性	優異	非常好	差
電性	優異	非常好	差
吸濕性	低	高	低
成本	低	最高	適中

　　如果另一個應用與前者類似，但希望造價低也允許不用迴焊製作，此時聚酯樹脂 / 聚酯樹脂黏著劑 /RA 銅皮是不錯選擇。因為聚酯樹脂可承受操作環境溫度，但未必能承受焊接溫度。聚酯樹脂單價低廉，RA 銅皮能耐動態撓曲因此給這種答案。

　　如果產品需要高尺寸穩定度，但只需要製程與組裝提供一點柔軟度，此時強化纖維基材 / 環氧樹脂膠片 / 電鍍銅皮或許是恰當選擇。因為有強化纖維可以提高尺寸穩定度，這類材料可以彎折 25 ～ 50 次，因此應該可以適用。至於銅皮，電鍍銅皮可以用於靜態軟板應用領域。

　　由以上範例延伸組合概念，應該可以作出不同應用領域的材料配置抉擇。聚醯亞胺樹脂不適用於高吸濕產品，因為本身的吸濕性偏高。只有強化纖維材料有較佳尺寸穩定度，但會因此而犧牲柔軟度。恰當的銅面處理，有助於焊接性維持，這些都是選材外必須注意的事項。表 4-8 所示為軟板基材應用狀況參考。

▼ 表 4-8　典型軟板基材的應用

應用領域	介電薄膜	黏著劑
磁碟機、通信產品、高信賴度產品	聚醯亞胺樹脂	改質環氧樹脂
軍用板、軟硬板、特殊裝置	聚醯亞胺樹脂	壓克力樹脂
高階多層板、大型電腦、汽車部件、高溫部件	聚醯亞胺樹脂	聚醯亞胺樹脂
少焊錫的消費性產品、汽車用線束產品、印表機、電話	聚酯樹脂	聚酯樹脂
薄膜開關	改質環氧樹脂	環氧樹脂

4-7 小結

軟板各種不同材料製造，包含膜、銅皮與黏著劑。不過現在聚酯樹脂與聚醯亞胺仍然主導底材市場，較新材料持續被驗證導入，如：PEN 與 LCP，以成本與性能看，兩者都有機會進入市場。類似狀況，薄而強的 PTFE 材料可以在高速訊號方面提供重要優勢，也應該有機會進一步在 RF 類高速產品有表現。

除了底材還有各種黏著劑與許多類金屬薄膜會被用在基材上，選擇使用材料與線路類型、應用環境、組裝方法息息相關。評估不同材料的相對優點與產品需求，就可以在給定應用中做出最佳材料選擇。

無鹵素材料是軟板重要趨勢，傳統電路板耐燃材料有產生 Dioxin(戴奧辛) 的問題，目前受到多數電子業者重視。在軟板方面，雖然表面上看軟板壓力不如硬板材料大，但這種理念已經受到多數材料供應商正視。

灌膠化合物與定型塗裝被用在絕緣與保護端子區域，灌膠需要一個灌膠製程與人力考慮，定型塗裝則比較快速而簡單。

CHAPTER 5

軟板的導電材料

5-1 前言

軟板導線是以定範圍的導電膜，製作在軟板基材上，薄膜類型依消耗量排列如後：
(1) 鍛造或壓延銅 (2) 電析鍍銅 (3) 特別的合金 (4) 鈹銅 (5) 鋁 (6) 導電油墨或高分子厚膜 (PTF)。

銅皮未必是軟板導體首選，鋁以單價、導電度比表現相當優異，但它化性活潑容易有腐蝕問題而難以應用。銅以外還有多種其它金屬薄膜可應付特殊需求，理論上各種金屬都可以做成薄膜，或者用濺鍍、電鍍法製作金屬薄膜用在軟板製造。軟板雖然有許多金屬材料選擇性，不過只有非常有限的材料真被量產。後續陳述一些可以取得的軟板用金屬薄膜，並檢討它們的實際特性與潛在應用可能性。

5-2 銅皮

銅是軟板最普遍使用的金屬材料，因為它具有比較好的標準導電度與電流負載量。它容易蝕刻產生高密度線路，同時可以做溶液析鍍製作多層或立體線路。所有標準端子處理方法，包含廣泛的焊接、合金處理、熱壓、點銲等，都可以用在銅金屬上。有兩種方法可以將銅轉換成為薄膜，它們是電析鍍 (ED) 與壓延法。工業上可用的銅與製程、化學品未必相容，其規格、標準與客戶需求都需要仔細做整合。

　　銅皮如前所述，可以應用在各種主要軟板產品。銅具有適當的成本與物性、電性表現，這使得它成為良好的選擇，市場上有許多類型的銅皮可以取得。IPC 金屬薄膜規格 IPC-CF-150E 定義了八種不同類型的銅皮，如表 5-1 所示。用來製作電路板的銅皮，被分類為兩個比較廣泛的種類，各為電鍍與鍛造，其下又各別分為四個子類，如表 5-2 所示。因此有幾種可取得的銅皮類型用在軟板，以應對各種不同終端產品需求。

▼ 表 5-1　IPC-CF-150E 銅箔特性規範摘要表

銅類型與等級	厚度 ,mils	抗張強度 , kpsi（電鍍銅皮）	延伸強度 CHS, %	疲勞延伸率
1	0.7	15	2	—
	1.4	30	3	
	2.8+	30	3	
2	0.7	15	5	—
	1.4	30	10	
	2.8+	30	15	
3	0.7	15	2	—
	1.4	30	3	
	2.8+	30	3	
4		—		—
	1.4	20	10	
	2.8+	20	15	
	鍛造或壓延銅皮			—
5	0.7	50	0.5	30
	1.4	50	0.5	
	2.8+	50	1	
6	1 ～ 2+	25 ～ 50, 依據溫度	1 ～ 20	30 ～ 65
7	0.7	15	5	65
	1.4	20	10	
	2.8+	25	20	
8	0.7	15	5	25
	1.4	20	10	

註：依據協議，0.7 mil 或 0.0007 in 是 1/2 oz，1.4 mils 或 0.0014 in 是 1 oz，2.8 mils 或 0.0028 in 是 2 oz，盎司分類－依據每平方英吋的銅皮重量為準，這種定義已經過時且單張金屬重量僅能粗略使用。等級 7 是 RA 銅，常用在軟板，等級 8 是 LTA 銅皮。

▼ 表 5-2　現有銅皮種類的整理

銅皮類型	號數	歸類	陳述
電鍍 (E) 銅皮	1	標準 - 電鍍型	標準電析鍍
	2	HD- 電鍍型	高延展性電鍍
	3	THE- 電鍍型	高溫高延展電析鍍
	4	ANN- 電鍍型	電析鍍迴火
鍛造 (W) 銅皮	5	AR – 鍛造型	壓延鍛造製作
	6	LCR – 鍛造型	輕冷壓延鍛造
	7	ANN – 鍛造型	迴火 - 鍛造
	8	LTA – 鍛造型	以壓延鍛造及低溫迴火

電鍍銅皮 (標準的)

電析鍍 (ED) 製程是從離子溶液與薄膜製造開始，在高析鍍速率將金屬析鍍在旋轉陰極金屬鼓上。它會產生一層銅金屬薄膜，其中一面是平滑面 (金屬鼓面) 而另一面則是粗糙面，具有垂直晶粒排列、高降伏與抗張力強度。有高生產率，且能直接產出期待厚度金屬薄膜，使成本相對較低。而垂直晶粒並提供單面平滑結構，在蝕刻特性上，可以輔助生產較窄的線路，保持寬度接近中值。

因爲先天的粗糙表面，傳統 ED 銅皮與介電質結合強度相當高。不過源自於晶粒結構特性，垂直晶粒晶界會建立起斷裂蔓延通路。這種表面會降低銅皮耐撓曲性不適合動態應用。以 ED 製程製作銅皮會比較便宜，其製作成本會隨厚度增加而增加。美國不用電鍍銅皮製造軟板，但修改銅皮處理有可能讓它成爲軟板普遍可用材料。不論如何電鍍銅皮是比較低成本而仍能適用於部分軟板的材料，已經被許多產品接受。

電鍍銅皮 (熱處理)

IPC-4562 中的標準電鍍銅皮，需要考慮的其中一個變數是熱處理。這種銅皮類型，是以高溫處理改變電鍍後銅晶粒結構，以產生更具延展性銅皮。這種銅皮可能適合特定動態應用，因爲它產生了再結晶結構，相當接近壓延與迴火銅晶粒結構。

電鍍銅

某些軟性材料是將銅直接電鍍到基材上，製程用無電解與電鍍技術組合。軟板基材銅電鍍與銅皮製造的電鍍極不同，某些電鍍銅皮呈現的特性相當接近 RA 銅，且在特定條件下表現出優異結果。這源自於製程條件先天差異，因為它會使用特別電鍍添加劑，可以產生不定形或等軸晶粒結構。圖 5-1 所示，為不同金屬銅結構差異。用這種電鍍銅比起用 RA 銅皮生產軟板，其受到晶粒方向的影響會更低。

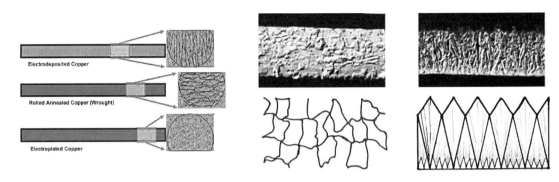

▲ 圖 5-1　銅皮晶粒結構隨製程而變化，圖上呈現垂直、水平晶粒或不定形等軸向晶粒

鍛造、壓延並迴火的銅皮

　　鍛造或壓延迴火的銅皮，是使用傳統金屬加工法製作，業者以 RA 銅稱呼產品。製程包括將銅條通過一系列金屬壓延，讓薄銅皮達到期待的厚度為止。

　　金屬壓延會快速引起工件硬化，因此壓延銅皮必須做週期性迴火處理。它們會以不同等級硬度銷售，從開始壓延到完全軟化都有。壓延迴火 (RA) 銅皮會採用標準迴火條件，可以提供良好撓曲持久性與承受度，避免在動態應用產生斷裂問題，這是典型軟板材料的處理。圖 5-2 所示，為壓延銅皮的設備側視圖。

▲ 圖 5-2　壓延銅皮製作設備 (資料來源：www.primetals.com)

　　這個方法可以經濟生產厚度 8μm (1/2 Oz) 的銅皮，經過特別壓延可以製作出更薄的銅皮，不過只有在特別加價下少量提供。多數軟板應用的 RA 銅皮，因為有良好晶粒結構而可以提供優異撓曲壽命。軟板工程師多數會指定 RA 銅皮製作軟板，最彈性的基材是以 RA 銅皮製造，它也會因應線路規格需要而選用。

　　RA 金屬提供軟板良好撓曲性，但柔軟且容易變形，讓製造操作複雜化。替代性壓延銅皮可提供較好操作條件，並具有良好撓曲性，它是低溫度迴火 (LTA) 的銅皮版本。LTA 銅皮銷售時有較高殘留壓延應力 (就是晶粒結構延長到特定程度)，高殘留應力就是銅皮加熱後做較快速迴火。

　　LTA 是良好銅皮選擇，它可以抵抗操作損傷，因為初期有高降伏強度，可以抵抗凹陷與皺折，但可在保護膜壓合時做迴火得到更好撓曲性。不過必要殘留應力，會不穩定與產生變動，包含預迴火處理因為保存溫度過高、壓合中產生過度迴火，導致不預期操作損傷。經過業者改善，實際軟板撓曲持久性測試產生了有趣發展。典型銅皮耐撓曲特性測試結果，如表 5-3 所示。

▼ 表 5-3　典型銅皮撓曲持久性測試結果

銅皮	IPC 等級	極端抗張強度 kpsi	伸長率%	達到故障循環數，軸心直徑 0.078-in
壓延銅皮				
壓延完畢	5	60	2	200
RA	7	25	30	275
LTA	8	18	35	300
電鍍銅皮				
ED, JTCS	3	60	17	115
迴火 JTCS		32	30	300
迴火 ED JTC AM		52	34	469
*Nelflex		43	24	298

*Nelflex 是一種無膠材料，它包含濺鍍金屬種子層在聚醯亞胺膜上，並以電鍍提升到期待的金屬厚度。

由數據顯示 LTA、迴火 ED 銅皮 (JTCS) 與 Nelflex 材料都有優異的撓曲持久性，在 0.078-in 直徑軸心的測試循環中，其結果都比 RA 好。這也顯示了，延長率不是良好的撓曲持久性指標。

IPC 對於銅皮厚度控制，有規定可供參考，規則如表 5-4 所示。

▼ 表 5-4　銅皮厚度與相對重量公差規格 (IPC-D-249)

數值厚度 , in	公差 , in	重量 , oz/ft^2
0.0007	0.0001	1/2
0.0014	0.00015	1
0.0028	0.0003	2
0.0042	0.0004	3
0.0056	0.0006	4

鍛造合金銅也可以用在軟性基材，這些銅皮可提供更好的強度與韌性，製造操作也較簡單。它們共有的優勢，是低應變 / 高撓曲應用循環壽命，是某些應用更好的選擇。先進電鍍技術局部改變了某些產品選用 RA 銅皮的習慣，經過調整電流密度與藥水配方、設備，可以生產出高品質有競爭力的 ED 銅皮，如果不是需要優異撓曲特性的軟板可以使用它。

銅皮表面處理

銅是高活性金屬，在室內儲存下會緩慢氧化，而在壓合溫度會更快速產生不良反應，因此原銅 (未處理銅) 無法良好接著。要改善接合力穩定度，會使用特別壓延並經過特殊表面處理的金屬膜做壓合。表面要形成氧化膜，通過刻意粗化的電鍍處理產生表面粗度。對多數銅皮，會在銅皮單面做一層薄表面處理，改善它對底材的結合力，如圖 5-3 所示。

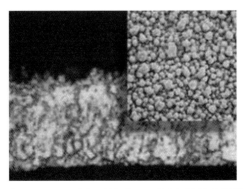

▲ 圖 5-3　斷面所呈現的低稜線表面可以改善與介電質的結合力

濺鍍銅皮

另一種銅皮作法，是以蒸鍍種子層金屬薄銅到軟性基材上，之後利用電鍍增厚。這種方法已經使用超過二十年，但到最近才比較受到廣泛重視，主要因為業者需要製作細線路。這種方法傳統問題是，如何獲得均勻無孔又有足夠高剝離強度的銅皮。類似電鍍薄膜，濺鍍銅提供非常薄的 (典型低於 1μm) 銅膜基材，會製作在強化結合力的鎳、鉻或莫涅耳 (Monel) 合金層上，這層濺鍍銅膜可作為種子層做後續電鍍。

這種膜對製作細線路與特殊結構相當有用，例如：薄銅膜具有足夠的導電度，但導熱則相對較差。濺鍍銅經過證實非常適合用於高循環壽命動態應用，如：碟片驅動器等，可提供良好電鍍控制的基礎。

其它薄銅的選擇

無止境的降低電子產品與系統尺寸，導致需要用比較薄的銅皮來生產更細線路。製作較薄銅皮可以滿足軟板製造需求，銅皮被期待是無針孔並能提供適當結合力，這對製造商與使用者都相當重要。部分銅皮與材料供應商，已經發展新方法來改善。

超薄壓延迴火銅皮過於昂貴，部分廠商採用 3 ～ 5μm 載體銅皮直接貼附到軟板基材，這種產品可均勻無針孔。銅皮面上會做結合力處理，製作軟板較常用低稜線銅皮。可以改善蝕刻特性，製作細緻外型，不過會同時損失剝離強度。由於產品高密度線路需求，促使銅皮業者發展突破性方案。各方案都有長處，且每種產品都有一種以上解決方案，這有賴於設計製造共同整合。表 5-5 所示，為典型軟板用金屬膜特性比較。

▼ 表 5-5　銅皮特性比較

金屬薄膜	電阻 Ω/cm × 10^6	導熱率 W/m*K	伸張強度 (psi)	% 延伸率 (迴火)
壓延銅	1.67	393	32,000	20
電鍍銅	1.77	393	25,000	12
鋁	4.33	225	16,000	30
不銹鋼	75	6	90,000	40
鈹銅	～ 8	83	60,000* 200,000**	35 ～ 60* 1 ～ 4**

* 迴火全軟化處理

** 熱處理全硬化

5-3 其它金屬薄膜

5-3-1 鋁薄膜

鋁薄膜已經用在特別應用，這些領域期待降低重量或成本，當然設計會適應使用需要，鋁薄膜經證實用在簡單軟板遮蔽應用相當成功。相較於等效能導電銅，鋁是優異導體且可降低大約三分之一重量。鋁的撓曲持久性較差，且儘管端子經過適當化學鎳/金處理可做焊錫，但作為端子使用仍然不容易。對軟板上貼裝部件這種技術，半導體端子技術(如：打線連接)使用鋁比銅容易些。典型鋁膜遮蔽範例，如圖 5-4 所示。

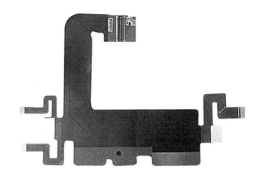

▲ 圖 5-4　鋁膜電磁遮蔽的軟板設計

鈹銅

當要同時尋求良好導電度、機械性強度與類似彈簧的特性，鈹銅就是有用的選擇。不過鈹銅導電度不如銅(接近 25% 銅的導電度)，這種金屬是端子連接器工業標準材料之一，主要源自於其特殊複合特性。

使用這種材料有個顧忌，就是鈹本身是毒性金屬，不過金屬不是以純物質狀態使用，可以讓問題明顯降低。機械加工時產生的粉塵必須小心控制，不過蝕刻倒沒有太大顧忌。

鐵合金薄膜

各種鐵合金(不銹鋼等)也被用在特定領域，經證實在低導熱同時搭配傳送電氣訊號應用，它有存在價值。典型範例如：低溫實驗裝置的儀器間互連(不過用前述薄濺鍍膜與高導電度金屬法也能提供同樣功能性)，可以提供較低電流。因為這種薄膜電阻相當高，已證實在軟板加熱器製作非常有用。

銦 - 錫氧化物

銦 - 錫氧化物 (ITO) 相當知名，因為它是透明導體材料。在液晶顯示器的重要性高，也提供了其它應用可能性，觸控螢幕監視器就是其中範例。薄氧化層以真空濺鍍，厚度薄是它的困難處。在玻璃表面製作 ITO，但某些應用在透明高分子膜(如：聚酯樹脂)上製作，它是特殊應用的解決方案。這類材料電阻高、材料取得不易、單價高，已經有廠商嘗試用銀、銅等超細線路替代。目前已有廠商用這種方法製作觸控面板，不過整體應用仍在發展中，有不少關鍵技術待突破！

彈性埋入電阻材料

　　軟板也包含埋入式被動部件 (如：電阻)，業者用 Ohmega Industries 特製薄膜製造。薄膜組合了電阻與導電層，必須使用特別的三步驟蝕刻生產，可以作出內埋電阻。儘管無法搭配高性能應用，還是可以提供有效端子電阻解決方案，可幫助降低組裝複雜度與重量，這種材料製作的單一電阻範例如圖 5-5 所示。

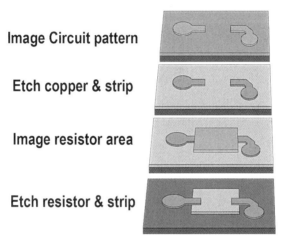

Image Circuit pattern

Etch copper & strip

Image resistor area

Etch resistor & strip

▲ 圖 5-5　內建電阻製程

特殊合金與塗裝

　　鎳、鎳鉻等特別合金會被製作成軟板，用在製作液態氮冷卻的互連線路。使用這些低導電度金屬的原因，是要降低導熱進入氮氣冷卻容器中，至於比較低的導電度可以靠增加放大率來補償。

　　最近血糖檢驗設備供應商，開始訂定高標準檢驗規範。過去業者比較常採用導電膏印刷的檢驗片，典型範例如圖 5-6 所示。這類應用，目前生技業者已經開始嘗試以薄膜金屬製作電極，以提升檢驗準確度。

▲ 圖 5-6　典型高分子厚膜血糖檢驗片

智慧型手機與可攜式產品，逐步將指紋辨識系統納入標準配備，以提升設備安全性與搭配金融功能。而指紋辨識的準確性，成為實現效能的關鍵因素。某些廠商，開始採用貴金屬超薄鍍層，來提升指紋辨識器的辨識力。典型應用範例，如圖 5-7 所示。某些輕薄化方案，也有業者考慮採用軟板搭配特殊金屬膜製作。

▲ 圖 5-7　典型指紋辨識器應用

5-4 高分子厚膜 (PTF) 與導電油墨

這是特別的次級軟板，使用特殊導電油墨或電阻材料，在軟性基材上以絲網印刷製作線路。導電油墨一般填充銀、銅、碳粉，而電阻材料則以填充碳或銀碳混合物為主。圖 5-8 所示，為 PTF 技術製作的電路板。

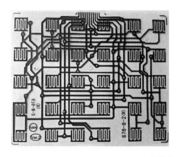

▲ 圖 5-8　PTH 板範例

高分子厚膜技術 (PTF)，是極普遍、低成本、低環境顧忌、製程簡化的技術。PTF 油墨因為低成本而應用普遍，PTF 明顯有較低導電度 (約為銅的十分之一以下)。產品應用從薄膜開關如：電腦鍵盤、觸控襯墊，到低成本計算機與拋棄式醫療裝置如：血液、氣體監視器等應用都有。

因為它們更薄 (總厚度 0.2 ～ 0.25mil)，絲網印刷 PTF 導體線路的導電水準大約只有同寬度 1-oz (1.4mil) 厚銅皮的三十分之一。可以用在非高導電度應用，如：半導體互連、鍵盤、顯示器與類似產品，這些應用 PTF 都是良好選擇。

　　這種線路以網印製作，密度相當有限，大約可製作 8mil 以上線寬間距。特定案例中，基材可以混搭高分子厚膜與銅皮整合線路，生產特別結構產品。可同時獲得 PTF 及銅皮好處，可應付特定區域額外線路需求。當部分線路需要明顯電流負載容量，PTF 線路可以結合蝕刻銅製作組合線路，這可以在單面介電質製作蝕刻線路，另一面以 PTF 製作線路。

　　PTF 技術，層間互連通路、部件硬體間結合，都是以導電膏完成，是製程簡化與成本降低的有利技術。PTF 技術多層結構，容易發生導線介電質過度印刷，某些區域需要有適當開口建立期待互連，而導體層間絕緣，會因為這種結構而風險增加。

　　PTF 製程主要優勢是，不需要提升製程溫度建構線路或端子，可明顯降低軟板耐熱需求。這個簡化使製作成本非常低又有高性能表現，但介電質膜如：聚酯樹脂、PEN 等，本身耐熱能力還是受限。高分子厚膜技術也發展了 SMT 黏著劑，搭配貼裝部件與 PTF 線路結合，這是解決貼附溫度敏感部件的好方案，也可以應對無鉛環保議題。

　　這類應用必須提供長期信賴度解決方案，導電膏是以直接互連的濕式印刷操作，可以滿足低成本大量製造期待。特殊製程與線路製作接受度、導電度與信賴度水準、絲網印刷密度限制，則是這種技術在互連應用的幾個主要障礙。

5-5 ◌ 遮蔽材料

　　遮蔽是動詞與名詞，有執行行動與採用材料兩種意義，它的主要功能是保護線路，避開可能的靜電場干擾。最簡單的軟板遮蔽模式是以鄰近接地導體來處理。應用線路層與相鄰接地層搭配，是業者更普遍的方法，類似電線與電纜採用編織網或薄膜捲在外部的作法，它隔絕了整束線路成為一個群體。軟板可以製作更複雜的遮蔽設計，遮蔽層可用蝕刻或打斷將金屬面分割成多區，這樣可以單獨做個別線路獨立遮蔽，此時可期待不必共用接地電流。常見遮蔽應用的各種典型材料如後：

● 銅皮有或沒有蝕刻開口
● 導電的 (PTH) 網狀層，有或沒有開口
● 無電析鍍金屬
● 編織絲網或網目
● 自黏金屬薄膜膠帶
　　材料選擇考慮的幾個關鍵因子如後：
● 有效的遮蔽性
● 對撓曲性的衝擊
● 成本
● 耐久性
● 終端處理的方法

　　整片銅皮可提供最高遮蔽效果，但會影響撓曲性，有遮蔽的軟板需要較大力量彎折，因為幾何中心偏離會降低撓曲持久性或耐用性。偶爾也會使用其它材料的絲網與蝕刻開口結構，因為它們不會讓軟板過份硬化，且能比整片銅皮更耐用，有中等級表現。開口設計遮蔽效果比較差，干擾電場能量會穿過開口。

　　PTF 遮蔽層可以用絲網印刷直接製作在軟板表面，也可以印刷在保護膜上再轉貼到軟板表面，這種兩個步驟的優勢是 PTF 圖形可以製作在黏著劑與保護膜間，這樣 PTF 材料還可以受到保護膜包覆免於磨損。

5-6　其它導體製程案例

　　除了傳統金屬薄膜可以生產線路，其它產品與製程也可以用來製作軟板導電通路，後續提出比較典型替代導體製程案例：可電鍍色料軟板。

　　這是另一種特別類型的軟板，在 90 年代初期申請專利並發展，不過目前發展公司已經不存在。這個觀念相當有趣，被用在軟板直接線路製作。它使用特殊觸媒色料，可以利用修改過的雷射打印機做靜電處理，接著利用後續製程做無電解與電鍍銅處理產生金屬線路，做成特殊全加成軟板。這是一種特殊技術，可以用來生產極長軟板，同時可以經濟製造單一線路。雖然技術擁有者已不從事發展，但方法有點類似 MID 技術，現在這類技術已經被某些公司部分引用，未來前途仍可期。

5-7　導熱材料

　　許多產品設計利用軟板作為銜接纜線，這種軟板設計連結區域最好能畫出特定區域，不要發生在部件上下方。同理，支撐硬化區也應該規劃出來，適當支撐機構可以讓軟板組裝省掉載板需求。可以用金屬、非金屬支撐板製作支撐機構，採用何種設計要看加工難度及實際散熱或特定需求。鋁板支撐結構不但能夠強化軟板，同時具有遮蔽電磁波及散熱功能，這是不錯的軟板支撐選擇。軟板薄型材料加上散熱設計，其散熱特性比陶瓷板還好，這在汽車動力控制系統有應用實例。一些材料的導熱能力資料，如表 5-6 所示。

▼ 表 5-6　電子材料的導熱能力

材料	熱導係數 (W/m.K)
鋁	236
軟板基材 (Kapton)	0.15
壓克力黏著劑	0.20
銅	398
氧化鋁	20
鈹氧化物	275

5-8　小結

　　銅皮是軟板最普遍使用的導體材料，它可以靠壓延或析鍍製作。最常使用的導體材料是壓延迴火銅皮，特殊表面處理會製作在銅面以提升長期結合力。其它金屬也被有限使用，包括：鋁、鈹銅等。鋁具有理論重量 / 導電度比優勢，但容易出現電性腐蝕困擾比較少用。鈹銅被用在需要彈簧特性的端子應用，典型範例是整合連接器 / 軟板的應用，如：電路板頂部到底部邊緣互連的端子。

　　PTF 油墨是成本效益高的材料，可以用在低電流、低導電度產品設計。它廉價且可利用絲網印刷在低成本膜上製作，如：PET 與連接器壓接、導電黏著劑應用等。PTF 可以在低溫下互連製作，排除高溫系統的組裝困境，可以用在對環境、成本敏感的產品。

　　軟板可以做有效遮蔽，應對線路層靜電場干擾問題。這些包含銅皮、網印 PTF 圖形、導電膠帶或編織網目製作等。其有效性令人訝異，在較高頻應用方面，它的表現超過傳統編織線結構的表現。

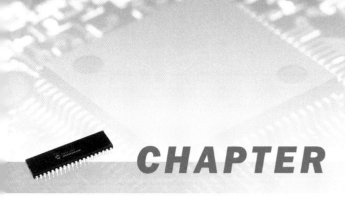

無膠材料

6-1 簡介

　　對基材分類，無膠是容易引起誤解的詞彙，特徵描述是正確的，但技術精確性容易產生誤導。傳統軟板基材，最弱的元素是黏著劑層，基材要具有耐熱、電性、化學性能，都以滿足容易操作、低成本與撓曲性為目標。這種材料在 70 ～ 80 年代開始發展達到市場規模。無膠材料較正確描述應該是：「銅皮與基材間不用壓克力或環氧樹脂結合的軟板基材」。不過就算用這類基材做軟板，在製作階段還是會用到黏著劑，如：保護膜、貼合材等，因此完全無膠這件事在多數軟板成品並不成立。

　　無膠材料發展動力來自捲帶自動化結合 (TAB) 與軟硬板結構，這兩種應用都因為傳統黏著劑而損及良率、成品功能性。採用無膠材料會增加成本，但可有效提升產品性能。經過努力，二代軟板基材特性都優於傳統基材，性能提升項目有：尺寸穩定度、熱膨脹係數、吸濕、耐溫、電鍍通孔能力、撓曲持久性、輕薄程度等。這些先進材料的耐熱、機械特性目標，是希望能複製硬質基材。可惜與傳統材料比仍然相對昂貴，因此主要被用在高性能領域。

6-2 定義

　　業界建議的無膠定義描述如後："無膠基材是組合導電材料與具有玻璃態轉化溫度 Tg 超過 180℃的介電質層，具有 CTE 低於 150 ppm/℃特性。它們可能是單、雙面材料，是以單純兩種材料結構均勻結合製作，非常柔軟並具有優異電性與化學特性。如果使用黏著劑，應該力求能有與介電質相同的性能與組成。"

值得提出的是，雖然 PEN(Polyethylene napthenate)、聚酯樹脂、氟素塑膠等也都有某些應用價值，但多數軟板仍採用聚醯亞胺膜為基材，無論結構理論與實際應用，這種無膠材料的表現都相當吸引人。

6-3　應用的優勢與製作方法

對單面軟板，無膠材料可帶來較好尺寸穩定度、薄金屬可以應對細緻外型、具有較高撓曲持久性、較好電性表現。在雙面與多層軟板，相對增加的好處會較少。降低 CTE、簡化 PTH 程序與最小結構厚度，對製作高層數產品相對重要。

無膠基材主要是以四類方法中的一種製造：

- 金屬薄膜塗裝高分子
- 金屬化處理 (濺鍍、化學還原) 現有的 PI 膜，再電鍍增厚
- 以類同於聚醯亞胺的黏著劑連接金屬薄膜到載體膜上
- 以特製聚醯亞胺膜做活化與種子層沈積，之後電鍍銅製作

這些是基於傳統軟板發展出來的技術，到目前為止沒有固定形式結構，也還無法說哪種方法是最佳或主導市場。相較於傳統塗裝製作軟板基材，無膠基材可以選用的金屬膜結構相對比較受限。不過四種典型作法，目前都有業者採用大小量生產。圖 6-1 所示，為幾種典型的聚醯亞胺無膠基材的製程示意。

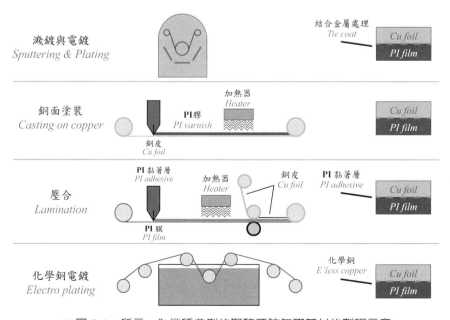

▲ 圖 6-1　所示，為幾種典型的聚醯亞胺無膠基材的製程示意

　　無膠材料經過金屬電鍍後較容易通過驗證測試，高性能連接可使用這類材料。化學析鍍膜金屬化，先天比較適合提供雙面金屬結構製作。濺鍍電鍍、薄膜塗裝壓合等方法，則可以做單雙面的彈性處理。這些原料，都採用捲對捲生產，業者也宣稱產品具有高結合力，不方便採用片狀生產當然是受限於成本效益。

　　針對這些生產方法，簡略的做一些技術優劣與特性探討：

1. 金屬膜塗裝

　　目前最常見無膠材料量產法之一，是以半聚合醯胺樹脂塗到銅皮上。這個系統成本相對低、外型薄，可用不同合金材料製作，但它的最大吸引力是較容易做介電質蝕刻，可製作近接結構準確開口。因為高分子縮合反應必須用高溫作業，這種單面材料內有高殘留應力與明顯蝕刻後縮小現象。又因為容易產生強烈彎曲，較難做掛架固定與外型維持等操作。

　　兩層薄膜材料，可以利用背對背貼附製作雙層材料，這種處理法已經實用在雙面材料市場。這種製程先天需要經過多次處理，生產成本必然提高。而在材料斷面上，也會出現不同高分子物質，有點違背前述無膠定義，不過不採用改質聚醯亞胺樹脂又製作困難。

2. 物理、化學析鍍金屬化

　　基材析鍍金屬化處理的優勢是，可以做單、雙面塗裝，是能產生高結合性能的基材製作法，它的特徵是：

● 可以做到相當薄的金屬化處理
● 對於事先製作孔的膜，提供 PTH 能力而不會增加成本
● 因為不需要提升溫度或壓力，其尺寸穩定度是最高的

　　採用薄金屬蒸鍍法，提供金屬厚度都在 1000～3000Å 左右，這種厚度不足以做軟板製造，容易發生破膜現象。因此電鍍加厚就是標準工作，多數製作者都會將銅厚增高到約 2～3μm 以上，這種規格在極細線製作相當普遍，用在各種半導體構裝如：MCM-L(多晶片模組互連載板)、BGA 線路與類似產品。這些應用，電流負載量並不重要，但是要有產生線寬-間距 1mil 以下線路的能力。

　　目前有幾家業者發展化學析鍍金屬化技術，核心技術在基材配方適合做化學析鍍。其基本精神與物理濺鍍、蒸鍍類似，是在材料表面建構合適種子層，之後利用電鍍增厚。雖然前述兩種技術都以建構薄種子層為手段，但經業者驗證，兩者都需在銅金屬前先做特殊金屬如：鎳鎢、化學鎳等處理，才能製作銅金屬。若不做前處理，長上去的銅結合力會逐漸喪失，與一般人想像有落差。

對雙面線路 PTH 是必要的，這種結構才能做密集複雜繞線設計。使用析鍍金屬化讓產品成本降低：孔徑可以降到 2mil。它可用高速沖壓或雷射生產，之後孔與基材表面可同時做金屬化。如此在塗裝時無法避免的高溫、壓力殘留應力，就不會在金屬析鍍中出現，因為它是在近室溫、無應力狀況下操作。因為製程中，薄膜不會在沒有支撐下作業，析鍍金屬可以產出平順、均勻、不扭曲的薄膜面，並可製成任何軟板可操作的金屬厚度，這種結果幾乎無法在簡單塗裝或壓合製程中達成。

如前所述，金屬析鍍有兩種形式，只有在種子層建構方法上有差異：(1) 濺鍍 (真空金屬化或所謂的物理蒸鍍) (2) "濕製程" (無電) 析鍍，兩者都會再做電鍍增加金屬厚度。兩種方法都會在基材表面建構抗氧化種子層，以確保金屬化材料與基材穩定附著。傳統種子層材料是鎳、鉻與混合金屬氧化物，部分種子層 (鎳是良好範例) 被迫必須用特別的後蝕刻處理去除，因為它們耐某些傳統銅蝕刻藥水。不過這類種子層可帶來長期耐熱能力及維持穩定剝離強度，對細緻線路製作，值得接受簡單清除困擾。

3. 高溫壓合製程

這是高結合力特性材料，除非要面對極端高溫 (高於 300℃)，是直接壓合法的延伸。使用高溫壓合，主要顧忌尺寸穩定度，但小心選擇膜與黏著劑配方並嚴謹管控，可讓傳統材料蝕刻後收縮率維持較小範圍。軟板製作保護膜無法不用黏著劑、結合片、塗裝膜，而廠商期待製程都用相同材料系統。目前只有 "無膠" 生產技術，可產出較均勻介電質結構。不同於量產軟板用黏著劑，若用聚醯亞胺材料塗裝，壓合需 250 ～ 300℃ 範圍做徹底反應，而 200℃ 左右是業者習慣的操作範圍。若化學家們發展高性能結合劑，同時實現較低溫作業，必然非常吸引人。

6-4 軟硬板的應用

無膠材料能夠保持產品應用地位，是因為具有最大耐熱表現與尺寸穩定度，同時具有最低厚度，應用如：MCM-L、TAB 與軟硬板等都是。在 TAB 與軟板應用，無膠基材線路是以覆蓋塗裝或保護膜等傳統黏著劑貼附，沒有明顯異常表現，因為基材 X-Y 穩定度與 Z 軸膨脹不算大。

多層軟板產品需要高性能，它們應該以高 Tg、低 CTE 基材與壓合黏著劑建構，如：環氧樹脂 - 玻璃紗與聚醯亞胺 - 玻璃紗膠片。這兩類應用，常用無膠材料替代薄基材或傳統軟板基材。因為比軟板材料薄，不論薄膜或介電質都如此，所以在相同厚度下可製作更細緻線路間距，並可設計更多層次。儘管它們具有類似硬板的耐熱表現，但同時具有良好柔軟性與耐撓曲疲勞能力，提供了軟板與硬板的最佳搭配特性。

軟硬板需求過去幾年有明顯成長，市場規模難以判定，不過在美國絕對會超過年產值美金 $65,000,000。其中重要趨勢是軟硬板生產會使用硬板膠片組成多層區域，這種材料必須是熱固樹脂 / 玻璃纖維結構，具有搭配多層產品 Tg 與 CTE 能力，又有接近聚醯亞胺膜的熱機械性。

好處

降低傳統材料厚度是無膠基材主要好處，這當然是因為斷面結構中排除了近一半黏著劑厚度，也同時大幅改善構裝效率。即便是採用最小黏著劑厚度製作軟硬板，其黏著劑厚度百分比仍然偏高，這部分的解說已如前述，因此較好的軟硬板設計在硬板區仍然建議使用膠片。

採用軟硬板結構，可即刻改善電路板耐熱表現，而在其它應用如：車用產品，必須面對長時間高溫劣化環境，會分解傳統黏著劑與破壞薄膜、黏著劑介面。採用無膠薄膜與析鍍金屬聚醯亞胺基材，可延長產品耐熱能力，與黏著劑比，高性能熱塑聚醯亞胺系統差異很大。使用這些材料的限制，是製程中高熱導致的銅導體氧化或端子故障問題。

比較

與傳統黏著劑貼附基材相比，無膠材料具有較好性能，在熱膨脹、吸濕、尺寸穩定度與電性表現都較優異，這些基本優勢讓設計者獲得生產與成品好處。他們無法單從數據比較出明顯優點，因為材料供應商會對這些期待持保留態度。表 6-1 是針對普遍傳統軟板基材 (壓克力) 與三種類型無膠材料最低規格需求做比較。

▼ 表 6-1　IPC-document-FC 241 等級 3 材料的最低表現需求

特性	壓克力 (基礎水準)	直接塗裝	析鍍	
			物理蒸鍍	化學
評估片數	1	11	12	18
剝離強度 , p/i, (0.0014-in 薄膜)	4	6	5	6 (> = 0.0014 in)
蔓延撕裂強度 , (0.001 g/mil)	4	5	4	4
尺寸穩定度	0.15	0.2	0.15	0.1
化學耐受性 , %	80	80	80	90
介電質係數	4	4	4	4

▼ 表 6-1　IPC-document-FC 241 等級 3 材料的最低表現需求 (續)

特性	壓克力 (基礎水準)	直接塗裝	析鍍	
			物理蒸鍍	化學
損失因子	0.04	0.01	0.012	0.012
介電質強度 , kV/0.001 in	2	3.5	2.5	2.0
濕氣 IR (耐絕緣性), 12	10^9	10^9	10^9	10^{10}
吸濕 , %	6	3	4	4
耐燃能力	DBD	VTM-0	VTM-0	VTM-0

　　對表 6-1 的內容建議，這些需求是由 IPC 建立，且依據 241 文件最低認證需求構成。它有些遺漏：物理蒸鍍材料可取得的基材金屬厚度範圍多高於 1μm，用在塗裝聚醯亞胺與化學析鍍的材料並沒有指定，但這些特性確實會影響性能，可用的聚醯亞胺材料機械性、耐熱性與電性範圍都相當寬。製造商提供了更明確數據如表 6-2 所示。

▼ 表 6-2　廠商產品數據比較

特性	壓克力 (基礎標準)	直接塗裝 A (三井)	高結合性能	
			A(杜邦 AP)	B (信越 RAS33D42)
剝離強度 , p/i*	9-12	>6	13	8
(0.0014-in 薄膜)				
尺寸穩定度 , %	0.05	0.04	0.04	0.06
焊錫耐受性 (30sec/315℃)	Pass	Pass	Pass	Pass
介電質係數	3.6-4	3.2	3.2	3.4
損失因子	0.02 ～ 0.03	0.007	0.002	0.03
介電質強度 ,(kV/0.001 in)	4 ～ 5	5	6	3.3
吸濕 , %	1 ～ 3	1.2	0.83	1.5
蔓延撕裂強度 , g/mil	6 ～ 11		11	20

* 剝離強度被泛用於定義薄膜與基材間的結合品質 .

表 6-3 所示數據，是單雙面兩種直接塗裝薄膜材料。其建議為：耐化學性必須優異，能承受 100% 暴露的寬廣範圍化學環境特性。

▼ 表 6-3 直接塗裝基材數據 *

特性	單面基材	雙面基材
剝離強度 , p/i	7.8	7.8
抗張力強度 , kpsi	37	22
蔓延撕裂強度 , g/mil	5 ～ 6 min.	10
CTE, ppm/℃ (100 ～ 240℃)	20	20
尺寸穩定度 , %	0.01	0.03
漂錫	400℃ /1 分鐘	380℃ / 1 分鐘
介電質係數	3.5	3.5
損失因子	0.007	0.007
體積電阻 , mΩ/cm	1.3×10^{10}	$10^4 \sim 10^5$
表面電阻 , mΩ	5×10^{10}	
介電質強度 , Kv/mil	7.5	2 ～ 3
IR (耐絕緣性), mΩ	10^{10}	

* Nippon Steel 化學公司提供的數據，是針對他們的無膠基材

聚醯亞胺暴露在 10%、25℃ 下的 NaOH 達 20 分鐘會受到攻擊 (85% 保留)，因此介電質很容易做化學移除開窗作業。

6-5 無膠覆蓋塗裝

無膠材料耐熱性，若搭配傳統黏著劑表現會降低，但組合聚醯亞胺覆蓋塗裝系統 (感光或網印)，最終軟板可接近完全無膠狀態，產品可在嚴苛條件下表現優異。某業者範例是 SPI-200*，是可網印聚醯亞胺塗料，製造商經驗聚合約需 130℃ /10 分鐘，160℃ /2 分

鐘，200℃/2 分鐘，最後 270℃/2 分鐘。聚合完成宣稱可抵抗 320℃漂錫，同時可維持優異長期絕緣強度，長時間 200℃環境，仍可維持高於 10^8 mΩ 絕緣電阻。表 6-4 所示，為廠商提供材料特性表。

▼ 表 6-4　析鍍金屬後數據

特　　性	數　　值
剝離強度 , p/i	6-9
抗張強度 , kpsi	36 MD (機械方向) 27.5 TD (橫向)
起始撕裂強度 , g/mil	650
蔓延撕裂強度 , g/mil	10 min.
疲勞延伸率 , %	266 (向外) 315 (向內)
柔軟持久性 , 循環	77,652 (向外) 50,756 (向外)
尺寸穩定度 , %	0.06 MD 0.07 TD
耐燃力	94 VTM-0
漂錫	Pass
膜相關特性	
耐化學性	85 ～ 95
介電質係數	3.4
損失因子	0.008
體積電阻 , mΩ-cm	1.3×10^{10}
表面電阻 , mΩ	1.3×10^{10}
介電質強度 , kV/mil	5.48
IR(絕緣電阻), mΩ	2.5×100
濕氣 IR (絕緣電阻),mil	10^4 (濕)3×10^7 (乾)
吸濕 %	1 ～ 3
* Polyonics Corp 的數據	

* 一個 Nippon Steel 化學公司的產品

如果無膠軟板最終覆蓋塗裝是純感光聚醯亞胺，因為最終軟板無膠 - 完全絕緣且沒有低溫、高 - CTE、低交鍊鍵結高分子物質，因此特性表現會相當優異。業者最近有新發展系統正在做商業化，這些產品會有接近完美表現可供選擇，業者公布的典型特性如後：

- 0.001-in 的塗裝以 500 mJ/cm^2 完全曝光。
- 以水溶性 (Aqueous) 溶液顯影。
- 可以承受嚴苛的皺折考驗。
- 不會因為聚合而收縮。
- 聚合可以在 200℃下以 1 小時完成。
- 低成本 (這僅能說相對，不清楚比較基礎)。

剝離強度

它是容易測量的特性，因為它可以用數字呈現，可以提供客觀比較。但是有意義的剝離強度測試，在達到可用水準前還需要更多關注與控制。剝離強度測試包含施加力量來分離一條測量用的材料，需要將定寬度材料成為兩個部分，作業透過預設角度進行，其測試結果以單位寬度需要剝離的力來描述。需要的剝離力大小受到以下因素影響：

- 材料分離的彎折半徑。
- 彎折此層到達測試半徑所需要的力量。
- 層厚度。
- 這層材料的強硬度。
- 分裂線的位置。
- 剝離角度。

做剝離測試觀察變動結果，是業者每天的例行工作，可以幫助找出難以穩定控制的證據與累積重覆剝離測試的結果。軟板基材剝離強度測試不容易，因為剝離不是軟板自然故障模式。更糟的是，過度強調剝離測試數據會導致選擇錯材料，因為高剝離強度與不良耐熱表現，都來自黏著劑塑化程度表現。典型無膠材料強壯、高彈性係數表現，當做剝離測試時其故障來自應力集中，當面對低彈性係數、高塑化程度黏著劑降伏狀態，剝離力量分佈也會出現較強壯表現。

過去美國主要的軟板材料製造商 Sheldahl，以收到的直接金屬化軟板基材為基礎，經過 10 天 85℃、85% 相對濕度 (RH) 的前置停留，在壓克力膠上做剝離與 Z 方向的抗張力測試的結果如後：

基材類型	90° 剝離強度 , p/i	抗張強度 , kpsi	經過 85℃ /85% RH 的抗張強度 , kpsi
壓克力	14	3	3
析鍍金屬	8	10	6

老化數據顯示，析鍍金屬經過疲勞測試後有比較高的抗張力強度。剝離值是以施予每單位寬度的力量來表達，這個單位是標準長度，因爲強度是依據每單位面積能承受的力量來測量。

CTE

數據資料缺少的部分，是對軟板設計與生產相當重要的訊息如：在室溫到 288℃ 範圍的 CTE、在工廠生產的實際尺寸穩定度數據與延長時間熱暴露下的結合力穩定度數據。軟板材料生產商與業者嘗試標準化與控制這些產品並公布數據，這些會相當實際且具代表性。依據製造商的基礎資訊來選擇材料，讀者應該要考慮認證過程與典型產品數據間的差異。其實業者總期待產品訊息是正確的，不過製造商還是應該常態針對這些特性做進料測試，同時依據這些結果來選擇供應商。

6-6 ⠿ 小結

傳統軟板黏著劑有過度熱膨脹問題，新型無膠絕緣薄膜材料的發展可以降低這種問題。這些材料是以多種技術製造，它排除採用低溫、高 CTE 的材料。無膠結構的其它優勢爲：可以改善尺寸穩定度、耐化學性、有比較低吸濕性與比較好的電性表現。

軟硬板使用無膠材料可以提升其物性，改善承受通過 MIL-P-50884 熱應力與熱衝擊測試的良率。軟硬板用這種材料製作，顯示可以在 MIL 規範測試溫度下降低 50% 的 Z- 軸膨脹。

剝離測試是廣泛使用的軟板品質標準，當用在比較硬、高強度材料會導致錯誤結論，當執行不當會成爲模稜兩可不恰當的程序。

CHAPTER 7

執行軟板技術規劃與需求文件

7-1 簡介

　　已經理解軟板可以提供產品設計中特殊能力,設計師可以選擇其特性加以發揮。不過要獲得軟板優勢,還須在實際執行中大膽思考與周密規劃。缺乏正確規劃,無法讓設計者享受成功果實,還承受不良表現的痛苦,兩者差異相當大。目前規劃執行的過程已經不如以往困難,前人的經驗可以作為我們遵循的指南,並提供多數常見的障礙指引。本章嘗試轉述簡單步驟指引,來闡明重要問題,基本訴求是希望能提供基本、容易遵循的規則,讓讀者順利應對與搭配新產品。

7-2 執行步驟

　　後續建議步驟不可能完整無缺,因為它們無法預期開發過程中所有發生的潛在變動。不過在此筆者期待能提供足夠細節,幫助使用者滿足最終產品需求。後續內容是執行建議步驟說明:

步驟一:定義最終產品需求

　　建議採用市場導向定義最終產品,產品要儘量依據最終使用者思考,才能確保軟板符合期待是最佳選擇。研討時也會發現更好的替代方案,如:假設需要比較薄的結構,則一片薄硬質板就可以替代,此時就應該要改變策略。

同時應該要考慮成本目標與需求、期待壽命與尺寸等，這些也都是爲了要確認選擇軟板是對的。另外設計者要自我確認，這些選用的材料與製程可以搭配規劃產品的需求。

步驟二：決定信賴度需求

設計者應該提前考量產品信賴度需求，需要哪種等級的信賴度？ IPC 依據產品應用做出分類系統，等級一屬於消費性產品、等級二則是商用與通信、等級三必須要能符合軍事、航太與比較長壽命水準的產品。表 7-1 是它的簡略版本。

▼ 表 7-1　各種電子組裝與終端產品市場的環境選擇與熱偏離 (來源：IPC)

終端市場	產品壽命階段	潛在溫度範圍	熱循環數
消費性產品	運作	25 ～ 260℃	0 ～ 5
	儲存	– 40 ～ 85℃	變動
	作業	0 ～ 60℃	每年 365
電腦	運作	25 ～ 260℃	0 ～ 5
	儲存	– 40 ～ 85℃	變動
	作業	0 ～ 60℃	每年 1460
通信	運作	25 ～ 260℃	0 to 5
	儲存	– 40 ～ 85℃	變動
	作業	– 40 ～ 85℃	每年 365
商業航空	運作	25 ～ 260℃	0 ～ 5
	儲存	– 40 ～ 85℃	變動
	作業	– 55 ～ 95℃	每年 3000
工業與汽車 (旅客部分)	運作	25 ～ 260℃	0 ～ 5
	儲存	– 40 ～ 85℃	變動
	作業	– 55 ～ 95℃	每年～ 200
汽車背景作業部分	運作	25 ～ 260℃	0 ～ 5
	儲存	– 40 ～ 85℃	變動
	作業	– 40 ～ 125℃	每年 1000

▼ 表 7-1　各種電子組裝與終端產品市場的環境選擇與熱偏離 (來源：IPC) (續)

終端市場	產品壽命階段	潛在溫度範圍	熱循環數
軍用地面與海上	運作	25 ～ 260℃	0 ～ 5
	儲存	– 40 ～ 85℃	Varies
	作業	– 40 ～ 85℃	每年 100
軍用飛機	運作	25 ～ 260℃	0 ～ 5
	儲存	– 40 ～ 85℃	變動
	作業	– 40 ～ 95℃	每年 500
航太 低地球軌道	運作	25 ～ 260℃	0 ～ 5
	儲存	– 40 ～ 85℃	變動
	作業	– 269 ～ 95℃	每年 8760
航太 同步衛星	運作	25 ～ 260℃	0 ～ 5
	儲存	– 40 ～ 85℃	變動
	作業	– 269 ～ 95℃	每年 365

＊特定工業控制與科學儀器必須設計成能夠承受非常高溫的環境

　　產品終端需求明顯影響技術選擇，這些必須以材料與製程觀點檢討。另外也值得檢討產品安全性需求，哪些是產品故障風險類型？如果發現沒有把握，就應該慎重處理並確認這些風險會被釐清解決。熱循環是產品壽命關鍵的思考項目，也與不同產品市場需要承受的環境非常相關，IPC 所製作的熱循環條件評估圖可以當作指引。

步驟三：決定操作環境

　　產品操作環境是另一個重要因子，它會影響設計與製造選擇性。應該提出的問題包括："最終產品會被用在哪裡？在家或辦公室？在汽車裡？是航太應用？"這種先期思考，可以幫助誘導設計者判定會面對何種產品操作環境，同時可以釐清整體產品生命週期中，需要面對的溫度與相對濕度極端程度，應該還包含產品面對的熱循環頻率與週期。

　　經過這些分析，要選擇正確的材料就比較容易。不過同時，設計者仍然須注意組裝程序問題。有些可用描述工具在定義各種不同使用環境需求，這些工具可以幫助判定製作程序。

步驟四：定義構裝結構

在設計程序中優先考慮構裝目標尺寸與形狀，這是在做出其它判定前比較基礎的解讀與決定。在步驟中，應該要決定何處是最佳部件位置、I/O 接點、開關與控制裝置，如何才能有利產品性能與簡單組裝，且能方便使用。搭配產品外殼是佈局軟板的必須條件，促成立體構裝的轉換需求，是軟板製造時必須滿足的部分。

步驟五：定義機械性需求

考慮軟板需要達到哪些機械性規格？將是靜態或動態應用？如果應用需要動態撓曲，是需要連續或間歇作業？如果是動態，需要什麼頻率與撓曲度？需要每小時千次還是每年幾百次？結構與材料的選擇明顯受到這些問題答案的影響。

步驟六：定義電性需求

任何電子產品，這都是要儘早決定的議題，必須定義什麼是關鍵電性需求？如：需要哪種電源？需要多大電流、電壓？期待最大電壓或極限電流為何？是否有電磁輻射顧忌？是否需要做遮蔽？如果線路長是否有電壓降問題？是否會有寄生電性問題，如：電容與電感？是否有與設計、應用的性能影響？每個項目都可能會同時影響材料與設計選擇。

有時可能出現與設計目的衝突狀況，某些產品電性需求會與機械性衝突，例如：產品期待被作成動態軟性微條線 (Micro Strip) 結構，這從機械觀點是不建議使用的。不過這種狀態有可能被解決，問題應該在設計者轉換到製造前，儘早提出並解決。

步驟七：決定部件位置

對部件、連接器、開關與其它裝置應該要配置在強化區域如：補強區，需要柔軟或彎折的位置不應該配置部件。當然可能會有例外的狀況，但是儘量不要出現，尤其是在需要動態彎折與運動區域。

步驟八：決定組裝方法

軟板設計者應該要及早考量：部件組裝法、產品數量、基材種類與部件尺寸，這些都會對定義與思考組裝有幫助。選擇電氣與機械性連接法，包括：焊接、使用導電膏與機械性壓迫法。無鉛焊接需要更高操作溫度且使用範圍擴大，必須完全瞭解材料的溫度限制。

可能採用的焊接法有：波焊、紅外線 (IR)、蒸汽相、強制流動爐、熱棒、雷射等。設計者應該留意，如果需要特別與個別作業，其組裝成本必然提高，不過組裝成本可以靠較好的線路佈局變低。

步驟九：定義電性測試需求

需要什麼類型與等級測試？如何、何時與何處做測試？這些項目常被忽視或在設計後才考慮。不論如何，還是建議這些重要測試工作應該在設計前或中列入考慮。某些問題可能會升高設計難度：是否將要做裸軟板測試？是否只測試組裝完成板？是否兩階段都要測試？接受測試的接觸點如何近接？軟板設計複雜度，會直接衝擊或幫助判定電性測試難度。

由於產品是採用相對柔軟的基材，在做電性測試時軟板顧忌會較多，因爲測試探針很容易損傷軟板表面。另外因爲是柔軟的，線路測試治具必要可以做得比治具小一點，同時軟板可製作成適合治具的外型。

步驟十：定義機械性測試的需求

機械性測試，特別是撓曲持久性測試，爲動態軟板產品最常需要做的測試。這種測試有幾種選擇，且最好的測試結果必須搭配正確適當的設備，這些部分會在後續內容討論。

步驟十一：設計一個驗證用的線路

某些狀況，沒有確認軟板可以進入量產或製作樣品前，值得花點時間驗證軟板電子功能性。這可以透過長期經驗處理，如：公用測試板，不過更普遍的是用模擬軟體。

這個步驟的目的，是爲了避免製造工具浪費，直到基本軟板線路被證實具有實際功能性。這個步驟可能無法避免，否則難以預知線路元素間可能的不相容，但是它應該要降低整體成本。模擬工具持續發展得更好，其實已經有許多案例可以利用模擬滿足需求。

步驟十二：軟板模合

使用模合或紙樣模型，已經是長時間來相當成功的軟板設計程序。最後構裝模合模型，被用作實際線路佈局的區域。過去一張簡單的紙片就可以作爲搭配設計與佈局成形良好工具，也可以應對所有需要的 I/O 點，不過目前 CAD 與 EDA 軟體已經可以達成大部分功能。

　　過去這些年，這個步驟已經幫助有效找出許多構裝問題，因此降低了潛在無法避免的錯誤。有物理模型，也節省許多時間與金錢，並提供可做組裝近接與最終組裝驗證的機會，圖 7-1 所示為簡單模合範例。

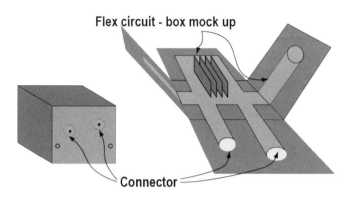

Flex circuit - box mock up

Connector

▲ 圖 7-1　使用紙樣作為模合工具可以輔助軟板佈局

步驟十三：產生 CAD 數據資料

　　最後一個步驟是產出文件與數據資料，包括線路外型與軟板成形訊息等，這些都遵循設計準則。目前多數製造商傾向取得數碼資料，這可以讓他們依據需要調整與補償。數據資料應該再次檢查，不論是機械與電性都有必要，可確保精確度，避免來自後製程問題的金錢、時間損失。

　　簡單粗略 13 步驟檢討，在軟板製造前相當重要，應該要在進入設計時關注各階段細節。簡單的軟板執行策略就是最佳策略，過去軟板最佳作法是先從簡單結構開始，掌握巧妙軟板設計與組裝使用，遵循多數必須避開的設計禁忌，適當選擇單純組裝結構，是軟板設計不變法則。

7-3　軟板成本因子分析

　　不論多好的技術，如果無法符合成本期待，就不會有機會被接受與推廣。因為軟板有結構與材料多樣性，掌握成本不容易。不過有些方法，可評估技術是否恰當。某些產品設計，會因為生產數量變化而產生成本差異。此時必須假設有平衡點存在，產量增加成本會開始降低。設計者應該在此時判定究竟實際產品會以什麼量生產，之後決定採用的技術。

　　觀察成本，應留意軟板可提供的優勢，某些場合單純軟板本身比其它替代案貴，但分析系統成本可能軟板方案較低。時常可以看到將軟板納入產品設計，使得不可行方案變為可能，不但增加附加價值，也讓整體系統成本降低。如何善用成本因素分析，是設計者必須留意的議題。

7-4 軟板製造需求的基本文件

　　軟板文件資料是基礎，可以讓使用者與製造商用來溝通。如果提供訊息清楚且容易瞭解，可大幅提升第一次就獲得正確產品設計的機會。部分製造商表示，他們手上接受的文件幾乎有 75% 以上需要某種程度釐清。表示會有無數時間損耗在訊息釐清上，之後才能達成製造目標。後續訊息是軟板製造商最低需求，依據它們才能順利完成製造工作：

● 產品等級。
● 將要使用的結構材料。
　基材與保護膜類型。
　金屬膜類型與厚度。
● 各個尺寸的孔數。
● 定義孔位置的數據 (書面 / 數碼備份)。
　導體層數。
　線路底片與定義各個訊號層。
　線路斷面結構。
　保護膜或覆蓋塗裝開口位置。
　線路成形的尺寸與資料。
　記號需求、材料與位置。
　彎折與軟性位置及彎折方向。
　補強位置與連接需求。
　特別的製程或最終金屬處理需求。
　製造公差。

● 孔公差。

● 物理尺寸公差。

● 關鍵尺寸。

● 測試點位置。

● 特別電性測試需求。

軟板技術的文件需求

後續是上列標題的更細節討論，同時提供常被文件提出的更普遍需求，這個清單只是代表性項目無法無遺漏。

產品等級定義

依據 IPC 標準定義，有三種接受的產品等級。等級 1：消費性產品 / 等級 2：通信、電腦與工業用品 / 等級 3：高信賴度產品。等級定義，可當作參考指南，作為產品該如何製作與檢驗、必須提供性能需求參考。

定義使用的結構材料

應該定義用在軟板的結構材料，這樣可以向製造者說明要用哪種材料製作。這包括高分子基材選擇、黏著劑類型與銅皮類型等，必須依據前述各種厚度做定義。

通、盲孔製作定義

釐清各個尺寸孔數量

有必要定義各個不同尺寸的孔數並列出來，這其實可以用簡單外加數據檔案達成，這些數據被用在幫助估算軟板製造成本。

提供孔位置定義數據

雖然銷售部門可能對孔數有興趣，製造過程也必然需要確認孔位置，以驗證孔與底片是正確對正的，備份與數碼訊息都可以使用，有時候這些數據也可以從鑽孔檔案取得。

導體層數與底片資

這個訊息是銷售與製造都需要的，層數可以顯示軟板複雜度，對於製造單位也是關鍵製造訊息。

線路底片 - 定義各層的迴路

理想底片是以數碼模式提供，如：CAD 檔案。CAD 底片則提供軟板最終外觀定義，端子會在哪些地方配置，以及它們會具有的外型。依據外型尺寸，這些訊息也可作為銷售人員預估複雜度與良率參考。

軟板的斷面結構

軟板斷面結構圖是必要資訊，可以讓檢查者理解原始設計期待產品的最終狀態，尤其可幫助預估整體厚度。

保護膜或覆蓋塗裝開口位置

文件資料應該也要定義貫穿保護膜或覆蓋塗裝的近接點位置，在許多案例中這些需要搭配孔位定義，不過當採用表面貼裝部件時，軟板還有許多其它位置會設計近接點。

線路成形的尺寸與資料

最後軟板成形，必須定義周邊與線路位置關係。這些數據被用來製作工具，將整片軟板切成單片，不論用軟體加工 (如：切形程式)、半硬工具 (如：刀模技術) 或硬質模具 (如：衝壓模具技術)，都需要資料。基線是執行測量的參考點，基線最佳選擇是以單片外型為準，這會比選擇外部基準好。可在檢驗時，直接依據產品實際外型測量，不需要想像外部參考位置。另外當軟板外型個別位置距離大，最佳方法是有第二、三參考點。因為軟板外型間會受漲縮而變化，要製作準確長距離外型有困難。

不過局部外型影響不會如此大，因此局部區域比較容易達成需求。這個方法並不需要犧牲任何公差，只是體認到軟板製造普遍存在的狀況而已。圖 7-2 所示，為這種作法的典型範例。

Zone B
datum
Zone A
Zone C
datum
datum
datum
Zone D

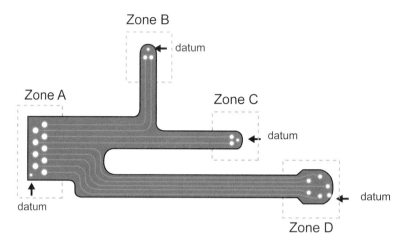

▲圖 7-2 使用多個資料來同時執行精確測量與裝置配置

記號需求及其材料與位置

必須定義記號需求，以提供軟板製造商必要的位置精度、記號正確位置等資訊。選擇製作記號的油墨類型與顏色，也必須在此時完成。

彎折與彈性的位置

將彎折位置清楚的定義，也是製作軟板必要的資訊。這可以在軟板底片外型上配置特別指示標記，同時在組裝製程中也應該提供彎折方向的訊息。例如：虛線被用來指示彎折方向，而實線可用來指示彎折到相反方向，如圖 7-3 所示。

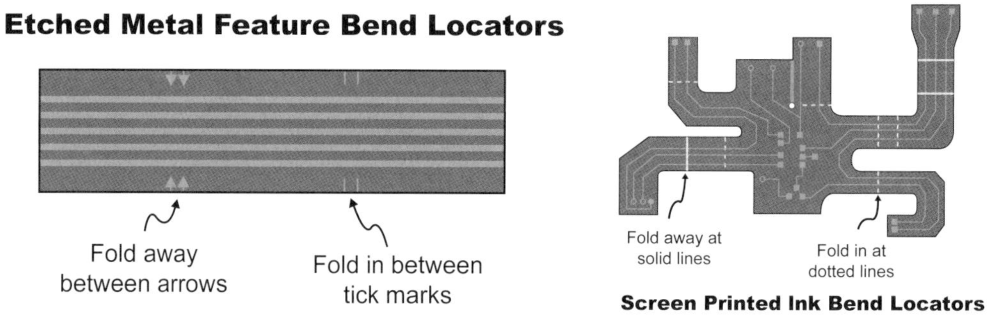

Etched Metal Feature Bend Locators
Fold away
between arrows
Fold in between
tick marks
Fold away at
solid lines
Fold in at
dotted lines
Screen Printed Ink Bend Locators

▲圖 7-3 指標可以提供訊息指出軟板要折向何處，這樣可以幫助做正確組裝

補強位置與接合需求

軟板補強位置與特別接合需求，應該在製造資料中明確說明。對於特別應變技術需求，如：環氧樹脂沿著軟板到硬質材料間的轉換區填充，也應該被清楚定義。

特別製程或表面處理需求

如果有特別需要的製程，如：在軟板上增加特別的撕裂防制或特別表面處理，應該要被列出。這包括需要的焊錫電鍍、鎳或金電鍍與使用特別有機保焊塗裝等。有機保焊 (OSP) 塗裝逐漸普遍，意味著可以跳過融熔焊錫塗裝表面處理 (會有損傷軟板風險)。

在實線處外折

製造公差應該在圖面標示，多數圖面格式提供公差區塊標示在接近圖名位置附近。讀者可以理解，軟板產品先天上就該比硬板寬鬆，因此公差區塊應該要確實反映在軟板產品上。

測試點位置

測試點位置應該要定義在圖面或數碼檔案中，使用測試節點做 100% 測試，如果能降低測試點就可以降低成本，因此應該限制測試點數只測試必要部分。該留意的是，測試探針容易部分脫離測試點金屬面，這是因為軟板基材本身相當柔軟所致。如果這會引起驗收問題，要與供應商做完整討論如何有效改進。

特別電性測試需求

任何特別的電性測試，都該定義在文件中，這包括 TDR 測試、特別高壓測試等。測試條件與測試點位置，也該在事先做定義。

7-5 小結

軟板是密集、立體互連的最佳方法，也方便做生產與組裝。起始成本與時間延遲固然明顯，但有比較低組裝成本、穩定度與一致性表現、低組裝錯誤率、輕質、緊密結構、良好外觀，這些都是用此技術的價值。電線連接組裝，是應付低密度、長距離互連、低生產量、常需要調整高重工線路連接的最佳技術。本章所列固定文件項目，是要瞭解軟板製作性設計需求文件。不過這種陳述，不足以涵蓋所有需求內容。

產品設計者可能為了特殊需求而必須產生不同說明文件，此處所提不過是基本訊息。這些文件可以做為軟板供應商的基礎資料與溝通基礎，避免多數可能發生的誤解並縮短溝通耗費時間。

CHAPTER 8

軟板設計實務

8-1 簡介

　　軟板是客製化產品，大量生產前必須做先期設計與工具製作。這是艱困的工作，會包含製作方法的權宜處理，必須要平衡機械性與電性衝突、採購與銷售問題、交貨成本問題等。

　　軟板設計工程師必須負責的項目，包括：產品、組裝與品質等，還必須發展出完整而成本適當的有效工具、製造方法與品質需求。他的工作有：決定正確材料、檢驗方法、品質標準與底片，以生產期待的互連機構，同時整合完整的方案使製造設計、組裝設計、測試設計等都能順利運作。設計需要良好經驗與判斷力，同時能負擔整體管理，設計工作範疇，不是僅僅做線路繪製或電腦工作站上的簡單作業。

　　工業上可接受的規格規範資料庫，拘束軟板與其組裝規格，這些資訊可幫助材料及製程控制。設計工程師應充分應用這些資料，同時選用最寬鬆公差與標準，以降低對產品表現及品質成本衝擊。

　　組裝技術類型如：焊接、施壓連接、捲曲都深深影響軟板設計。相對於商用產品，比較保守或朝軍用發展的設計與組裝會使成本升高，而一般用途產品則技術取向會朝低成本發展。端子技術會決定材料選擇與端子襯墊設計，襯墊設計則會主導產品設計，因為端子區是最密集的部分，它決定了導體層數。選擇介電質與層數是成本基本要素，基於這個原因，設計工程師要積極檢討是否會出現衝擊組裝方法的軟板，工程與品質部門要在設計前釐清。

電子設備內部環境條件，不會與軟板製造、組裝製程通過的環境一樣嚴苛，但在低溫環境下的撓曲性與耐衝擊性，可能會影響材料選擇或支配特別部件貼裝處理。設計、使用軟板應該要留意兩個主要因素：比較低的組裝成本與性能改善。多數軟板設計，是以一系列平行導體配置出一片矩形薄膜，這可以提供最高導體密度，並達到單一軟板最低成本與最佳材料利用率。實際應用會包含曲線與轉角形式，這可以提升軟板構裝效率，讓軟板在成形後可以產出更多片相同子板進入組裝。

在軟板設計端子區域間，可嘗試提升導體密度與設計效率，端子區域總是需要調整接點間距適應襯墊，會降低使用效率。個別軟板會力求直向佈局，讓線路直接到達正確端子襯墊，但可以預期會面對繞線問題。

8-2 設計準備

做產品設計前，應該先取得必要基礎資料，軟板設計典型需求的數據訊息如後：

1. 完整的機械與所有端點、線路圖形尺寸陳述及結構解析
2. 電性互連包含負載電流、電阻與遮蔽需求
3. 組裝與應用序列、近接需求
4. 環境測試需求、測試條件
5. 文件 / 認證
6. 成本目標

設計工作不應該侷限在這短短清單，軟板設計在開始時還會包含立體考慮如：動態撓曲，而不僅止於線路圖形設計。成本效率需求，應該將最大數量軟板建構在最小面積內，對成形複雜的軟板是艱鉅任務。電路板與軟板最主要的製造差異包括：保護膜、透明度、尺寸穩定度等，IPC-D-249 文件是值得參考的規範，可以輔助軟板設計。

在啟動軟板設計前，做整體標的物綜合觀察相當重要。綜觀中，線路設計者應該將所有執行面要討論的項目都儘量納入，這可以幫助設計者更廣泛觀察專案，同時降低設計可能產生的錯誤。設計者需要留意，軟板要同時平衡機械性與電性。兩者常見到衝突，設計者必須同時照顧到兩者平衡。這是整體作法，可幫助設計者找到最佳可能替代選擇。

8-3 ∷ 模合 (Mock-up)

實際設計需要做尺寸精確度與機械性模合，確認所有端子點使用相同連接器設計，並做個別線路引腳清單確認。同時要確認所有應避免接觸近接點，包括線路重新配置與調整旋轉方向等處理。

要清楚規劃組裝部件連接軟板、構裝順序，它會影響線路設計結構。如果線路設計需要先做次級組裝後再組立，軟板又需要在進入外殼後再做額外組裝，這種設計就不是最佳佈局。設計同時也應要考慮修補或使用場合需求，如果硬體必須具有位置更換能力，軟板就不應該深埋內部。

8-4 ∷ 線路分析

依據線路類型與佈局來分析線路清單與再組裝，典型的線路類型是高電流、敏感性、遮蔽性與阻抗控制等。其佈局安排要確認互連的線路圖形：是從何處開始、朝向何處走，這些線路圖形限定了整體軟板的設計。CAD 軟體的自動佈線程式，可以依據線路清單直接產生底片設計，但無法依據線路類型整合釐清優勢，如：更有效的使用遮蔽、對敏感線路比較好的絕緣設計、選擇性使用較厚銅皮以利電源運作等。使用電腦固然好，而應用常識也相當重要，如此組合有助於產生更有效設計。

8-5 ∷ 設計準則

建立設計準則：

1. 導體斷面依據電流負荷或電阻需求
2. 導體到導體間的間距
3. 端點：最小孔圈、焊接襯墊、連接器接點與表面處理、鍍通孔 (PTH)
4. 與板邊緣的距離
5. 測試點、記號、其它非功能性項目

　　確認電性規格實際需求非常重要，特定線路需求還是應該依據工程分析而不是靠歷史經驗。線路尺寸在軟板設計中是基本元素會明顯影響軟板成本，因此在產出最終設計前應該要小心考慮，典型線路負載與電阻、溫度變化特性，如表 8-1 所示。

▼ 表 8-1　軟板銅線路的電流負載容量與電阻，假設升溫 10°C 並具有完整的絕緣

寬度 , mil	1.4mil 厚		2.8mil 厚	
	容量 , *A	電阻 (mΩ/ft)	容量 , *A	電阻 (mΩ/ft)
5	0.25	1200	Im 實際的	600
10	0.37	600	0.65	300
15	0.5	400	0.8	200
20	0.7	300	1	150
25	0.76	240	1.2	120
50	1.4	120	2.1	60
100	2	60	3.45	30

* 電流容量來自於 MIL-STD 2118 同時是表達單一電源線路

　　溫度升高程度會明顯受到絕緣層厚度、電源線路數量、特定構裝設計、空氣流通性等因素影響。矩形軟板線路與圓形線路相比，可以在同樣截面積下承載更高電流，因為它們有更大表面積可以更有效散熱。

　　在銅線路低於 1.4mil(傳統 "1 oz" 銅皮) 厚度時，其可取得電流容量資訊相當有限，但同截面積較薄銅皮相對有較大表面積，因此可以有較高的相對電流容量。薄銅皮會比較受到軟板歡迎，還有額外因素：

1.　薄銅皮蝕刻精確度比較高，因此低成本製作細線可能性也比較高
2.　需要填充少，保護膜控制可較精確不必擔心多餘黏著劑流入開口問題
3.　降低銅皮厚度撓曲持久性也可改善，其壽命增加與厚度平方成正比
4.　可取得的無膠材料銅皮厚度可以低到 0.0001 in，這樣可以利用液態光阻生產 0.0003-in 的線寬間距產品

其它厚度銅皮電阻可以利用後續截面積公式計算

WTR = 6000

此處

W = 寬度 mils

T = 厚度 oz

R = 電阻 mΩ/ft

例如：線路 10mil 寬與 0.7mil 厚，會呈現出的電阻為 1200mΩ/ft。在其它合金方面的電阻需要依據其特定電阻來進一步調整：

$R_{合金} = R_{銅} \times (R_{合金} / R_{銅})$

導線寬度與間距的設計準則應該要列入考慮：

● 需要負載電流容量或導電度的最小導體寬度。

● 適合線路伏特電壓的間距 (線路邊緣間的距離)。

● 製造能力 / 成本顧忌 (比較寬比較好)。

● 蝕刻因子。

● 安全因子。

蝕刻因子 (在底片上增加寬度作為蝕刻損失的補償)，與蝕刻化學品及蝕刻製程控制相關，比較保守的允許公差是在 1.4mil 銅皮厚度下有 2mil 差異。安全因子應該要在搭配成本考量下儘可能大，在經濟性考量下可以合理降低安全因子減少層數 (設計比較小線寬、間距)，這樣可以增加導體密度。短距離縮小局部線路寬度，對線路整體電阻或電流負載容量影響有限，好的設計會考量可生產性與外型尺寸、密度間平衡。

介電質崩潰與接地短路應該要列入考慮，軟板介電質具有的介電強度，經過測量可達每 1 mil 數百伏特水準，這對多數軟板不會產生挑戰。對電路應用，可製作出相當小線路間距與膜厚。軟板設計中儘可能保留銅面，其實清除額外銅面也需成本，增加銅含量可改善軟板尺寸穩定度。銅可保留在軟板內部與組合重複線路間，這種處理有以下好處：

- 額外的銅可以幫助維持建構的形狀。
- 銅可以強化板面內部各轉角區與貼裝孔，可以明顯增加其對撕裂的耐受性 (不會增加成本)。
- 接地銅面可以改善電性遮蔽與阻絕。

  在大片板面生產下，其好處有：
- 銅邊緣可以改善全板尺寸穩定度。
- 增加銅可以強化片材料的強度降低操作損傷。

8-6 初步佈局與最佳化

將所有資料整合一起 (機械性搭配、設計準則、線路類型與幾何結構互連形式)，應該同時製作紙樣來做搭配性與後續事項檢驗：

- 端子區域間是否夠寬，足以適應線路數量與尺寸需求。
- 可以簡潔做合理機械搭配以便使用與組立，計算繞線數量乘以線路寬度與間距，之後依據電性需求計算軟板最小寬度。
- 線路寬度瓶頸在機械性搭配，這決定了單層最大線路數量，也決定設計層數需求。此時有個小問題存在：電阻是線路平均寬度的函數，如果瓶頸區短則線路縮減可通過更多線 (同時可降低層數)，而在其它區域增加寬度補回導電度。
- 當多層軟板要在一個半徑下彎折，外部層必須設計得較長來補償更大通道長度，這部分被稱為進階堆疊設計。
- 讓所有接觸點都維持在單片軟板上。
- 整束線路都以類似方式設計 (高電流線路以高電流模式設計、敏感線路則以敏感方式設計) 等。

檢討與最佳化整體佈局、折疊處理、進階設計、折葉 (hinging)、組裝、使用時的近接，一直到良好形狀建立完成。做複製並將它們串接在一起，以決定有多少成品軟板可填入板面來估算成本。有效設計會具有高線路密度，可以預期連接器區域佈局，並會看到瓶頸所在。發展一個想法在初期就要先推估軟板數量，而這些軟板可在各層製作連接端子，後，紙樣尺寸也依據這個數量做設計。

讓線路保持正確序列，並逐步變化進入密集區域，是軟板設計較常面對的頭痛問題，多數狀況設計師無法自由彈性配置插梢或接點。實務世界，軟板設計都會在產品計畫後期才加入，這多數發生在線路配置已決定後，很少有機會重新安排。此時必然有許多狀況，如：左邊線路要到達右邊接點，PTH 是比較泛用的解決方案，它允許利用層間連通重新配置接點。而不想用 PTH 的設計者，可用方案則有外折、反折、雙面跳線結合、穿越連接等。

以設計觀點看，要仔細考究單片軟板，雖然單片軟板可能需要較高成本製作，但當多小片軟板匯聚到生產板面，可以更有效提高生產效率，則實際生產會比較便宜。需要特別提醒的是，如果組裝技術與品質標準允許多個接點結合在一個端子上，設計就可以打破複雜線路設計，簡化軟板且可採用比較普及的端子。比較小片的軟板，可依據類型配置成群體方便組裝與測試，這可以進一步降低成本。

8-7 端點處理與需求數據

軟板端子是較弱連結點，設計要特別小心。組裝如果採用焊接法，它們會暴露在極熱環境或受壓，且不論採用甚麼組裝，產品整個生命週期都會有高應力集中問題，這是因為軟板組裝到硬質框體上，其轉換區間必然有應力集聚現象。圖 8-1 所示，為典型降低應力的軟板組裝設計。

Strain Release

▲ 圖 8-1　典型降低應力軟板組裝設計

最簡單低成本的端子，是在個別線路製作放大區或襯墊，這些點會對齊連接器插梢或部件端子，也有部分利用通孔設計，並以永久性的焊錫連接到保護膜或覆蓋塗裝開口上。這是最普遍用於低成本、大量生產的軟板端子設計。做端子處理需要搭配數據，端子的設計定義與文件包括座標底片、鑽孔程式與模具設計等，茲簡略整理如下：

● 端子 (底片)。
● 通孔 (鑽孔程式或模具設計)。
● 開口 (鑽、切程式或模具設計)。

反向折疊設計與其它技術會增加繞線面積或降低線路佈局面積，會迫使端子襯墊必須設計到反面。反面裸露可能會增加線路製作成本，設計者必須判定縮小面積與增加製造成本間的整體優劣。

端子應該要聚集在一起並對正以提升強度，它們會相互產生強化作用並保護免於應力集中。當只有少數襯墊出現在端子區，特別是當軟板以某個角度近接時，就可能需要做保護性補強以解除應變或改善應力分佈及襯墊介面。

焊接是良好的組裝技術，但是壓力連接、導電黏著劑與打線連接，也都普遍用在軟板組裝，因為它們可以使用較低成本介電質。當使用直接焊接，襯墊與支撐介電質的結合力，會因為暴露在極端溫度下被弱化，比較大的襯墊可以增加邊耳設計，以提升襯墊在焊接中的穩定度。保護膜重疊到端子上可以產生強化作用，建議可以採用的保護膜重疊範圍約 10mil，如果接點位置長度足夠也可以再延長。襯墊到線路的連接點，應該要維持內圓角設計，以降低應力集中在容易受損與高應力介面。

8-8 軟板結構與生產設計

搭配殘銅面的設計

如果沒有重大矛盾，業者會喜好使用加大殘銅面設計來強化尺寸穩定度，簡單示意如圖 8-2 所示。

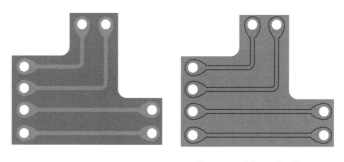

Normal practice design   Copper bias design

▲ 圖 8-2　軟板大殘銅面設計可改善尺寸穩定度，但不是所有設計都可使用

如前所述，使用軟板的目的之一是降低產品重量，這也會影響是否留下殘銅的判斷。如果降低最終產品重量是關鍵，則有需要去除一點銅，這同時也會降低尺寸穩定度。另一個維持銅的原因是要降低銅蝕刻數量，這樣製程減少化學品用量而比較有環境友善性。圖 8-3 所示，為典型軟板邊緣銅面維持的設計範例。

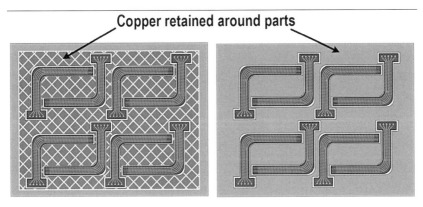

▲ 圖 8-3 設計保持銅皮在板面周邊，以提供比較好的片尺寸穩定度

軟板設計的公差設定

　　正確應用軟板設計公差，是軟板製造與使用者共同關心的議題，會建議給予所有外型與位置最寬鬆公差方便製造。這是因為基材本身是柔軟的，這使表面變得容易扭曲難以測量距離，因此建議對比較大面積軟板，應該採用多個基準位置。局部區域性的基準，可以幫助小區域相對位置準確性。

　　如此可以改善相對位置穩定度，並可以避免潛在可能產生的測試機位置錯誤問題。為了避免混淆設計，應該將一組基準定義為主要基準點，而其它區域性基點則作為第二基準。

　　必要時可以採用較嚴謹公差，但使用時需要特別監控並搭配良好技術，製造成本也可能因為良率降低而增加，表 8-2 提供部分目前一般水準的軟板設計公差指南。

▼ 表 8-2　線路外型與公差指南 (並不適合用在先進的產品)

設計外型	標準產品	降低可生產性	一般公差	最小公差
孔尺寸	0.020" (0.5mm)	< 0.020" (0.5mm)	±0.003" (0.075mm)	±0.001" (0.025mm)
線路寬度	0.010" (0.25mm)	< 0.010" (0.25mm)	±0.002" (0.050mm)	±0.001" (0.025mm)
間距寬度	0.005" (0.125mm)	0.005" (0.125mm)	±0.002" (0.050mm)	±0.001" (0.025mm)
線路到部件邊緣				
刀模	0.020" (0.5mm)	< 0.010" (0.25mm)	±0.010" (0.25mm)	±0.005" (0.125mm)
A 級模具	0.005" (0.125mm)	< 0.002" (0.050mm)	±0.005" (0.125mm)	±0.002" (0.050mm)
外型與外型位置 (相對真位)	12.0" (<=300mm)	<= 18.0" (s450mm)	<= 24.0" (600mm)	

▼ 表8-2 線路外型與公差指南(並不適合用在先進的產品)(續)

設計外型	標準產品	降低可生產性	一般公差	最小公差
喜好 (依據 MIL-STD-2118)	0.028" (0.7mm)	0.034" (0.85mm)	0.046" (1.15mm)
A 級 (依據 IPC-D-249)	0.034" (0.85mm)	0.040" (1.0mm)	
規範 (依據 MIL-STD-2118)	0.020" (0.5mm)	0.024" (0.60mm)	....
B 級 (依據 IPC-D-249)	0.022" (0.55mm)	0.024" (0.60mm)	0.034" (0.85mm)
降低可生產性 (依據 MIL-STD-2118)	0.012" (0.30mm)	0.016" (0.40mm)	....
C 級 (依據 IPC-D-249)	0.012" (0.30mm)	0.018" (0.45mm)	0.022" (0.55mm)

正確的軟板尺寸與公差規劃，對於達到高產出良率相當重要，不過很難指出每個可能用到的尺寸與公差重要性，會導致解讀圖面時產生混淆。遵循指南，可以大幅降低潛在混淆。後續項目是典型可遵循的指南：

● 提供足夠數量尺寸，避免額外換算。

● 個別尺寸只提供一次並做檢查。

● 清楚描述所有尺寸，儘量讓它只有一種解讀性。

● 顯示點、線、面間尺寸，並標示必要相互關係，或是哪個部分作為基準位置及與其它部件的關係。

● 檢查尺寸避免累積公差，這有可能導致不同的解讀。

● 提供外型尺寸，以輪廓線來表達外型，不要讓外型尺寸模稜兩可。

● 不要利用隱藏表面線來表達尺寸。

● 不要用部件以外的位置作為基準。

8-9 特別的設計考量

有些軟板設計特殊因素需要事先考量，它們多數是在描述機械性問題，可能會影響使用率或長期性能。不過它們也會影響線路佈局，因此要及早考量。軟板製造時保守選擇材料，可以幫助維持低製造成本。這是重要因素，軟板材料比標準硬板材料 (如：FR-4) 昂貴。

軟板設計，會建議使用較小間距線路設計，這樣可以最佳化單片軟板繞線數量。使用最佳化這個詞彙或許改為最大化產出會更為傳神，因為軟板佈局要依據最終使用者需求規劃。而部分用途可能需要讓軟板對正銅皮晶粒方向 (如果用在動態撓曲)，這會導致降低最大材料利用率，不過如果不是面對這種狀況，就有機會隨意配置方向讓產出最大化。

　　當繞線由製造商依據慣例完成，設計者可以加入組裝過程來修改軟板可彎曲與折疊性，取得軟板的實際優勢。這樣只要增加一點點長度，就可以讓線路以更經濟的方法生產，而使用者並不會在乎組裝程序中增加了折疊作業 (參考圖 8-4)

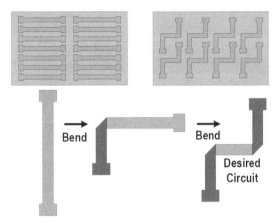

▲ 圖 8-4　正確繞線可大幅改善片產出與降低整體成本，如果折疊可用在組裝上，
　　　　　產出就可最大化。對於動態軟板設計，晶粒方向可能會衝擊到佈局。

可用的迴圈 (Loop)

　　增加小量軟板長度除了設計需要外，也可以延伸到多數軟板應用設計。這個額外材料小長度，被認定是可用的迴圈長度。可用迴圈的目的，是要提供足夠長度搭配產品組裝實際需求。額外長度也能幫助補償構裝與軟板過小等無法預期的變動。

階段長度軟板 (書冊結合結構)

　　爲了容易撓曲，多層與軟硬板設計會使用階段式增長機構。這是在各軟板層上逐步朝彎折外圍增加長度，如圖 8-5 所示。

▲ 圖 8-5　階段長度設計可以幫助軟板的彎折，軟板可以被設計成只彎向一個方向

　　普遍增加長度的設計準則，是每層朝外增加大約等於個別層厚度 1.5 倍的長度，這可以幫助排除多層軟板外部金屬層可能產生的擴張應變，並避免中心彎折層的互攪，如圖 8-6 所示。

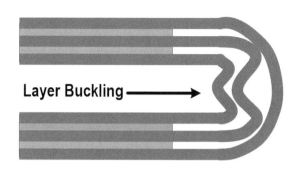

▲ 圖 8-6　沒有階段長度設計軟板層間會發生互攪

軟板的成形與切割

　　軟板導體寬度與厚度，是依據電流負載需求、允許電壓降、阻抗控制特性需求等組合決定。當設計動態軟板，建議儘可能使用最薄的銅。因此設計者要做最佳化，應該設計比較寬的線路而不是比較厚的線路，以適應基本電性需求。這種做法，可以確認會得到最大線路撓曲性。

　　表 8-3 的內容，可以用來判定 35μm(1-oz) 與 2μm(2-oz) 厚度銅皮，在不同線路寬度下所可承載的最大電流與電阻。這些是普遍用在多數軟板的銅皮厚度，不過 18μm(1/2-oz) 與更薄厚度重要性正持續增加。

▼ 表 8-3　線路電流負載容量，導體寬度與銅厚度會直接衝擊軟板的電流負載容量。下表提供 10℃升溫下判讀線路寬度的方法

線路寬度	1oz 銅升溫 10℃ 以內的最大電流	1oz 銅線路電阻 mΩ/ft	2oz 銅升溫 10℃ 以內的最大電流	2oz 銅線路電阻 mΩ/ft
0.005	0.25	1280	NA	NA
0.010	0.6	640	1.0	320
0.015	1.1	400	1.8	200
0.020	1.3	320	2.0	160
0.025	1.5	250	2.5	125
0.030	1.8	200	2.9	100
0.050	2.5	120	4.0	60
0.070	3.2	90	5.0	45
0.100	4.0	60	6.9	30
0.150	5.9	40	9.8	20
0.200	6.9	30	12.0	15
0250	8.6	25	13.5	12.5

有些不同參考圖可用來決定其它銅的電性值，已經被發展用來簡化銅線路需求規格。IPC 軟板設計規格是不錯的資料來源，相關圖表可以提供有興趣業者參考。仍然有專家做這些圖表的更新，希望讓這些已經使用很久的圖表能夠更反映最新狀況值。想要瞭解的讀者，建議上 IPC 網站瞭解目前規範發展狀況。

最小線路寬度

軟板最小線路寬度會因為供應商不同而變化，搭配 250μm 或者更寬線路的軟板相當容易取得，不過線寬 125μm (0.005") 與更低線寬的軟板則逐漸普及。軟板線路外型在 50μm 與更細範圍產品，量產商就比較有限，但在細微電子產品上的應用則逐漸增加。

最小線路寬度會明顯影響製造線路選用的技術，依賴濺鍍製作的聚醯亞胺底材，搭配銅線路電鍍技術常用在微小外型尺寸產品，只有少數具有良好影像轉移技術的製造商可以製作。以蝕刻製作的線路，其線路寬度與間隔製作能力，主要受到銅厚度與粗度範圍影響。

線路間距與銅皮厚度呈現線性關係，落在相當窄的範圍。18μm 的銅，可以製作出的線路外型約在 125μm 間隔 (Pitch)，而用 35μm 的銅蝕刻很難製作出低於 175μm 的間隔。不過部分製造商可以用 18μm 銅厚成功生產 25μm 線路外型，供應商製作能力變化相當大。在嘗試設計細緻線路外型前，最好確認供應商能力。

阻抗控制線

阻抗控制傳輸電纜是軟板普遍應用，這種產品需求因為數碼訊號速度持續成長而增加。軟板蝕刻可製作出外型公差更嚴謹的產品，因為它們有比較低稜線 (Profle) 處理。如果可能，最好使用較厚的軟性介電質基材，這樣較能應對蝕刻挑戰，因為較厚的基材可以設計出比較寬的訊號線，這樣比較容易製作出需要嚴謹公差百分比的阻抗控制線路。

蝕刻因子

蝕刻因子是檢驗工具，被製造者用來評估補償同向性蝕刻的影響，建議設計者與供應商檢討判定他們是否已經考慮了這個蝕刻因子。多數最佳狀況是由製造商做調整，因為他們會比較熟悉自己的製程能力。圖 8-7 所示，為蝕刻因子示意。

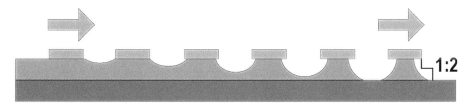

▲ 圖 8-7　蝕刻程序同時有橫向與縱向，保持的橫向與縱向比率大約為 1:2

　　儘管銅金屬類型、導體間距、蝕刻光阻、製程化學品與設備對蝕刻因子都有影響，典型蝕刻製程線寬損失大約接近兩倍的銅皮厚度。軟板有些與佈線有關的問題，首先應該儘量避免同層內設計交錯線路，這可以幫助維持最低層數與成本。軟板繞線，建議要垂直於彎折與折疊方向，其目的是要使彎折或折疊在這個區域產生最小應力。另外彎折與折疊區線路，應該儘可能配置在單層銅位置。

　　同時也建議軟板設計避免用直角或更小彎角，因為它們會傾向於抓住溶液而可能在製程中過度蝕刻，且製程後也更難清潔，因此最佳作法是搭配圓角設計。半徑也能改善訊號的蔓延，這樣反射會在轉向時降低。

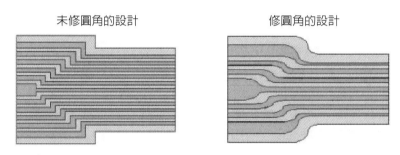

▲ 圖 8-8　軟板佈線要避免銳利轉角，最好提供平滑小半徑轉化以降低潛在應力提升

　　產品加入軟板設計，可以讓設計者將一些線路分割，部件組裝可以用支撐強化達成類似硬板結構，這些設計可能性讓軟板纏線整合技術應用範圍更寬廣，而恰當撓曲方向是軟板設計的重點。圖 8-9 所示，為軟板設計採用撓曲性的基本考慮模式。

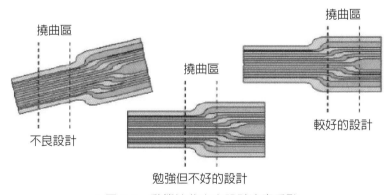

▲ 圖 8-9　動態撓曲方向設計注意重點

　　對於雙面軟板，當導體必須要繞過彎折與折疊區，且銅線路是在兩面時，線路設計應該將設計間距拉大到接近 2-2.5 倍線路寬度。同時也應該在兩面間做間隔設計，其目的是要避免 I 形強化影響，這在動態應用更為關鍵，如圖 8-10 所示。

▲ 圖 8-10　I- 形樑對階梯結構的比較，I- 形結構增加彎折與折疊區強度，較好的替代
　　　　　結構是採用階梯交替設計改善撓曲性

　　最後要提醒的是，應該儘量避免配置孔在彎折區內，因爲它們會影響彎折順暢性，並
產生不必要的應力與產生潛在斷裂風險。

接地平面的設計

　　接地區域，在電性允許下應該做交叉配線設計，這種做法可以同時幫助降低重量與改
善軟板撓曲性。接地平面的開口尺寸可能是關鍵，必須搭配產品遮蔽性或特性阻抗控制決
定。如果開口過大，遮蔽效應會被破壞，這與頻率相關。同時在接地銅面連接部件部分，
應該要降低熱釋放程度，並確認可以形成良好焊錫結合。這可以利用襯墊四周蝕刻出空區
來達成，不過仍然要保持電性連接，圖 8-11 所示，爲這個接地連接技術的描述。

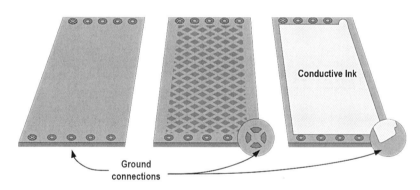

▲ 圖 8-11　接地平面做交叉配置可改善撓曲性。空隙孔避免短路，接地位置應該區
　　　　　隔，以降低焊接時的散熱問題

8-10 高分子厚膜設計指南

　　因爲先天特性，高分子厚膜 (PTF) 線路有自己的設計準則。因爲採用絲網印刷技術，
設計受限於兩個主要因子：(1) 選擇油墨導電度與絲網印刷材料的限制 (2) 使用的製程。後
者主要限制在於線路能力，導體材料顆粒尺寸與高分子載體都會限制絲網印刷能力。新近
發展奈米顆粒技術，能讓導電度明顯提升，有可能開啓這類應用的另一扇窗。雖然它們可
以應對特定動態應用，不過業者多數不會考慮將 PTF 線路用在動態產品。

其製程能力最小線路寬度與間距範圍是 375μm，它有可能使用 PTF 油墨生產更細線路，但是導電度是設計表現更大顧忌。

PTF 的電流負載容量

含銀高分子厚膜油墨，可以期待承載接近相同寬度與厚度的銅線路 25% 電流。不過使用時要留意，在嘗試最大化線路電流負載能力時，導體上的熱點可能會引起快速劣化而導致故障。

絲網印刷 PTF 電阻

絲網印刷常用來製作電阻，會搭配 PTF 線路做設計。如果用在同一設計，電阻應該保持在最小的一到兩個值內以利生產。在沒有雷射修整下，電阻可用印刷製作出公差 ±20% 左右的水準。經過雷射或機械修整，電阻精度可以提升。

PTF 線路端點設計的顧忌

PTF 線路或襯墊設計準則類似硬板，不過終端外型要與製造商討論。因為高分子厚膜油墨無法直接焊接，導電黏著可以用來做表面貼裝部件作業，而其表面貼裝襯墊設計類似於電路板。

8-11 互連設計外型

在此要討論互連設計外型，包含產生互連的通孔與襯墊及其製作的設計規格等，可以讓近接點更為可靠。當表面貼裝技術成為電子組裝互連技術主流，通孔部件仍然被用在許多應用領域，因此如何正確處理孔還是設計重點。

軟板通孔連接部件，其最終孔徑需要保持在 200 ～ 250μm，略大於部件引腳以符合最佳實務設計需求。不過這並非絕對狀況，因為軟板厚度低，如果採用較小引腳與孔間隙還是可以獲得良好可靠的焊接，但是裝置會比較難以插入。

實際軟板設計，建議最佳襯墊直徑應該是 2-2.5 倍的孔直徑。不過這個值是單面軟板主要顧忌，業者仍然常以獲致可靠連接的最大焊錫面積為設計準則。圖 8-12 所示，為通孔襯墊設計的原則。

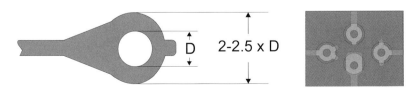

▲ 圖 8-12　維持孔墊尺寸關係對單層軟板設計相當重要，電鍍通孔可用較小襯墊來完成

　　此外以鑽通孔製作電路板，當採用小型化連接器時，這種比率並不實際。這種狀況下會指定使用非常小的襯墊，且需要採用插梢入孔的組裝，可能需要採用電鍍通孔來提升焊錫結合信賴度。

導通孔尺寸

　　導通孔在適當良率下可盡量做小，小通孔讓線路佈局獲得極大優勢，但若設計太小會影響製作成本。目前沖壓與雷射可以經濟大量生產通孔，直徑小到 25-50um 也可以製作。因為小鑽針成本較高，當孔徑變小製作成本也會變高，這在雷射加工可能有想反的結果。因為軟板基材薄，小電鍍通孔相當容易製作且可靠。孔能夠有這種表現，大部分原因來自較薄的基材結構，這樣軟板總材料膨脹量會較低，當然對熱循環顧忌會比較少。圖 8-13 所示，為線路與襯墊接點處的建議連接處理。

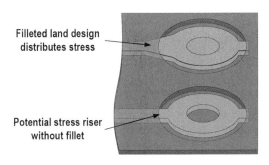

▲ 圖 8-13　內圓角襯墊作法在保護膜下有比較均勻的應力分布，而可以改善軟板信賴度

襯墊與金屬區塊內圓角

　　軟板的金屬端點區塊與襯墊應該要做內圓角處理，這樣可以增加襯墊面積並幫助分佈應力到保護膜開口，有效降低應力提升狀況，如果忽視內圓角處理會引起故障問題。較早的 CAD 系統要產生這種外型有困難，目前新系統都可以簡易處理這種內圓角需求。

單面軟板襯墊幫助提升抓地力

　　單面軟板線路襯墊搭配表面貼裝，可能需要用特別的襯墊抓地力提升技術處理。對單面軟板，會使用各種特別外型，期待能強化結合力，可能會用錨接耳朵設計來避免製程過熱導致的襯墊浮起。在採用無鉛製程後，這種設計變得更為重要。

　　這種設計在某些高頻應用可能會引起問題，因為長耳朵外型可能發揮天線效應產生雜訊，因此在使用前應該做檢討，圖 8-14 所示，為典型下拉金屬區塊外型與替代設計。

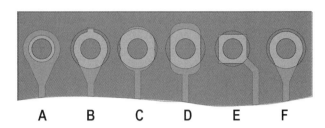

▲ 圖 8-14　各種襯墊設計以幫助保護膜配位 (A) 標準內圓角襯墊搭配完整配位 (B) 標
　　　　　準內圓角襯墊搭配下拉手指設計 (C) 重疊襯墊設計 (D) 橢圓襯墊設計 (E)
　　　　　轉角伸入四角形襯墊 (F) 電鍍通孔只需要內圓角

8-12　軟板表面貼裝的襯墊

　　目前普遍用表面貼裝搭配軟板，軟板設計者都看到日本的成功案例，他們常用表面貼裝部件軟板。當使用軟板，表面貼裝襯墊常需要輕微修改標準設計準則。用鑽孔或開槽、切形在壓合前對保護膜加工，是軟板製造焊錫襯墊近接區的普遍方法。不過如果直接佈線進入襯墊，保護膜對位不良可能導致應力提升。圖 8-15(A)，潛在應力提升還是重覆出現。邊緣或轉角進入襯墊有利對位偏移容忍度 (圖 8-15[B])。雷射切割或機械沖壓、切形加工保護膜開口，可做成矩形 (圖 8-15[C])。

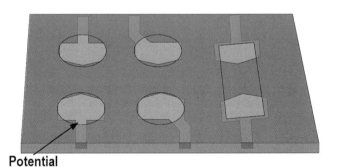

Potential
stress riser

▲ 圖 8-15　散裝 SMT 部件保護膜開口的產生有特別的設計顧忌

　　矩形開口也可以利用感光保護膜製作，當部件組裝近接襯墊，建議焊墊可延伸到保護膜下。用於散裝或引腳 SMT 部件焊墊，應該延伸到足以保護配位的程度。襯墊應大於 250 ～ 375μm，以方便襯墊配位避免組裝或修補襯墊浮起。面對單面軟板通孔襯墊，目標是避免焊墊處理中浮離，必須提供額外強度應付作業中部件拉扯。圖 8-16 所示，為製作軟板表面貼裝近接區外型，普遍採用的範例，並可提供向下拉的功能。

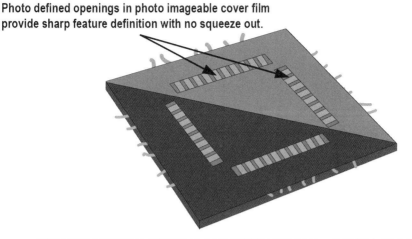

Photo defined openings in photo imageable cover film provide sharp feature definition with no squeeze out.

▲ 圖 8-16　用於周邊引腳襯墊的保護膜開口可以與組裝部件近接，保護膜在壓合前做切形或沖壓，也可以使用感光保護膜製作會更簡單

8-13 電鍍通孔的襯墊

　　除非需要分擔內圓角結構，雙面有通孔的軟板有鉚接效果並不需要下拉設計。電鍍通孔的先天外型，可以有效避免襯墊在焊接製程中浮起。當電鍍通孔需要非常小襯墊設計時，必須確認可以形成可靠的焊錫結合。某些狀況單面軟板可能需要額外的第二層銅，因此要製作具有單面設計的雙面板，不過在增加信賴度與不增加成本的考量下應該要簡化製程。

鈕釦電鍍

　　一種替代電鍍通孔的結構，需要使用被稱爲〝鈕釦電鍍〞製程。它最佳的描述，是做通孔的選擇性銅電鍍，其最終的結構如圖 8-17 所示。

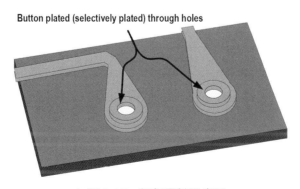

Button plated (selectively plated) through holes

▲ 圖 8-17　鈕釦電鍍示意圖

　　鈕釦電鍍基本概念相當簡單，不過要成功需要適當關注製程細節。製造者首先鑽孔，接著以標準製程產生導電孔壁。再做整片軟板影像轉移，表面除了孔圈外區域，都以光阻遮蔽，接著做線路鍍銅，讓孔壁與孔圈都電鍍到需要厚度。接著做光阻剝除，再做第二道光阻塗裝與曝光產生線路影像，然後做蝕刻產生金屬線路。孔被光阻遮蔽不會受到蝕刻劑攻擊，就可以完成獨立線路與圖形製作。

　　這種製程，要讓通孔電路增厚孔壁銅金屬厚度，但其他區域沒有金屬成長，既可讓孔壁產生足夠導通金屬，又可維持其他區域薄銅柔軟度。

8-14 保護膜與覆蓋塗裝的顧忌

　　如前所述，有幾種類型軟性保護膜塗裝系統可以取用，它們各有自己的特別應用與優勢，代表類型如後：

黏著劑 - 背膠膜

　　黏著劑背膠高分子膜是保護膜的一種，最常被軟板設計與製造者指定使用。也是軟板保護法中，最適合動態應用的結構，因為它具有邊對邊平衡材料特性。

可絲網印刷的液體覆蓋塗裝

　　以簡單可絲網印刷的液體覆蓋塗裝後聚合，是最便宜的覆蓋塗裝形式，常被用在高分子厚膜與簡易單面銅結構。

感光液體與膜高分子物質

　　較新的軟板覆蓋塗裝法，使用感光高分子物質製作，其結果非常容易理解。製程中軟板以高分子膜覆蓋，之後可用曝光、顯影製作近接端子外型。這個方法可幫助有對位問題的產品解決小端子開口問題，也不會產生開口邊緣擠出污染襯墊的現象。

　　多數軟板設計，保護膜或覆蓋塗裝用途不只一個，例如：覆蓋塗裝功能如同止焊漆，幫助避免焊錫產生短路，同時具有電性絕緣與物理保護免於線路損傷的功能。另外如前所述，保護膜可幫助襯墊避免再變形，同時可以在焊接中固定它們，避免襯墊浮起。保護膜也可讓導體維持在軟板幾何中心，可以改善柔軟度與彎折表現。

　　有了這麼多軟板功能需求，就可了解供應商難以提供泛用方案，既有低成本又有高性能，還要能簡單操作塗裝。不過不論如何，材料供應商仍然持續改進這些材料，且不斷會有新方案出現。

8-15　保護膜開口的切形

如表面貼裝襯墊設計討論，加工保護膜開口會依據襯墊外型變動，也與金屬層數有關係。主要關鍵，還是在單層軟板有潛在襯墊浮離風險顧忌，需要在設計中予以關注。表 8-4 提供保護膜開口設計指南。

▼ 表 8-4　保護膜開口指南，隨設計的特性而變化

軟板類型	保護膜開口
單金屬層軟板	可用的保護膜開口
有襯墊下拉外型	大約等於襯墊直徑 .
單層軟板無襯墊下拉外型或內圓角	保護膜開口應該要低於襯墊直徑 250μm
雙面與多層軟板具有電鍍通孔與內圓角襯墊	保護膜開口可以相等或略大於襯墊，這樣可以讓擠出量最小
無部件電鍍通孔	除非有測試必要，否則不必有開口

線路到切割線間的顧忌

對於現有軟板設計，最佳作法建議板邊到導體邊緣間距應該要 >1.25mm，不過線路可以用邊緣到導體間距 250μm 製作仍然可靠。儘管這種作法會增加工具成本，不過能否穩定生產還是看使用工具而定。

8-16　軟板耐撕外型設計

所有軟板設計都應該製作抗撕機構，當材料沒有內在抗撕特性，採用特定抗撕機構可明顯改善這個問題，典型作法如圖 8-18 所述。

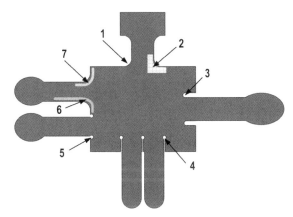

▲ 圖 8-18　耐撕裂性外型相當重要，有些方法可幫助軟板降低撕裂，如圖所示 (1) 轉角的大圓角 (2) 埋入玻璃布 (3) 推縮槽 (4) 裂縫中孔 (5) 鑽孔在轉角 (6) 埋入纖維 (7) 轉角製作額外的銅

　　所有這些技術都已成功用在幫助避免撕裂上，讀者可以採用後續技術中的一種或組合達成目的：

所有內部轉角做圓角化

　　第一個方法是在所有內部轉角製作特定半徑圓角來抗撕裂，這個設計作法是最重要且簡單的方法，被用在軟板材料避免撕裂機構上。

在轉角上保留金屬

　　如果可能，軟板線路設計應該要在各內部轉角提供小區域銅面來抑制撕裂延伸。這種作法可以避免進一步撕裂蔓延，不讓撕裂通過高分子。

玻璃纖維基材壓在轉角

　　可以在製程中用玻璃布壓合到轉角，這個方法經過美國軍方產品驗證相當穩定有效。不過它相當昂貴，因為相當費工且需要小心操作，還會影響部分柔軟性，目前也還在找替代方案 (參考圖 8-19)。

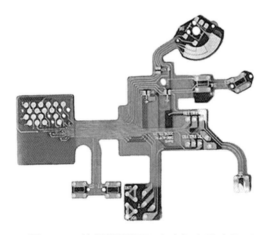

▲ 圖 8-19　軟板搭配埋入玻璃布來防止撕裂

使用氟高分子保護膜

　　使用氟塑膠如：鐵氟龍作為保護膜，因為這種材料本身傾向伸展不斷裂，當然可以幫助改善表現。使用含氟高分子保護膜的額外好處是，它具有高頻設計需要的低介電質係數。

使用圓弧形槽

使用端點為圓弧形槽來近接外引的線路外型，也可以提供耐撕裂性，這類外型很容易在沖壓作業或其它線路製程中製作。

鑽孔在轉角或裂縫尾端

鑽、沖孔在轉角或裂縫尾端，已經成功用在軟板配件、需要鄰近小空間配置設計的產品上。這種方法可以讓材料發揮最大利用率，但是孔尺寸選擇會衝擊耐撕裂性。如果孔非常小，整體穩定度就會降低。

8-17 軟板的補強板與強化處理

補強或強化處理被用在支撐軟板的部件區域，加上去的材料可依據設計需要有多元選擇。選擇材料主要依據尋求的特性目的而定 (低重量、最佳散熱、最低成本、最佳彈性品質等)。材料參考資料如表 8-5 所示，都已經有成功採用的案例。

▼ 表 8-5　軟板補強材料有多元選擇性 (不論導電與否)，表中部分材料已成功應用

樹脂玻璃纖維基材	額外的保護層
導熱塑膠片	鈹銅
不銹鋼片	氧化處理過的鋁
射出基材	石英玻璃

除了表中材料，如果設計許可，構裝或外殼的材料也可以用來補強。除了簡單部件支撐，這個技術也可用來散熱。不過這種優勢，如果面對需要做重工與修補，可能會因為移除軟板而損傷線路。

補強的特別處理

特殊設計可以讓補強不只發揮部件支撐功能，例如：雖然主要目的是支撐部件，補強還可以被設計成輔助組裝器件，讓軟板類似被組裝成實質的硬板。補強板切形是以 CNC 基材切形設備處理，過程中保留特定位置連接，以便後續移除作業。這種結構可以讓補強很容易的在組裝後做折斷處理，如圖 8-20 所示。

▲ 圖 8-20　群體組裝或大量應用補強板在整片結構，提升了軟板補強應用與後續部件
組裝。當軟板與補強板貼在一起，產出的軟板可以類似硬板一樣續流程

　　雖然切形機廣泛用在軟板製造，雷射與水刀切割機也是另類製造選擇，可以用來準備
或預切補強材料。某些高低差軟板結構，可因為這種不需要壓制切割的技術而變得簡單，
同時也因為不需要製作沖壓工具而受惠，典型範例如圖 8-21 所示。

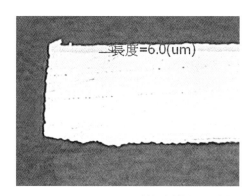

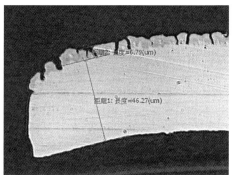

▲ 圖 8-21　雷射切割軟板及沖切的對比，對跨越金屬的斷面差異極大

補強板機械加工

　　補強板回到網狀沖壓需要特別沖壓工具，片上硬質材料被沖壓掉後，材料會即刻被推
回原始位置。這種方法被用在便宜硬板，並可用相對簡單的組裝治具做大量組裝。

刻痕或切割

　　如果軟板設計外型可以用刻痕或切片工具處理，這些設備也有潛在應用可能性。當採
用刻痕製程，軟板或補強材料會直接切割局部貫通，但使用特別工具可以控制切割深度。
在部件貼裝與組裝後，軟板可以沿著刻痕線折斷。

　　相對於切形製作觀念，其它替代切割技術多數都必須要完全切割貫通材料。因為採用
機械切割工具的先天特性，所有材料切割都必須是直線外型。

補強連接用的黏著劑

　　用在軟板基材的連接黏著劑，可以用來貼附補強材料。要選用哪種黏著劑，會依據其需求功能表現而定，值得聽聽軟板供應商的建議。除了這些軟板用黏著劑外，還有其它類型黏著劑可選擇。一些比較普遍的補強材黏著劑描述如後：

感壓黏著劑

　　感壓黏著劑是普遍用在補強材的黏著劑類型，它們是彈性且容易使用的材料。可呈現好的結合強度，在一些案例中可以改善耐久壽命。這些黏著劑並非設計成可長時間在高溫下使用，而多數狀況只能讓部件在高溫(焊接溫度)下短時間停留。當無鉛技術普及，需要確認它們是否可以用在較高溫製程。

　　這種材料的特殊優勢是，當黏著劑直接放在軟板上，它們幾乎可以允許軟板貼附到任何表面，因此可以有效製作各種構裝內潛在補強。

熱固黏著劑膜

　　熱固黏著劑接合膜(壓克力塗裝膜或軟板結合片)，也可以用在結合軟板與補強材，但它們需要時間與成本做額外壓合。儘管如此，熱固黏著劑可以提供非常高的軟板與補強材結合強度。

液體黏著劑

　　單液與雙液環氧樹脂型黏著劑，已經被用在接合補強材與軟板。它們比較難以均勻塗佈，因此使用普及性略差。這種黏著劑材料可以在接合軟板與補強材時，很方便的在轉化邊緣處產生應變解除結構，它會沿著整個邊緣產生一圈漸薄的環氧樹脂邊。

熱塑黏著劑膜

　　使用熱塑材料為基礎的黏著劑膜接合軟板與補強材，是業者的另一種普遍選擇。熱塑型膠膜具有特殊優勢，它們是低應力、完全高分子化的樹脂並不需要聚合。特性包括可以結合到各種材料的表面，且依據報告所述具有簡易重工能力，這些黏著劑材料應該會擴大應用。

紫外線聚合黏著劑

　　可紫外線聚合的黏著劑，是另一種潛在補強板黏著劑選擇，有一些可絲網印刷的配方。某些可 UV 活化的高分子，可以產生具有感壓黏著劑品質的沾黏性。另外因為它們可以快速聚合，這些黏著劑也是可以在軟硬區轉化點釋放應變的結構選擇。

補強材的孔

對於閃開部件的孔或最後用來做組裝孔，其目的並不相同，有時候還會有相反的作用。這種狀態就必須調整準則，依據實際應用需要做設計，設計資料必須解釋如何判定需要的孔徑，圖 8-22 是描述這種結構。

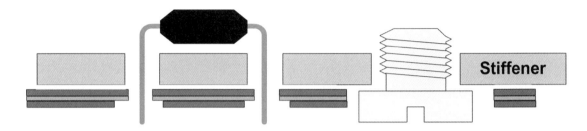

▲ 圖 8-22　補強板閃避部件引腳孔會比軟板孔略大，可以讓壓合移動不產生相互干擾

如果設計或製造過程沒有注意，軟板很容易看到部件安裝孔與銅面斷開外觀出現在交接處，此時必須要用到後續一或多個技術來處理。

在補強板內的部件孔

補強板上閃避通孔部件 (如：DIP 構裝) 的孔，尺寸應該要比通孔大 250 ～ 375μm，這是為了補償補強板壓合對位可能產生的偏移。這也可以幫助確認，這些近接通孔沒有受到補強板干擾。圖 8-23，為補強材貼合可能的偏移狀態，作業時要留意避免。

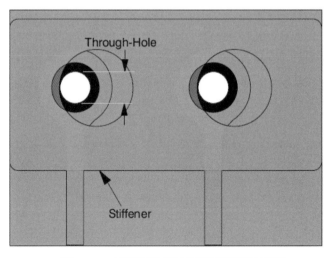

▲ 圖 8-23　補強板貼裝時要留意偏移的問題

組裝貼裝孔

補強板上為組裝而製作的孔，尺寸應該要比軟板的孔略小，這樣才能保證在組裝時應力不會延伸到軟板上。這並非必然的鐵律，因為軟板有可能直接貼附到載體而沒有補強板。

未支撐的安裝孔

沒有補強材的安裝孔應該要在孔周邊維持銅面增加強度。如果設計允許，這種作法對正常安裝孔也一體適用，這種外型也方便接地。

8-18　軟板的應變解除

在補強板邊緣提供應變解除機構，可以幫助避免應力在軟到硬的轉化區域升高。如果設計者在設計與製造階段忽視了這個部分，很容易在轉換區發生軟板撕裂或線路斷裂現象。此時可以靠後續技術中的一或多個方法處理。

在轉換區做出圓弧補強邊緣

補強邊緣在軟板突出的位置區域，應該要以圓弧或提供一個半徑的邊緣外型處理，以避免產生應力集中點。另外在組裝前對硬質補強材的轉換邊緣，以銼刀或砂紙做圓角處理，也會產生類似的好處。

補強板邊緣的圓角處理

補強板轉化區邊緣的圓角處理，可以用彈性黏著劑或環氧樹脂處理，這是普遍使用的另類軟板應變釋放法。圓滑狀高分子可以提供簡單的應變轉換，作用在補強板到軟板之間，圖 8-24 描述這兩種模式。

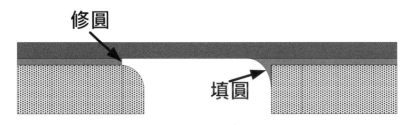

▲ 圖 8-24　軟板到硬質的轉化區有應變解除機構，可以幫助最小化潛在應力集中

未支撐軟板的應變解除

最終的軟板線路或貼裝組裝時，也要提供應變解除規劃，後續方法可以達成這種目的：

(1) 打斷、修圓銳利邊緣或者任何用來固定、夾持軟板的條狀物

(2) 在維持軟板定型條狀結構間，使用低彈性係數、彈性材料

(3) 使用雙面膠發泡材料或簡單感壓黏著劑，將軟板貼到組裝支撐機構上

8-19 軟板連接與周邊作業

恰當的軟板設計可以減少連接器使用，某些軟板設計可以直接組裝不需要連結器輔助，軟硬板或軟板直接組裝都能減少連結器使用。

8-19-1 表面貼裝組裝

部件表面貼裝到軟板，是持續普遍化的技術，這可以讓構裝簡化，不過需要特別考慮迴焊附著的襯墊設計。表面貼裝沒有通孔，因此可得焊錫體積是有限的，要有可靠的迴焊附著需要考量襯墊尺寸、形狀及保護膜、覆蓋塗裝的厚度與開口形狀。

進一步考量則是軟板潤濕能力與對後段清潔焊錫球的影響。多數為電路板表面貼裝發展的技術都可以用在軟板上，而設計者應該要主動檢討這類數據。

表面貼裝的設計指南：

1. 襯墊應該要做保護膜或覆蓋塗裝保護，以避免焊錫脫出。

2. 開口應該要定義其最佳面積來做裝置貼附。

3. 襯墊應該要完整延伸到保護膜或覆蓋塗裝底部以增加襯墊承受浮離與重工循環能力。

4. 保護膜或覆蓋塗裝厚度應該低於會影響焊接的厚度 (錫膏塗裝與裝置貼附)。因為保護膜可能導致迴焊部件無法進入接觸點，可以將開口放大到大於部件接點。

5. 電路板裝置部件的佔據面積應該要設計恰當，IPC-D-249 有相當多特定表面貼裝設計訊息。

連接器的研討

連接器選擇對系統品質關係相當大，應該在設計初期就先做檢討與決定。軟板導體與連接器端子關係，是各類硬體結構中最多的。可用於軟板的表面貼裝連接器愈來愈多，幾乎各類連接器都有可能與軟板做相容表面組裝設計。因為端子襯墊密度最高的部分集中在

連接器線路區,這個區域格外受到注意。此處有最大量線路需要決定,也是配置序列比較容易產生問題的部分。

如果軟板組裝需要與其它系統搭配,連接器選擇會受到現有介面支配。在其它狀態下,設計者應該要選擇可應對所有介面線路的連接器 (加上備用接點),它必須有足夠空間與繞線區域提供軟板設計,不論從實用與成本效益看都一樣,高密度設計可能有好效果但成本高。

不論使用波焊、迴焊或手工技術,多數連接器會直接焊在端子襯墊上。其它結合技術還包括施壓、夾持貼附等,最簡單的方法是直接介面接觸,此時軟板端子採用零插入力夾持機構,之後機構施壓產生緊密接觸。相容性、信賴度、成本、使用場合、密度與性能,都是重要連接器議題,連接器是軟板設計的主要課題之一。

繞線技術

在連接器線路方面,各個線路向外佈局逐漸變寬而可以獲得更大通孔設計孔圈與襯墊寬容性 (簡單軟板有 0.015 in 寬),因此消耗了更多繞線面積。多層堆疊階梯式處理,不論是否有長短插梢處理,都是直接解決端子區問題的方法,但在各層貼合需做檢驗,有可能會沾黏異物,迫使需要用昂貴重工。折入與折入反轉的技術,如圖 8-25 所示,可以幫助處理連接器位址問題。但因為需要反面裸露結構而會讓製作成本提高,同時可能會降低整片板可以配置的板數。

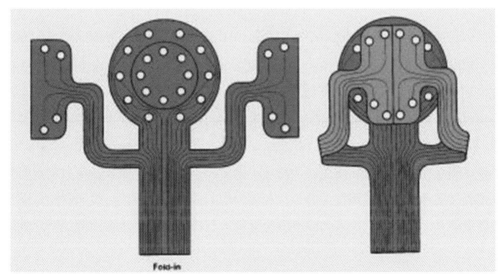

▲ 圖 8-25　利用反轉、折入設計可以改善貫通線路與雙接點跳線。

電鍍通孔

　　有許多方法可以用來處理連接器的連接，最佳選擇是依據組裝技術、軟板面積 / 迴線的考量與品質需求。PTH 技術可以增加有效繞線效率，因為可以將其它層線路連接配置在端子襯墊上下方。

　　它可以幫助組裝，因為所有焊接或連接器接觸都位於同一平面，這簡化了檢驗與消除異物、污染的顧忌，常在多層軟板應用上看到。PTH 累積公差會呈現相當大影響，通孔與它們的公差會大量消耗可用資源。假設連接器插梢是 0.03 in 直徑，組裝搭配與空隙可以允許焊錫潤濕的水準，其 PTH 可以大到 0.04 in 直徑。允許的銅孔圈電鍍會縮小 0.006 in 的直徑，因此最小鑽通孔尺寸是 0.046 in。

　　依據 MIL-STD 2118 準則，在鑽孔後必須維持 5mil 以上最小的外部孔圈與 2mil 以上的內部襯墊孔圈。因此最小的外部襯墊尺寸是 0.046 加上 0.01 in，假設有完美的對中孔 (內部襯墊可能可以降低到 2mil，但是需要有 3mil 的回蝕，因此必須是 0.056 in)。

　　孔位置精度會因為材料縮小而劣化，對位與鑽孔機械的偏差也是必須考慮的製造公差 (min 20mil)。將這個直接加上去，如此襯墊在蝕刻模式下就變成 0.076 in。合理的蝕刻因子 2mil 就可能必須要採用 4mil 安全因子，這讓底片最小襯墊尺寸變成了 0.082 in 的直徑。

　　以上這些都只是簡單數據累加，實際狀況可能無法允許如此大的安全係數考慮，設計時可以依據製造商能力做調整。

工具

　　底片是依據製程設計理論輸出，但其中也包含定義與建構所有必要的生產工具參考點及資料。與電線連接比，軟板所用的工具成本多數相當高，因此沒有客戶確認前工程師不會在重大工具做設計與投資。軟板有效生產所需工具數量與總成本，是依據預期生產數量與需要精確度而定，工具也必須搭配生產設備可用對位機構來設計，同時要顧及製程的組織方式。

　　小量或樣品試做，可以利用比底片尺寸小得多的生產工具生產，這可以利用對位與切割線來定義必要手工沖壓或鑽孔位置，以利簡易切割成形。如果設計經過驗證是適當的，且生產數量提升，則單一軟板人力成本就可降低，且控制精確度也會因增加特定輔助工具而改善。

軟板製作工具包括：

1.　底片
2.　鑽孔與切形程式
3.　成形與貫穿的模具
4.　壓合治具
5.　對齊治具 (覆蓋塗裝、補強等)
6.　特別的操作或保護用出貨裝置
7.　電性測試治具
8.　定形與灌膠

　　不論是單片或整組軟板，所有工具都需要搭配線路圖形，這些只要利用 CAD 數據資料都可以方便產生。因為這些基礎數據包括工具孔位置，而這個作法需要確認最大精確度與協議工具、線路間搭配性。

底片

　　沒有底片就無法做整體製程，它是關鍵工具且常需要消耗掉大部分設計時間。這個簡單的影像膜 (或者是用於直接繪圖的數據)，與所有線路圖形細節相關。每個細節都必須是正確的，它必須包括：必要蝕刻損失補償、材料縮小損失、組合形式，同時也必須搭配最佳材料利用率與製程產出。

鑽孔、切形程式及模具

　　保護膜開口可以用數碼控制 (NC) 鑽孔產生，利用線路圖形上的端子或孔位置製作，但會採用比實際需求大的鑽孔尺寸。非常大量的生產或特殊開口，可能需要利用貫穿模具。貫穿模具比起鑽孔斷面要乾淨得多，且不需要蓋板與墊板材料，它也可以避免過熱引起的黏著劑、塗裝材料軟化流動風險。

　　軟板材料難用銑刀切形，因為材料不夠堅硬無法切割出斷面完整外型。多數軟板是採用刀模成形，這是低成本利用 NC 設備生產的切割工具。簡易作法是在做溝槽加工後的木塊上，埋入必要形狀刀片並利用刀緣切割。刀模切割精確度有限，因此只能製作出相近公差產品，如果需要較好精度則高精密機械加工的刀模或公母沖模是必要加工工具。

系統設計、製造與組裝中，連接一片軟板到其它部件是電子系統不可或缺的重要工作，有多種方法可在軟板上製作連接機構。所有連接器製造商，都有特殊連接器可以用在軟板上，或者可搭配軟板的設計。

圖面

生產軟板需要圖面，它會事先定義尺寸、檢驗需求與材料結構等，各種需求、斷面圖會加入說明。其它圖面定義項目包括：特殊品質規定與組裝製程如：灌膠、定形、捲邊、印字等。

常見軟板圖面標示太過細節且規定繁多，或許是因為設計者忽視了生產方法又擔心規定不夠詳盡所致。良好的策略必須提供有關叢集插梢允許公差，因為這些插梢必須插入叢集硬體、連接器、電驛插槽等。孔配置會以 NC 鑽孔或沖壓工具生產，而良好的精確度是必要且能檢驗的。整體長度可以用最小或比例公差管控，因為軟板線路端點間應該要保持略大於設計長度，在這些區域精確度重要性略低。其實對較長的軟板不容易測量，主要是因為產品呈現軟性不容易維持在單一平面上所致。

應該要依數據資料準備最終電路圖來製作底片，並作為最終整套文件提供給製造商，這些互連檢索應該經過確認，如果有任何變動都應該及早修正。基於類似原因，圖面可能會包括材料清單與規定，這些會包括軟板與組裝項目在內。

雙尺寸系統

生產軟板的普遍問題是底片與圖面的尺寸矛盾性，底片是生產工具會控制到線路尺寸，設計者應該要小心對照底片與圖面，必須要確認沒有衝突問題出現。

鑽孔程式

鑽孔位置資料是以數碼形式，直、間接投入 NC 鑽孔設備生產，慣用模具也可能需要定義與數據資料，必須提供圖面與註記公差。

測試數據

電性測試是依據設計的互連線路，提供再次檢驗並確認設計正確性的工具，直接與數碼轉換數據都可能用來執行此工作。光學檢驗蝕刻細節，可以利用 CAD 數據直接在檢驗工作站上進行。也可以依據設計準則或標準樣板做比對，不過依據 CAD 數據做電性測試，比較能提升整體品質與可靠度。

成形數據

刀模被廣泛用在軟板、補強板、黏貼層、保護膜的切割上，這些工具相對不貴且具有適當準確度，CAD 數據可以供給刀模供應商製作。所謂刀模是以機械加工載體後塞入銳利的鋼刀緣，如果刀具載體使用金屬製作可以提升精確度，不過相對製作成本會提高。爲了得到最佳精確度與使用壽命，業者會導入精密沖壓模具，如果大量生產時，這類工具可以降低成本並以自動化沖壓設備作業。這些年雷射切割的技術大幅進步，可以在沒有治具下做切割，對打樣與小量生產有利，是未來可以期待的軟板切割新作法。

壓合與對位

壓合與對位治具，是用在壓合製程中輔助確認對齊、適應特殊厚度或保護敏感區域的工具。這些治具是以鋁治具板與工具插梢製作而成，以達到良好搭配精確度，並不需要高階作業技巧。

操作治具

軟板在製程、組裝、出貨可能會受到損傷，支撐盤或機械性固定可以維持大連接器與其它部件在框架中，來排除軟板機械性應力，常被用來確保降低潛在損傷風險。使用的範圍、形狀與材料，則必須依賴設計工程師的經驗與想像。

測試治具

測試治具是以端子鑽孔程式直接製作，可以產生符合軟板測試點位置的測試板，彈性接觸探針會植入孔內，並以插梢對正軟板端子與孔位。用於驗證特定形狀或位置的機械性測試治具，有時候也會在整套生產工具中提供。

定型與灌膠

定型與承裝治具是組裝用的輔助工具，定型或彎折時常依據連接器或最終形狀位置而定，用於軟板定型的治具是以插梢固定工具孔，這些位置會呈現表面平滑、邊緣圓潤以維持作業控制水準。

灌膠治具是被用在密封連接器或其它整束端子，成爲一塊絕緣結構以保護它們避免受到機械應力或意外與其它電路接觸。

8-20 軟硬板

軟硬板是最複雜的電路板類型之一，設計者觀察典型軟硬板線路可以看到，比較厚、硬的互連區域是利用較薄軟板非遮蔽區域連接，由此就可以想像其複雜度。製造這種多層、混合介電質產品，是高階技術能力與製程控制考驗，但它們的設計並不會比設計多層軟板複雜，只有一些細節要額外留意。

傳統軟硬板，會包含外部硬質電路板材料層與夾心軟板堆疊層，PTH 端點被用來做層間互連與內部線路對外硬質區域的連接。這些硬質表面只有單純的襯墊，沒有導體配置或其它導電區域，它的目的是要保護所有線路避免組裝產生的連接、短路與損傷。

所有連接器或硬體貼附都發生在硬質區，此外也提供線路支撐、應變解除與部件支撐。硬質區間的互連是依靠其它軟板層，它們個別受到保護膜貼附，但不會與其它各個軟板完全連結，這樣可以獲得比較好的撓曲性與降低彎折應力。

設計的方式

軟硬板以片狀製作，且只在軟、硬區域都完成，才做軟板切形處理。在這個階段前，層狀介電質是搭在一起通過製程，而設計者可以認定所有層都具有相等支撐。對於任何軟板製程，會先建立機械性佈局以精確的尺寸建構所有端點，依據線路類型重組線路清單並做圖形配置，決定整體軟板形式、設定設計準則、佈線，同時留意額外的事項，包括：

● 確認軟板與硬板的外型。
● 特別的工具槽、開窗與斜角。
● 決定軟板區域：單面或雙面、貼附或不貼。
● 材料選擇。
● 規格。

機械結構層的設計遵循線束公差處理，整體硬板區域的尺寸可以依據 NC 機械等級 (2mil) 的公差水準處理，而硬板區域間的軟板層則要局部處理其公差，硬質區之間的軟板佈局應該要提供膨脹補償，但是應該要注意到多個軟板層的軟性區域，在組立時可能產生相互牽制。

避免對堆疊設計的影響

硬質區域間使用適當軟板長度，以達到同樣應力降低的效果，降低製造複雜度。未貼附的單面軟板層會比雙面軟板更柔軟，但可能會增加製造成本。它們是堆疊結構常使用的設計，但還是建議只提供給供應商作為判定依據。供應商會傾向提供比較有報價競爭力的堆疊技術，但是瞭解未來實際使用的堆疊設計限制，也可能影響供應商的判定。

　　不建議軟板襯墊在壓合後裸露，軟硬板需要經過 PTH 製程，裸露襯墊會讓軟硬板製程複雜化，特別是需要處理焊錫的表面。因為軟硬板最終需要切形，這個製程中線路複雜與太多暴露面都容易受損。焊錫面會在壓合高下劣化，讓焊墊變得無法焊接，因此焊錫應該在壓合後處理。如果裸露襯墊在電漿、無電析鍍、浸鍍與迴焊時，都被密封在片結構內部受到保護，只有在最後切形才出現，可近接區域會保持得比較好。

對齊、組合

　　對於任何多層產品，首要議題就是提供精確對位與層間對齊關係。軟硬板是高附加價值產品，其中材料成本是次要因素，在組合結構加入太多線路會導致接點距離過大，未必是經濟作法。

　　最佳處理是使用後蝕刻 - 沖壓 (PEP-Post Etch & Punch) 技術，各層有多個光學標靶可用來做蝕刻與保護膜工具孔。工件可用整片通過製程，但在堆疊、後蝕刻、切割、堆疊等，受尺寸變異過大影響的製程，則應該考慮採用個別小片處理降低尺寸縮小影響。例如：在整片板 18 x 24-in 工作尺寸下，配置四小片區塊，以 9 x 12-in 尺寸切割堆疊。

　　硬質區應該要以工具插梢圍繞，這樣可以強化與穩固個別的 6 至 8 吋銅面板。群體公差處理，可以將各個硬質區分離，額外的工具插梢或壓合治具成本應該會因為良率提高而回攤。

　　非常期待硬質區厚度是無階差的，具有不同厚度的硬質區無法同時做 PTH 製程，且必須要強制做序列壓合增加成本。如果軟板互連到硬質區並非必要，則這個區域應該要從軟板區消除改用硬質膠片取代，以保持比較好厚度均勻度。如果可能，PTH 必須至少離開任何成形邊 0.125 in 以上，當然這個規則與所製作軟硬板總厚度及結構有關，未必是個定論。

　　PTH 製程會因為軟板與硬板混合而變得比較複雜，要想達到三種材料面都維持相同除膠渣蝕刻量有困難，因此電漿是常見的處理。孔的縱橫比應該要留意，最好不要超過 5:1 以維持比較好的生產性。

　　外型應該要力求簡單且盡量接近矩形，以避免半徑或外型無法利用切形機常用的 0.062-in 切刀切割。軟板區應該要與硬板區在成形後呈現垂直關係，硬質區邊緣應該要修圓角或者做保護處理，以保護軟板避免撕裂或切割損傷。

規格

材料、結構的規格與需求應該要儘可能開放，不要定義狹窄的介電質、黏著劑選擇與厚度，可以使用現成的規格如：MIL-P-50884 作為控制最後產品與介電質的標準。導體層應該要儘量搭配電性需求保持一致，比較厚的電路需要比較厚的黏著劑層，這會降低散熱表現。

工具

硬質區域的外型公差應該儘量接近，因為這個切割作業是利用無電鍍工具孔為基準，以 NC 切形設備產生的。

對於軟硬板需要的特殊工具為：

● 槽切形程式用來事先定義出硬板區域在軟板部分的讓出區。
● 開窗模具用來清除軟板區域的黏著劑。
● 堆疊治具。
● 切割軟板撓曲區域邊緣的模具。

硬質區域間的軟板邊緣，可以在多層堆疊前利用鋼製刀模切割，對位可以利用片狀邊緣的工具孔。灌膠在軟硬板中很少使用，定形或彎折治具也並不普遍。如果要使用堆疊設計，會有更多工具來適應製程內的大量處理。這些包括特別的壓合與成形治具，同時會有更好的立體電性測試與組裝。

材料

軟板最終應用決定材料與成本，有兩類普遍用於軟板的介電質材料：可承受焊接的昂貴系統與低溫低成本無法焊接的系統。如果組裝是在低溫下處理，意味著如：捲、螺旋、順接插梢或彈簧端子、無插接力連接器、導電黏著劑等都在內，這些應用如：聚酯樹脂與PEN 是不錯的選擇。對於要在大量焊接下存活的材料，聚醯亞胺是最佳選擇 (聚酯樹脂絕緣軟板有可能焊接，不過需要細緻的技術，且良率可能會因襯墊分離降低)。

聚醯亞胺與聚酯樹脂間的潛在成本差異，以單純材料有十倍以上差異，但無法轉換成軟板成本相對比例。製程人力、設備與分攤成本是軟板製造主要成本元素，從聚醯亞胺轉換到聚酯樹脂材料的可能變動比率，只有大約 15 ～ 20% 成本差異。

以捲對捲材料生產，是更明顯的經濟因子，另外熱塑型乙烯膜與聚酯樹脂都允許連續捲狀生產，透過基材與保護膜循環壓合，可明顯簡化程序。其整合性影響是，捲對捲生產並使用聚酯樹脂與其它塑膠會降低製造成本。

因為它們並不貴，採用比較厚的 3 ～ 5mil 聚酯樹脂成本仍可承受，有時候業者甚至使用 PTF 技術，材料厚度會達到 10mil，這可以改善軟板尺寸穩定度與降低操作及撕裂問題。聚酯樹脂系統具有低吸濕與相對良好介電質特性，它們除了成本與耐熱性外，還是類似於聚醯亞胺材料。因為軟板材料的選擇，與採用品質標準及組裝技術相關，因此計算整體成本與採用材料的選擇就相對複雜。

材料選擇對於設計的影響

材料選擇被定義在工程圖的標記資料上，它會指定材料結構與品質基準。材料選擇對設計有重大影響，更深度的討論則會出現在動態應用部分，至於其它材料 / 設計間的相互影響，簡單整理如後：

● 軟板設計，介電質通過製程的尺寸穩定度是關鍵考量。

● 比較大的襯墊區有利於維持孔圈襯墊完整性，在採用低溫介電質時對焊接組裝有利，因為增加面積有更好的耐熱與防止分層能力。較大襯墊設計可能會促使層數增加，這會影響材料成本。

● 高彈性、持久性運動，需要薄的膜與平衡結構。

● 想要採用聚酯樹脂材料做 PTH 多層結構製作相當困難，而最佳的多層結構建構法，是採用無膠低膨脹材料的結合膠片與黏著劑層。

● 底片與材料選用關係不大，例如：良好的線路可以在任何介電質上依據蝕刻因子補償，而銅皮厚度也需要改變補償因子。如果金屬線路軟板設計被用在 PTF 產品，其重要改變是在線路寬度 (大約需要增加近 30 倍) 與電流負載容量方面。它在端子處理技術選擇也受限，某些連接器技術也可能無法使用，如：ZIF。

8-21 保護膜、覆蓋塗裝

軟板設計包括選擇線路絕緣技術與開口設計，最低成本的線路絕緣技術是絲網印刷覆蓋塗裝。高密度端子，比較好的開口定義技術是採用感光材料塗裝處理。最佳的介電質與機械性表現，則是採用貼附介電質膜或保護膜，但它們的材料與人工成本會比較高。覆蓋塗裝與保護膜的選擇，是依據組裝、品質 / 信賴度考量與環境需求而定。

在保護膜技術方面，要留意其對位、影像轉移能力及解析度，其開口設計應該要將黏著劑流動與對齊公差列入考量，同時也要評估覆蓋塗裝對承受折疊能力降低的影響，軟板開口可能產生的公差參考數據，如表 8-6 所示。需要留意兩種技術都會有對位偏移，因此要考慮縮小襯墊以補償線路蝕刻扭曲或縮小的影響。

▼ 表 8-6   開口公差

保護膜	
準備	0.003 (鑽孔、模具沖壓)
對位	0.005 (插梢加上壓合滑動)
黏著劑流動	0.005
總計	– 0.013
曝光型覆蓋塗裝	
底片對位到線路圖形	0.005
解析度	0.002
總計	– 0.007

厚的線路 (超過 1.4mil) 比較難用液態覆蓋塗裝系統絕緣，液態材料會從轉角處流開，這種線路需要用可影像轉移的保護膜技術覆蓋。定區域塗裝也可以用在端子區域提供保護性，以應對異物與意外互連的問題，但必須瞭解技巧、成本增加與品質控制。這些方面都相對複雜，需要專案評估其耗用的人力成本。

動態應用與設計指南

軟板材料選擇與線路設計都會影響到撓曲持久性，簡單的設計重點注意事項如後：

● 軟板撓曲半徑應該要儘量大，並維持最少彎折角度、合理最小水準，對單層結構是 24 倍於厚度，而對雙面板則是 48 倍於總厚度。

● 當需要高撓曲持久性，介電質與金屬層應該要薄，並在斷面上呈現平衡結構，導體設計在座標中心並夾在基材與保護膜層中間。

● 黏著劑層應該儘量薄且強固 (為了支撐導體)，金屬薄膜表面應該要避免不規則外型，凹陷、坑洞、蝕刻不良與刮傷 (包含噴砂痕跡)。

● 線路應該要配置在垂直於彎折軸及考慮金屬薄膜結晶方向。

● 彎折線應該要配置得儘量遠離端子、任何機械性保護或補強區域。

● 端子或 PTH 應該要至少超出彎折區域 0.125 in 之外。

● 寬而薄的金屬膜是比較容易製造的結構，寬度與可承載電流成正比，薄材料承受彎折能力也較好。較薄金屬膜可採用較薄黏著劑來製作保護膜，降低絕緣厚度。

● 1mil 介電質膜相當適合用在低於 500V 的應用。

● 撓曲區應該只有一層導體，如果有兩層導體配置在一片介電質的兩面，其中一面線路應該與另外一面線路交錯設計，以降低偏離幾何中心的程度。如果超過兩層被撓曲，這個區域應該要避免相互貼附。

　　軟板如果只在組裝發生彎折，考慮採用最小彎折半徑是好主意。軟板彎折半徑參考數據，如表 8-7 所示。設計時應該建構足夠的迴線區，並配置挖空貼裝孔讓軟板產生緩和曲線。

▼ 表 8-7　軟板最小組裝彎折半徑設計準則，如此它們更能保持導體在介電質正中心

單面	雙面	多層
3× 厚度	10× 厚度	50× 厚度

8-22　導體材料的考量

　　軟板金屬應該採用最薄、高強度、均勻結合與對中平滑的導體層，均勻的金屬表面可以提供最長的彎折壽命。導體表面是特別關鍵的部分，最佳表面狀態應該是無刮傷、凹陷或其它不完美狀態，出現這些現象都會集中彎折應力導致提早故障。

　　相對堅挺、交鏈鍵結完整、柔軟的黏著劑，也可以改善撓曲持久性。這在動態應用認證測試方面相當重要，因為彈性壽命在設計時很難精確預估。小小的撓曲半徑、材料厚度、金屬冶金性、表面平滑度差異，都可能會影響壽命差異。測試程序必須小心選擇，以確認它們精確表達實際的使用條件。

　　Universal Manufacturing Company 所發展出來的 Model-2-FDF 測試設備是標準的撓曲疲勞測試機械，它被用在可以調整軸心半徑的反向彎折測試上，可以在設備比較完整的測試實驗室中找到，也是 MIL-P-50884 認證必要的設備。

　　目前嚴格的測試 (定義在 IPC-TM-650-Method-2.4.3.1)，包含反向撓曲，時常依據標準選擇直徑來產生故障。小心操作下，選擇 1/4-in 直徑的軸心以 1mil 膜厚 /1.4mil 銅皮的材料結構做反向彎折測試，其壽命時間可以超過 100,000 個循環。

8-23　定形

　　軟板可以被設計來應對複雜彎折與形狀，也可以設計成多層線路而不是單層軟板，切割與折疊可用來產生多層厚度的線路或接近兩倍板面長度產品。產品不可能既要軟板的柔軟性又期待它能夠維持製作時的精準狀態，因為它的材料有輕微彈性，典型結構應該可以期待大約有 15% 的回彈空間。

　　檢驗與驗證正確的軟板外型既複雜又有點不切實際，因為這個產品總是可以靠手調整形狀。比較重的彎折容易維持形狀，因此也比較能夠達到原始定義的期待外型。實務上要

產生完整變形，應該儘量保留最多導體金屬在彎折區較有利，因為導體比介電質彈性低。基於同種原因，兩層結構比起單層結構的軟板更容易定型。

軟板定形的基本準則是：更多的金屬、更少的介電質更容易定形。

準備做定型處理應該注意的事項包括：

● 加入對齊、折疊記號、工具孔(如果要使用工具)在底片上。
● 加入軟板定型的斷面圖到圖面資料(但是應該避免過嚴的尺寸)。

補強 / 應變解除

需要部件支撐、保護耐衝擊震動、輔助固定形狀、做密封軟板區，都可透過補強達成功能性。任何絕緣材料都可能被用在補強，而普遍選擇之一是硬質基材如：環氧樹脂-玻璃、聚醯亞胺膜、慣用的灌膠貼片等。補強與線路對齊，可以靠底片設計的輔助記號來完成，常可以靠蝕刻做出來。軟板補強材料貼附，可以靠保護膜壓合完成，或者使用感壓膠、膠帶黏著劑等在組裝中處理。對 MIL-P-50884 認證的產品，黏著劑必須通過 IPC-FC-233 考驗，如果要用膠片則必須符合 MIL-P-13949。

軟板質量輕抗張力強，先天上可以抗衝擊與震動。但長而未被貼附的軟板用來接合硬體物件，可能在此環境下產生偏移，此時支撐與應變解除機構就有必要。有時候長形軟板會被用在處理或建構大型設備組裝(如：用來承載工作站間次級組裝)，此時其補強與應變解除要仔細考慮。沒有遮蔽的軟板通孔連接，補強板需要製作搭配孔，必須有較大孔徑尺寸，以便能應對它的對齊偏差或黏著劑擠出問題。補強材料、對齊公差、黏著劑選擇與連接程序，都應該要被定義在圖面備註中。

8-24 片狀處理 (Panelization)

當軟板以小片形式貼附到切形補強板上時，可以明顯改善大量生產的效果，這種程序被稱為片狀處理。經過補強的軟板可類似硬板操作，可以送入自動插件與結合設備以片狀測試，之後分開成為個別線路產品。典型片狀處理程序如後：

1. 準備一片含有多個局部成形(或完全成形再回復片狀)的補強板。
2. 補強區域以黏著劑塗裝。
3. 一片搭配且局部成形的軟板對位貼附到補強板上。

補強板周邊區域，可提供自動化插件、貼附、測試等作業輔助基準。經過補強的軟板可以視為軟硬板，也就是它具有部分區域強固部分區域柔軟的狀態，以共同延伸的導體結合。

軟板補強區可能會有 PTH，補強板與軟板都可能需要鑽孔來應對 PTH 組裝。補強板的邊緣應該要保持圓滑或做平順化處理來保護軟板，避免磨損與應力集中。

避免銳利邊緣與標示記號製作

保持良好的習慣，應該先確認關鍵連接器插梢與任何可能導致不正確組裝的含混位置。如果無法在線路底片上找到空間，則分離文字底片採用絲網印刷製作，製作時必須要遵循圖面指定位置、油墨類型與顏色。外部印字是比較不期待的作法，因為會增加人力與錯誤可能性，但是對於需要變動的符號如：日期等可能還是無法避免。

增加的襯墊與測試片

軟板有時候必須考慮增加端子，以便能順利做線路測試或變動。在標準格點上增加測試點，可以輔助電性測試特殊線路佈局。如果預期會改變電性互連線路圖形，額外端點或跳線可能會被設計在線路內。如果常需要做部件重工 / 更換，可以預期最終會破壞襯墊，此時第二組端子就可提供做為未來更換之用。

試片 (Coupon) 是製程控制、品質文件建立、工程發展、基礎數據蒐集相當有價值的工具，各種標準設計可以從 IPC、美國軍規及其它來源規範中取得。而這些應該要連結到生產組合中以取得使用優勢，否則只會浪費板面積，試片類型的範例如後：

1. 撓曲持久性測試片。
2. PTH 整合斷面分析試片：
   a. 後蝕刻。
   b. 材料厚度：電鍍、薄膜、介電質。
3. 保護膜 / 覆蓋塗裝結合力試片。
4. 介電質特性試片：
   a. 絕緣性。
   b. 介電質強度。
   c. 介電質係數。
5. 可焊接性試片。
6. 熱應力試片：
   a. 浸錫。
   b. 熱油。

8-25 公差與多層設計

對位能力是軟板設計補償係數與製程的顧忌，它對於線路影像轉移、保護膜與覆蓋塗裝處理等都有影響，也對多層結構產生關鍵作用。工具孔與對位插梢是傳統作法，用來確認適當層間對位與工具線路相對關係。底片被用來生產多個導體層，它必須保持適當對位水準讓多層組合能保持在一定允許公差內。因為軟板材料先天尺寸不穩定性達到某種水準，要達成完美多層對位相當困難。

多層設計必須適應以下變動：

蝕刻後縮小率：1mil/in

底片變異：0.2mil/in 受溫濕度影響 (繪製偏差加基材不穩定，玻璃例外)

插梢：各別發生的程度不同，約 2mil

壓合：3mil (達到 24-in 板面，每片並採用良好技術)

孔到孔的鑽孔圖形：2mil

在最差狀況下所有變動可以加總，明顯看出只有非常簡單的設計並允許較大重疊寬容度才能製作，補償蝕刻後材料移動的底片因子是必要的。材料在設計階段就已經選擇，圖面應該會清楚註明定義的材料與品質需求，這些都是要在製程中做循環控制的部分。

對位的輔助設計

以光學做蝕刻靶位對位，是降低對位錯誤的方法，它可以降低底片套插梢與蝕刻縮小的誤差。基本設計策略是使用共用工具孔或靶位，這些都應該會在設計附帶基礎數據中呈現，其中會加入個別線路層、保護膜或覆蓋塗裝設計，同時應該加入產品製造工令與尺寸圖面中。

在雙面或多層設計，各層底片應該包括共用工具孔，做對正生產才能正確做線路對位。在 PTF 厚膜技術，多次絲網線路是以序列印刷 (前面影像在多次印刷間乾燥或聚合) 製作在基材上，對位是依賴真空平面上的工具插梢。

組合 (Composite) 處理與面積 / 成本的關係

安排多個重覆線路設計，在一片生產板內做有效生產，被稱為組合處理。它的考慮如後：假設有高良率可以達到最低線路成本，最終可以從單片中得到最大量單片產品。而最高良率來自良好的尺寸穩定度，這意味著比較少線路與更穩定的銅。

　　片狀生產軟板尺寸範圍多數從 9 x 12 in 到 18 x 24 in，有效的尺寸利用率會因為製程邊緣、允許工具孔範圍、製程試片等需求而降低。人工方面則與片狀尺寸無關，材料成本依據面積而定，軟板單位成本與每片軟板可分割的產品數量直接相關。如果一片生產軟板銷售價格為 $100，且其中有 10 片組合設計，此時每片產品的價值是 $10.00。

　　這個軟板設計的基本優先準則：面積＝成本，面積意味著每片組合產品的單位數量。繞線、有效配置軟板，以取得固定片狀尺寸下的最大量產品是重要控制觀念。不需要花費太多人力檢討有多少單位軟板可以配置到面積內，只需製作簡單樣張填入板面即可知道。除非出現降低工作尺寸下的產出軟板數，否則增加單位板面積不會增加成本。

　　應該留意的設計重點：

● 延伸的尾巴與不規則形狀，如果降低了配置片數會增加成本
● 電路板尺寸與成本是依據單片工作尺寸定義的

　　不過要多緊密配置線路圖形在板內？是否要做雙向與平行材料機械方向佈局？都是困難抉擇。有時生產工作需要維持小片產品間的空間，以利成形、製作光學靶位、製程控制試片、印字等。偶爾線路佈局與保護膜設計會衝突，需要不同的有效組合建議，例如：如果保護膜包括矩形單邊切割，此時將線路板對齊讓所有端邊都保持成為直線，就可以允許使用整片保護膜材料，同時可以免除複雜的切割處理。

　　保護膜也可能會在組合模式內考慮，一片保護膜會搭配一片蝕刻線路設計，也可能會以個別片狀設計，保護膜必須能方便與線路對位，同時能維持保護膜利用率，當然還需要人力做保護膜準備與對位。線路底片應該要包括輔助保護膜對齊的記號，同時也應該要顧及定形、彎折工具、補強處理等功能。

邊緣

　　對於一片 18×24-in 的板面，邊緣保留 1-in 銅邊有利於穩定尺寸，是相當好的設計準則。這會降低有用面積約 19%，但可以明顯改善尺寸與作業穩定度。

　　硬質邊緣夾雜著保護膜壓合需要的排氣結構，基於這個原因在電路板產業中板邊會被排氣通路斷開。玻璃纖維強化的電路板材料，有兩倍多軟板材料的穩定性，因此從邊緣強度得到好處會比較少。在軟板材料，使用斷開排氣邊緣結構，會對底片對位變異產生更大影響，完整硬質邊緣搭配真空壓合輔助，是強烈建議的設計方法。

　　設計者應該要瞭解，蝕刻後縮小量與特定設計相關，當有較高的銅密度在給定方向就會降低縮小量，但有可能在整束導體斷面方向因為保護膜應力而引起變形，這會增加周邊蝕刻線路的收縮。

底片比例因子

檢討縮小量數據，可以誘導調整底片比例因子，設計時可以做預漲補償期待的縮小量。建議起始比例因子是 1.0005，就是每一英吋增加 0.5mil。實際變動因子不可能如此穩定，因此較保守的設計應該加上適當孔環圈 (Annular Ring)，大小應該要搭配可能產生的公差來設計。

8-26 ⋮⋮ 遮蔽

變動的電流會產生電場並傳播能量，要保護鄰近線路避免這種能量傳播到鄰近線路是導體遮蔽的目的。電路設計上有可能因為以下的狀態出現干擾增加，而需要使用遮蔽：

● 頻繁增加與電流幅度加大
● 鄰近線路間的干擾與敏感線路問題
● 增加阻抗
● 訊號等級降低
● 放大率增加

軟板線路的一致性、生產再現性等先天狀態，讓設計發展可以依據經驗合理化處理。比較有效的成本控制作法，是先建構一片未遮蔽軟板並測試，其實這種簡單設計常可以符合需求，而如果測試軟板通過測試，則量產軟板也會通過。

有遮蔽軟板是特別有成本效益的電線連接取代品，因為軟板遮蔽平面可以透過底片設計做保護控制線路間彼此的關係，而多個獨立遮蔽也可以在單次蝕刻產生，各個部分都可以有獨立接地，遮蔽與線路上的容量可以靠介電質選擇、厚度與設計參數來控制。

內外部的干擾

干擾電場可能是由設計的另一條線路產生 (內部干擾或串音)，或者可能來自於外部干擾源。如果干擾來自另一條線路，最佳策略是將敏感線路隔絕，將這些線路配置得儘可能比較寬鬆，在多層設計可以配置在不同片或層，之後測試看看是否可以提供足夠隔絕性。如果效果不佳，下一步驟則是在敏感與干擾線路間加入分隔接地導體。如果這樣做還有困擾，則應用遮蔽平面包圍敏感線路就是必要的。

遮蔽保護應對外部干擾是必要措施，遮蔽理論相當複雜：遮蔽的透通性與低電阻接地相當重要，但如何遮蔽外部干擾電場才有效，對設計者相當不容易。有效性也難以量化，需要以測試驗證。可惜又沒有標準測試法，而線路操作條件範圍可能跨越非常寬的頻帶，端子電阻、電源與測試線路間距離也都是問題，這個議題只能以假設做討論。

遮蔽材料的導電度、厚度都相當重要，因為干擾電場會貫穿遮蔽層到一個深度，就是所謂的肌膚深度，與頻率相關。

遮蔽結構

遮蔽平面是層狀或片狀導電材料，它會連接到參考接地層。為了要增加成本效益、效率與強度的影響，遮蔽策略是：

● 鬆弛的 (不貼附)
● 單面貼附
● 雙面貼附

鬆弛遮蔽是以數層導電材料處理，它會插入堆疊軟板層或以夾心配置在敏感層間，鬆弛的以膠帶或紮線帶固定。單面貼附遮蔽則是整合到軟板單邊，因為線路已經不再位於中心位置，線路會做補強並產生持久性撓曲。雙面貼附遮蔽是更有效的方法，但這個軟板位置會被硬化，此時它應該被認定為定形結構而不是軟板。

因為遮蔽與線路間電容量相關，鬆弛的遮蔽效用具有變動性。單面貼附遮蔽則比較穩定，但只有單面對干擾電場發揮效用，這種狀態必須確認其干擾只來自單面，且這種狀況單面遮蔽是良好選擇。最佳方法仍是雙面遮蔽，它提供最大保護，但會增加成本且嚴重影響軟板撓曲壽命。

另外一個遮蔽技術是將軟板捲入導電膠帶，它會產生自我黏貼並如同形成完整的籠子，這還包括線路邊緣在內。這個方法需要一定程度的技巧來產生清潔封袋，不過這種作法相當有效。

如果遮蔽平面經過蝕刻或產生開口，讓遮蔽層黏著劑可以滲入並直接與下一層材料產生鍵結，就可以讓兩者產生良好結合力。開窗可以改善撓曲性，但是會劣化遮蔽效率。遮蔽層對接地保持低電阻相當重要，高電阻會減損其有效性，接地連線的準則是：

1. 無迴圈 (直接從遮蔽層到接地層)
2. 儘量保持最短距離
3. 對於低頻率應用，單一互連是正確的方法 (低於 1 MHz)，多互連對於較高頻率應用會比較好

PTF 遮蔽

PTF 遮蔽層可以用絲網印刷直接製作在軟板或保護膜上，如果 PTF 製作在保護膜的黏著劑邊，其優勢是保護膜可以作為 PTF 耐磨保護層，但這種方法需要額外步驟做互連遮蔽接地。直接印刷 PTF 互連所做的線路接地，可以利用濕式印刷製作在蝕刻出來的接地端子上。

石墨塗裝

依據訊號可產生天線效應的等級或應用需求，比較低的導電塗裝如：石墨或碳膜也可以用來搭配使用需求，石墨塗裝可以用簡單噴塗執行。

8-27 阻抗控制

阻抗控制電子訊號傳輸電纜的應用，是軟板最適合發揮能力的應用之一。因為高速、高性能的電子產品快速增加，使用阻抗控制互連技術的產品會成長。後續內容是一些可取得的軟板結構類型，圖 8-26 所示為各個類型的範例。在製作阻抗控制線路時，需要精準控制遮蔽與線路間的均勻間隙並小心選擇介電質材料。在這個等級的軟板，其每單位長度電容量是均勻並符合導線的有效電感。

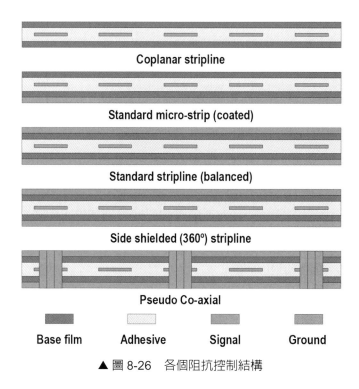

▲ 圖 8-26　各個阻抗控制結構

阻抗決定傳輸效率：當互連線路阻抗符合裝置的需要，訊號轉換處於最佳狀態且反射也最小。當阻抗不搭配，部分能量會被反射，其反射的百分比與阻抗呈現比率關係：

$$R = (Z - Z_d)/(Z + Z_d)$$

此處

Z 是軟板的阻抗

Z_d 是裝置的阻抗

因此如果我們有 50Ω 的裝置而它連接到 40Ω 的軟板線路，則會有 11% 的能量 (10/90) 會被反射，而會有 89% 會被轉換。

共平面條線 (Strip Line)

這是以非常簡單方法產生的阻抗控制電纜，線路是以一層金屬交替製作接地與電源，這種結構相當適合比較高特性阻抗的設計，這種設計的弱點是對 EMI 雜訊比較敏感。

微條 (Micro-strip) 線路

微條線設計是兩層軟板結構，其中一層金屬是專門用來做接地用途。這種線路已經成功用在傳輸線應用，目標是設計成 50Ω 的特性阻抗，且時常被用在單一端點互連上。也可以製作比較高的特性阻抗，但是時常會損及撓曲性。

條線 (Strip Line)

條線線路與傳輸線電纜，也是軟板可以有相當優異表現的應用。接地層被設計在兩面，可以達到相當好的訊號整合能力。不過這種結構都不會太柔軟，這源自於使用了額外的介電質與金屬薄膜。條線結構時常被設計成 100Ω，且時常被用在差動配對 (differential pair) 互連設計。

360° 遮蔽條線

360° 遮蔽條線結構，嘗試以訊號線四邊圍繞接地結構，來複製同軸電纜結構的效能。這種應用，主要是應對串音顧忌比較大的結構，可以獲得最大的訊號整合效果。如同條線軟板，這種結構的硬度會比較高。

假同軸電纜

某些研究者進一步採用 360° 條線結構，利用沿著軟板長方向製作電鍍通孔或電鍍長溝作為接地結構，進一步改善訊號線軟板遮蔽效果。

CAD 工具與連接轉換狀況

　　軟板設計是麻煩的工作，有許多特別設計元素必須注意，以方便設計能容易進入製程。有些重要輔助技術，可以在電腦輔助設計系統中看到，比較新的 CAD 方案已經可以符合軟板設計者特殊需求。由於新電子產品更強調使用軟板，CAD 工具供應商如：Mentor Graphics 也產生了新工具來應對這些新增需求。這些新工具不僅幫助製作特定適當連接，也可應對各種機械需求、曲線佈局、降低應力的設計。

　　正確瞭解從連接器或部件到阻抗控制軟板的轉化，與關注線路阻抗表現本身一樣重要。產品常因使用不當連接器或部件，產生更大訊號損失與反射，這可能比在最差導體 / 遮蔽 / 介電質軟板設計還嚴重。因此為阻抗控制軟板，設計測試治具是相當複雜的工作。時域反射測試儀 (TDR) 被用來檢查避免產生訊號傳輸問題，產出的測試結果當然可以做為有力證據，不過有時候也會產生誤導。

　　設計良好運作的軟板超出本書討論範圍，且對不同硬體也有特定需求。要保持期待阻抗需要關注斷面變化，如：從平面軟板到同軸連接器，可以用逐漸縮減斜度的導線與介電質厚度來建構。平滑斜度可以製作出高頻率產品，要達到 giga-hertz 範圍則需要非常準確。講究的轉換設計，連接器與部件設計都可用在與電路板互連。對進一步介面設計細節，最好是與專業製造商做接觸討論。

8-28　產出文件

　　早期底片是利用手工製作，現在所有實際軟板設計都在 CAD/CAM 工作站上以強大軟體做佈線與數據轉換，數據檔案文件就決定了所有的設計結果。

底片

　　可以由 CAD 系統輸出的資料，傳送到繪圖機生產母片，這些母片是用來與材料接觸產生影像並產出實際產品。當需要更高精確度時，多數底片都會直接從繪圖機產出底片來製造。精確度再現性，與母片繪圖能力、母片材料穩定度、環境控制有關。塑膠膜基材對溫度與濕度變化相當敏感，玻璃是最穩定的材料，但會升高成本與複雜化操作。

　　例如，如果溫差從繪圖到使用是 5℃，塑膠基材的底片會改變約 90 ppm 或者每十英吋 0.9 mil，玻璃則為 40.5 ppm 或每十英吋 0.4 mil。如果相對濕度改變 10%，塑膠變動是 270 ppm 或每十英吋 2.7 mil。

8-29 軟板與連接器類型

即使軟板設計可以省掉一些連接器，但有些連接器設計是無法避免的，那就是一些軟板對外連接的設計，常用設計模式及優劣特性比較，如表 8-8 所示。某些基本的連接器相對簡單，典型的包括：絕緣交替式與夾持型連接器，這些都普遍應用在低成本應用，它們並不被認定有高信賴度。

製作公、母插梢在插槽型連接器上，鑄造或青銅插梢可以直接安裝到軟板上。這些成功案例應用在特定低階產品，性能並沒有太關鍵顧忌。前述雕刻式 (Sculptured) 軟板技術，有能力直接整合連接器到軟板。這種方法適用於不同應用，基於這個原因軟板並不需要搭配散裝插梢部件。這種技術可以利用軟板延伸出來，做出沒有支撐的邊緣接點。

▼ 表 8-8　軟板外接的典型製作法優劣比較

	優點	缺點
零插入力連接器	容易組裝 低價軟板 能補強較密的連結需求	銜接器較貴 表面金屬處理的選擇會影響連結的環境信賴度
夾頭式連結器	容易組裝 可以拆裝	銜接器較貴 抗震性可能較差 接點間距受限
波焊型連接器	恰當的設計可以獲致高信賴度及耐衝擊能力 中高密度連結可行 低價軟板	銜接器較貴 手工焊接及波焊費用較貴
表面黏貼型連結器	組裝可以自動化 高密度可行性高 低價軟板	
壓力搭接	低價 組裝及檢查簡單	低信賴度 低載流能力
異向性膠黏著	低價 精細間距	低連結強度高電阻 永久性連結信賴度問題多

另外也可以利用邊緣折疊補強產生卡式結構作為接觸區，這是簡單且相對便宜的軟板互連法。它是直接順著卡邊緣與硬板接觸，這類結構有幾種可用的連接器類型。因為軟板本身薄，可以搭配適當寬度的連接器設計，簡單使用各種厚度補強板製作，典型範例如圖8-27 所示。

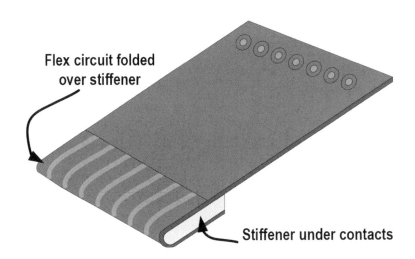

Flex circuit folded over stiffener

Stiffener under contacts

▲ 圖 8-27   軟板邊可轉換成卡式接觸結構，利用補強板做折疊接合處理

軟板用表面貼裝連接器比重提高，原因是降低尺寸。並不令人意外，低稜線連接器相當適合這種需求。低稜線連接器在市場上流通，這些小連接器非常適合空間有限的軟板應用。低稜線連接器類型如：低插入力 (LIF) 與零插入力 (ZIF) 連接器，可以製作的接觸點間隔可以小到 0.30mm (0.012")，已是量產化商品。

當典型軟板被採用，讓使用者搭配構裝外殼產生形狀。許多應用需要動態撓曲，而更多軟板是為了搭配組裝將功能性部件置入產品，需要做彎曲或折疊連結。軟板可承受數百萬到數十億次撓曲，必須提供正確設計符合功能所需。即便是靜態應用，也可能在改善應用與設計後用在動態循環，這常發生在各類行動裝置設計。

例如：輪胎面對衝擊與震動，會讓軟板承受數百萬次低震幅、高頻彈性循環。如果沒有考慮動態軟板設計準則，當衝擊與震動存在，潛在不預期循環疲勞故障就會出現。留意簡單的動態軟板設計準則，可以對軟板應用有大幫助。

8-30 ⋮⋮⋮ 彎折與撓曲技術

已經有工程師發展出聰明方法，可以讓軟板達到期待彎折或撓曲特性。運動的類型與範圍，從線延伸與收縮到旋轉撓曲成各種角度，從 5°、10° 到超過 360°。圖 8-28 所示，為這種觀念的範例。

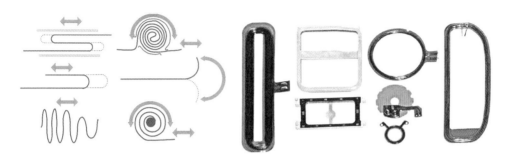

▲ 圖 8-28　各種軟板撓曲彎折法，包括：可折疊軟板、捲曲軟板、反向彎折軟板、窗簾式軟板、大半徑或折葉型軟板、線圈軟板 (右圖資料來源：Minco)

避免通孔出現在彎折區

軟板對彎折處理，要避免讓電鍍通孔配置在彎折區，對動態應用是特別重要的事項。靜態應用，有時候如果有良好保護膜且彎折半徑夠大，可以成功將導通孔配置在彎折區，不過還是要儘量避免。

繞線以 90° 穿越彎折與折疊區

導體線路應該要以 90°(垂直於) 通過彎折與撓曲區，這是直觀規則。不過這個準則有時候可以調整，尤其是需要面對特殊組裝時，可以為方便配置而適度改變。如：在折葉式軟板，線路設計可能會彎向多個方向。

彎折線路配置在單層上

如果可能，導體應該要配置在單層上通過彎折區以提升撓曲性。當無法達到，導體應該要邊對邊做階梯式設計，避免 I 字形結構出現，影響撓曲性已如前所述。

將銅保持在幾何中心

幾何中心的觀念對軟板相當重要，理論上任何結構的中心位置在彎折時都幾乎保持在不動狀態，這樣應力就都被外部層材料所吸收。因此，如果銅 (或其它金屬) 薄膜是保持在設計中心，撓曲壽命應該都可以提升，如圖 8-29 所示。

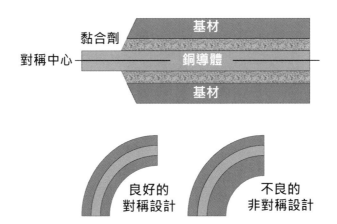

▲ 圖 8-29 利用維持銅在幾何中心結構讓軟板產生最小循環應變幅提升持久性

動態區與銅晶粒方向

銅皮晶粒方向對設計的撓曲壽命有明顯影響，當採用壓延迴火 (RA) 或傳統電鍍 (ED) 銅皮製作軟板時，晶粒方向是重要設計與製造因子。使用供應商電鍍在濺鍍膜的銅，因為沒有特定晶粒方向而不會如此關鍵。

保持小曲率半徑

在動態設計，為了保持軟板最大撓曲壽命，最佳方法是保持撓曲曲率半徑在較小範圍或者讓總運動角度比較小。這對於用在碟片驅動器的應用相當關鍵，這種概念可以讓它們達到相當高的撓曲壽命循環。

提供可能的最大彎折半徑

建議設計者提供最大的工作半徑給彎折區，這個設計對於動態軟板特別重要，已如前述。而這種概念在靜態的軟板應用也相對重要。圖 8-30 所示，為彎折半徑與軟板厚度的關係。彎折半徑對銅皮的影響，可明顯看到撓曲半徑減少，外邊產生的銅皮延長量會增加。

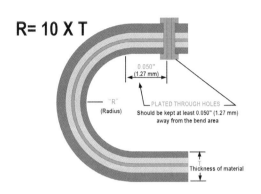

▲ 圖 8-30　小直徑彎折半徑需要用更好延展材料在結構上，特別是銅皮

最小彎折曲率半徑設計指南

利用有限元素分析可以模擬預估建議的彎折極限，有普遍使用的指南可做為參考。對軟板彎折，設計可參考表 8-9 數據。對非常高撓曲壽命的動態軟板，利用製造與測試樣品驗證還是比較好的方法。

▼ 表 8-9　軟板最小彎折半徑設計指南

軟板類型	最小彎折半徑
單層軟板	3 ～ 6 倍線路厚度
雙面軟板	6 ～ 10 倍線路厚度
多層軟板	10 ～ 15 倍線路厚度 (或者更高)
動態應用 (建議只用單面)	20 ～ 40 倍線路厚度 (增加彎折半徑可以增加壽命)

8-31 軟板折疊限度與定形

強硬折疊軟板不會建議使用，不過如果能夠注意特定執行細節，還是可以成功做出這種結構。當需要採用這種結構時，軟板應該要做貼附以免軟板產生回彈。如前所述，保持結構平衡有利於最佳化撓曲持久性。這種應用的理想銅皮選擇，應該以低強度、高延展性銅為優先，完全迴火軟銅是需要小彎折半徑結構的良好選擇。

當彎折軟板用於靜態設計，定形搭配維持形狀是期待的特性，不過要留意軟板有時候會有部分彈性記憶。瞭解如何讓軟板定形搭配外型的方法，可以幫助克服這種問題。首先要最大化金屬面積，銅或任何其它金屬都可能作為導體，當產生彎折超過彈性限度時都會產生永久變形。

高分子物質如果超過它們的彈性限度也會產生永久變形，不過多數狀況它們的彈性會比金屬好。因此當面對組合結構，我們可以看到金屬已經呈現塑性變形，但高分子材料仍然維持在彈性範圍。

彎折區讓金屬成為主體

為避免金屬被高分子材料彈性彈回，必須讓整體定形力超越高分子彈性記憶。銅比較強壯且具有較高的彈性係數，但如果線路細小或銅金屬局部位置百分比低，高分子彈性應變可能讓軟板回復到原始平整狀態。而這個方法是多數軟板製造商用來維持尺寸穩定度的方法，可以搭配使用。圖 8-31 所示，為嚴重彎折的軟板範例。

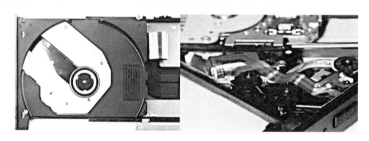

▲ 圖 8-31　軟板產生非常小彎折是可能的

寬的線路彎折區

如果軟板重量是顧忌，可以局部製作額外銅面積。這種狀況下，應該將永久彎折區的線路外型儘量做寬，同時將進入與離開的部分降低寬度，如圖 8-32 所示，線路在兩個方向都縮到新的寬度。

▲ 圖 8-32　要產生永久性彎折，彎折區銅線可製作得比較寬或使用較厚的銅

決定彎折區長度

　　潛在問題是，彎折區究竟需要多少長度，線路又要加寬多少長度呢？比較簡單的方法是，推算彎折區的橫跨角度，之後以彎折的半徑來換算彎折部分需要的概略長度，設計只要將這個長度略加多一點就可以了，應該要確認彎折區有足夠數量的加寬銅線路。

8-32 永久性定形的替代方法

　　利用稍微過度的彎折來產生穩定變形，可以做出永久性的形狀，利用最小彎折半徑來應對軟板結構但是不要過度。應該要留意，當銅皮產生永久性彎折與塑性變形時，這個彎折區域會變薄與弱化。如果要實際精確預估結果，可以採用有限元素模擬分析法。

　　另外一個讓軟板定形的方法，是將它變形彎折軟板成為形狀，之後加熱到治具讓它在治具中冷卻。目的是要釋放所有高分子內可能的彈性應變，讓它因受熱而變形塑造成最後形狀。這個方法最有效的工作模式，是採用相對低熔點高分子物質或黏著劑。它是非常普遍用來作薄膜開關的方法，利用聚酯樹脂底材製作高分子厚膜線路後再定形處理。

　　聚醯亞胺有非常高的融熔溫度，要處理它會比較有困擾。此時幾乎無法採用高於玻璃轉化溫度處理，而需要依賴搭配的高分子材料或黏著劑以治具固定加工定形。要讓軟板定形未必困難，但執行中需要注意可能的問題，至於選用何種方法，要看實際應用需求而定。

8-33 薄膜開關

　　薄膜開關是無所不在的產品，任何簡便電子產品操作溝通介面都可能看到它的蹤影。也因為它們普遍，薄膜開關在軟板領域看不到它的聲音也不太受注意。但開關是電子互連基本元素，還是值得去深入瞭解。

　　薄膜開關就是用薄膜製作的電性切換裝置，它們是典型低能量且最大電流率約為十分之一安培以下的產品。這種部件線路時常被檢討，因為它們常用來提供大量不同輸入功能的連接。薄膜開關最普遍的應用是鍵盤，但並非所有鍵盤都以軟板材料製作。最普遍的佈局是陣列類型 (行與列)，而點間普遍以線連接。其它結構可能依據使用者需要而定，如：整合電子線路 (包含被動部件如：電阻) 與襯墊圖形來做部件貼裝。圖 8-33 典型的鍵盤板。

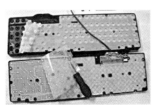 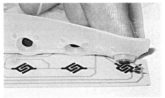

▲ 圖 8-33　典型鍵盤板範例

薄膜開關用的導體材料

薄膜開關用的導體材料隨應用而變，銅與高分子厚膜 (PTF) 油墨最普遍，成本常是選擇關鍵。因此多數薄膜開關，採用絲網印刷含金屬填充的油墨製作 PTF 線路。比較低導電度，是印刷油墨的應用限制，但一般它不會承載電流，而只是用來輸送簡單訊號脈衝。當需要焊接部件或需較高導電度，會採用銅皮製作，不過經證實導電黏著劑在多數應用都可接受。薄膜開關的接觸壽命，可從幾千次到幾百萬次不等，壽命決定因子包括：材料結構、接觸設計、開關動作與操作條件等許多部分。

薄膜開關連接

薄膜開關中大家最熟悉的元素是許多成對連接線路，這種結構一般用石墨製作在線路上，作為接觸面最終處理，線路是被簡單塞入 ZIF 型連接器。典型薄膜開關按鍵位置節結構，如圖 8-34 所示。粗略檢討薄膜開關，並沒有所謂完整性存在，只是嘗試簡介這個技術並順便提供訊息讓讀者瞭解這個重要的軟板技術應用。

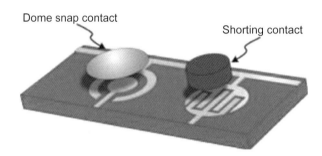

Dome snap contact　　Shorting contact

▲ 圖 8-34　基本薄膜開關接觸設計，典型採用凸塊薄膜與短路接觸式按鍵結構

8-34 ⠿ 小結

軟板設計包含機械性、電性與材料議題的互動，它比硬式電路板設計更需要面對立體結構考驗。在前段工程與設計努力，加上執行所需要昂貴工具，都是生產開始前必須經歷的課題，必須留意其影響。

典型端子處理要準備焊接，在設計時要先考慮，方法選擇決定材料結構與成本。軟板適合作為遮蔽或阻抗控制線路替代方案，其成本效益相當不錯，使用時可明顯降低組立人力也可改善組裝表現。

良好軟板設計應該先將材料先天不穩定性納入考慮，最低成本來自有效組合佈局、線路設計，這樣才能達到高導體密度與合理品質需求。

CHAPTER 9

軟板製程

9-1 前言

這些年來薄型化成為可攜式產品主訴求，電路板材料厚度已接近軟板水準。2～3mil 介電質被用在這些產品，比傳統板材料穩定性與操作性差，當然也如軟板製造一樣面對報廢損失。而軟板工業樂見出現了更好的新無膠基材，這種介電質與銅皮組合可以更輕薄，且可以有更穩定與可預期特性表現。如果這些趨勢持續，電路板與軟板製造就可以滿足高密度多層產品的成長，同時也可以讓這類新材料被業者接受。

製造商可依據特性分成量產或小量多樣兩個群體，很少看到公司會兩者兼做。在軟板製程選擇，可歸類為捲對捲或片狀生產兩種類型，至於業者會使用片狀或捲對捲技術，則與產品類型有關。除非產品需求量非常大且結構單純，業者才會採用捲對捲生產，本章內容會以描述普遍軟板片狀製程為主，至於特殊製造技術則會依據狀況配合陳述，捲對捲技術相對討論得比較少。

9-2 硬質電路板與軟板製造的比較

電路板普遍出現在各類電子設備，從大型電腦到電視、電玩。軟板以往較受忽略，它典型被埋在複雜組裝內部，只有較專業的人員才能開啟找到它。用在軟板生產製程與硬板方法類似，而多數設備、化學品、詞彙與工程項目也相當近似，這樣會有感觀誤導風險。特別是容易發生在熟悉電路板的設計師與採購身上，他們會假設自己熟悉這類產品，並將既有習慣帶到軟板議價與工程領域。

　　軟板與硬板製造間，有四個主要材料特性差異，其中兩個出現在最終產品，另外兩個則影響到製程，而所有項目都會降低製造能力與增加成本。檢討差異與釐清錯誤觀念相當重要，因為只有一點點認知，可能比不知更危險。軟、硬板兩者間的最主要差異為：

- 透明度。
- 尺寸穩定度。
- 操作性。
- 保護膜／覆蓋塗裝。

透明度

　　電路板主功能是給部件物理支撐與互連，因此必須有基本機械強度與良好介電質特性。它們是熱固樹脂與強化纖維的組合。典型範例如：環氧樹脂或聚醯亞胺樹脂加上玻璃布強化材料、聚酯樹脂加上聚酯樹脂纖維蓆支撐與酚醛樹脂加上賽璐璐片等。熱固樹脂加上耐熱材料與纖維組合所產生的結構，可以承受製程的熱與機械應力考驗，且能夠呈現相對較小扭曲。軟板是可撓曲的產品，具有非常不同的材料需求。它的功能是要做立體互連，尤其是在動態部件間連接，這類用途是無法期待採用硬質材料結構完成的。

　　用於軟板的最佳介電質，是具有方向性的高分子膜，目前比較普遍且特性良好的範例是：聚醯亞胺與聚酯樹脂等透明膜。軟板傳統是以透明材料建構，如果採用不透明介電質材料製作，客戶會產生質疑(耐燃系統例外)。不過一旦這些材料進入組裝，高分子膜必須具有優異的機械特性保護軟板上的導體，這些基材會受到製程應力明顯影響，電路板基材會表現得比較穩定。

　　透明介電質會明顯影響檢驗策略，不論電路板與軟板都會做機械性能檢驗(尺寸)與表面檢查，因為是透明介電質，業者可做軟板內部目視檢驗，時常採用的倍率是10倍。檢討軟板檢驗紀錄會發現異物是主要剔退缺點，不過這些未必就會成為篩選製造商絕對標準，某些異物未必可以在檢驗中看到，業者只要持續改善應該可以降低這類問題。

　　軟板目視檢驗與剔退會發生在各個製程，也可能會延續到客戶生產工廠。多數東西都無法隱藏，因為軟板內部總是可見的。一旦一根頭髮或纖維被發現埋在軟板介電質內，就沒有重工與再處理可能性，標準安全作法就是剔退報廢。有些時候就算沒有實際異物存在，只要有外觀改變也可能剔退，例如：銅是活性易變色金屬，與低濃度污染物接觸也可能產生變化。除非變色導體面，來源與組成被證實沒有問題，否則這種產品還是會被剔退。

軟板銷售價格會受到良率影響，如果軟板因為目視檢驗發現異物，無法驗證、不接觸也不導電，這種產品可以挽回。多數狀況只要廠商降價，就可能被買家接受，對製造商降低銷售價格可以減少損失，硬板比較不會面對這種可見的檢查問題。

尺寸的穩定度

尺寸穩定度或者說是材料不穩定度，會影響整個軟板製程良率。IPC 尺寸穩定度測試，包含沿著基材兩軸方向的長度測量，之後蝕刻掉所有銅皮並再次測量其尺寸改變，變化量就是測量尺寸穩定度指標。

軟板材料時常在銅蝕刻後縮小，典型值為 0.1% 或 1000 ppm 的水準，這看起來似乎是小改變，但在這個穩定度下從 10-in 底片距離上蝕刻出來的線路長度會變成 9.990 in，如果要製作一條 18-in 的線路，則實際的長度會變成 17.982 in，經過更多製程就會有更多變化加入。

各種製程的熱暴露都可能會讓材料產生尺寸變化，因為介電質會變軟與承受額外應力。電路板材料的強化纖維是尺寸穩定性基礎，它可以保護材料降低影響。軟板經過多次熱製程，所引起的縮小或扭曲 (定義為：不均或或不預期移動)，來源為：覆蓋膜與多層壓合、電漿處理、烤箱烘烤循環等，這些製程處理被用來產生材料聚合、記號製作、排除殘留濕氣、準備焊接等。

但是整體長度損失，不是軟板製造最嚴重的尺寸穩定度問題，軟板製造設計總是會做長度補償，以應對公差與多次組裝可能產生的收縮變化，而軟板尺寸不穩主要衝擊來自工具系統與全板對位問題。硬質電路板是以整板生產，24 × 36 in 也並非少見，這是為了要達到最大生產效率與最少人工成本。軟板就沒有辦法用這樣大的板面尺寸生產，主要是因為多組工具並列與材料不穩定性無法讓工具對齊所致。

普遍的軟板整板最大尺寸是 18 × 24 in，在這種全板尺寸下工具孔到線路的距離最大可以保持在 9 in 以內。假設有 0.1% 的縮小，則 9-in 的尺寸會成為 8.991-in，偏移量為 0.009 in。因為對齊孔到襯墊的普遍公差大約是 0.015 in，而與插梢則會有額外的 0.002 in 公差，這些都明顯的降低了軟板材料的操控性，且會衝擊到精確度與良率。

對尺寸不穩定度的補償順序包括：

1. 降低全板與工具的距離尺寸。
2. 依據期待縮小的量，成比例 (放大) 的調整底片。
3. 使用蝕刻後的記號與自動對位方案 (參考圖 9-1)。

4. 群體對位 (多個資料)
5. 儘可能留下在線路間的銅

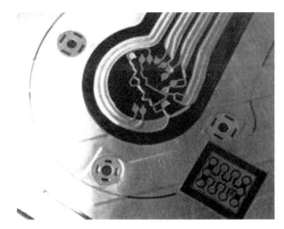

▲ 圖 9-1　調整對位記號提升對位能力的設計

　　前述方法中 1、3、4 可以改善工具對齊能力，但會增加製造成本改善價值比較低。底片因子調整是有效的，但對現有技術無法應對材料縮小變異。

　　材料收縮是來自於基材應力使然，例如：介電質膜與薄膜於 180℃ 下被貼附在一起，之後在 20℃ 下縮小量的測量 (與工具對齊)，其間的溫度差異是 160℃。如果此膜膨脹係數 (CTE) 為 30ppm，而銅的 CTE 是 17 ppm，理論總縮小量是 2080ppm 或者說是約 0.2%。

　　依據這些數據，在生產的過程中選擇的膜會持續保持同種 CTE，這樣在壓合條件不變下也會產生一致殘留應力，此時基材應該會持續呈現 0.2% 的縮小量，這種狀況可以利用加大底片規避，這對於電腦輔助設計 / 製造 (CAD/CAM) 系統相當簡單。

　　材料縮小量與線路設計殘銅量有關，同時在不同軸向呈現的狀況也非常不同。多樣因子讓底片補償變得複雜，最佳方法是在兩軸向做大約 0.1% 的補償並蝕刻測試，如果必要可以做多片再測量並重新調整。不過搭配的底片漲縮因子是統計問題，可能需要許多測量來決定最佳因子，以補償底片與材料平均移動問題。

　　設計者應該要關注底片與線路尺寸間衝突升高的問題，這是所有軟板商普遍面對的問題，必須長期建構設計數據資料做解決與妥協，這包括：底片、對位能力、位置精度等。

操作性

　　電路板與軟板製造技術，必須將材料先天特性列入規劃考慮，電路板基材比較堅硬強壯容易操作，使用自動化放板機與堆疊設備也沒問題，但軟板結構缺乏這些特性比較難搬運，就算用手小心作業也很難保證沒有損傷。

　　簡單對 2mil 搭配 0.5mil 的銅皮基材做檢討：觀念上可利用蝕刻、通孔與覆蓋膜製作出典型斷面結構。但要操作這種材料，就算是簡單持取一片 18×24-in 片狀軟板材料到輸送機構上，都是一件困難的事。

　　在真實作業中，持取一片軟板基材容易產生皺折與折痕，由於薄膜基材容易伸展產生扭曲表面與尺寸變動的介電質。在初期收到的盒裝平滑、高平整度片狀基材，此時已經非常不同：光阻可能無法穩定的與不規則表面結合，而後續蝕刻劑也可能無法產生期待的線路圖形尺寸。這是軟板製造主要弱點：軟板基材必須要小心操作。

　　操作損傷產生的影響相當瑣碎，最明顯呈現的是報廢率提升損失，且可能出現在各種不同缺點層面。如：尺寸穩定度問題，會影響到材料在工廠內操作的成本而不是產品價值。軟板製造商以幾種技術來應對這種問題，它們包含：

1. 儘可能利用滑動作業而不是升降法。
2. 手工持取軟板，儘量以抓取對角持取比較不會產生折痕。
3. 以框架操作。
4. 降低作業片狀尺寸。
5. 儘可能以捲對捲作業。
6. 以整批做包裝與傳輸。
7. 使用導引板與拖曳機構。
8. 以背對背作業。

　　導引工具，是軟板通過設備出入口密封處的必要手段之一。這可以讓電路板基材順利通過水平設備而不需要特別關照，因為它有足夠強度可以升高滾輪或推擠通過檔板。軟板作業技術是黏貼一塊電路板基材到軟板材料前端，在通過設備組合機構後去除黏貼重新使用。這需要額外的人力與材料花費，與電路板自動化上下板設備相比特別明顯，因為在設備的兩端都需要有作業員操作。

　　背對背程序是降低操作損傷的另一種方法，這樣也可以節省單面軟板製造作業人力。在這種技術中，兩片軟板會暫時組合在一片承載板上以提供足夠支撐力來作業，在程序完畢時再分離。因為電路板與軟板設備是以雙面作業設計，背對背可以同時處理兩面線路而降低作業成本。這個方法並不適合用在事先有鑽孔的基材上，因為藥水會滲漏並在製程中攜帶化學品與污染物。

　　自黏式乙烯與環氧樹脂玻璃片承載板材料有應用成功範例，硬質的鋁片 (鑽孔用的蓋板) 也可以作為良好載體，它們需要窄的條狀黏著劑環繞在周邊區域，在製程完成後可以切掉分離。

保護膜 / 覆蓋塗裝

硬質電路板是平面產品，在許多應用中導體是保持在未覆蓋，以降低成本並能容易組裝，而有時候則會做簡單液態塗裝來保護線路抗拒污染物與焊錫。相對因為軟板必須能夠折疊、彎曲與搭配組立及使用，幾乎總是需要完全絕緣或者做導體覆蓋。

覆蓋保護膜程序，包含連接第二個組合的黏著劑或高分子膜，這時常等同於軟板基材系統黏貼到蝕刻線路上。這會倍增軟板材料含量、增加製程人力，同時也複雜化端子處理，因為這些區域必須避開覆蓋膜。

銅皮選擇的影響

傳統軟板基材是以壓延迴火 (RA) 銅皮製作，這個選擇源自於以往用 ED 銅皮所經歷過的撓曲特性不良經驗使然。

ED (電鍍) 銅皮是比較便宜的金屬材料，可以取得多種不同厚度用於軟板製作。不過因為導體容易產生斷裂，軟板工程師情願用比較高成本的 RA 銅皮製作產品，這仍然是目前業者傾向的選擇。但 RA 銅皮對操作損傷相當敏感，更容易產生永久性折痕，且比較容易造成凹陷問題。即便在各個折疊、打包或輕微機械清潔都可能構成應力集中，這也會導致不預期蝕刻後線路移動問題。

使用 RA 銅皮作為軟板材料，已經不是軟板材料必然選擇，因為已經有 ED 銅皮實際用在所謂無膠材料。電鍍可以簡單製作薄銅皮，並具有優異撓曲性與更好耐受操作損傷能力，且其成本也比較低。圖 9-2 所示，為大量生產電鍍銅皮的工廠設施。

▲ 圖 9-2　量產銅皮的電鍍鼓運作狀況

9-3 　軟板製造綜觀

　　軟板原材料 (薄膜、銅皮與基材)，是以捲對捲製造，在材料階段的嚴謹控制與低成本目標同樣也適用軟板：理想生產狀態是捲對捲製程。不過因為這種製程必須有龐大資本投資，有限的捲對捲軟板工廠存在於世界上，多數還是專注於大量、低成本軟板線路製造，用在相機、光碟機、汽車等應用。這些大型機械可以應對小範圍製程產品，典型以減除技術或絲網印刷高分子厚膜 (PTF) 技術生產單面軟板。

　　捲對捲技術常用重覆工具孔 (鏈輪 (sprocket) 導引孔) 以達到最佳對位，儘管是採用窄幅低產出設計，還是可以連續作業生產大量線路。觀念上這些生產線操作，是透過連續運作一系列連結的小片產品從一端生產到另一端。當各個線路圖形工具孔進入製程，自動化裝置就會對位並執行一系列作業：影像轉移、保護膜、成形、測試等都可以如此處理。作業員在線上監管、上料與收料，但並不處理個別線路。圖 9-3(A) 所示，為捲對捲與大片軟板製做狀況。

　　片狀製程所需設備較低階且投資也較少，但生產線必須消耗更多人力。增加人力與更多種製程，意味需要更多努力維持製程。片狀尺寸範圍寬廣，可依據線路尺寸與需要精確度規劃。小片尺寸有助對位，可以製作出更準確線路，比較大片與大形工具，只能製作出可接受的品質，不過成本較低。最小片單位是單一軟板，生產最大尺寸是 18×24 in。不過特殊用途軟板，也有更大尺寸案例，如圖 9-3(B) 所示。

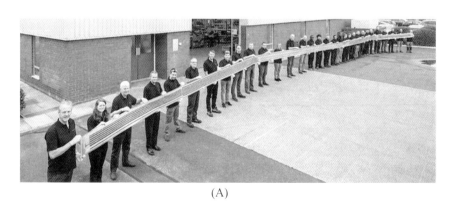

(A)　　　　　　　　　　　　　　　　　　　　　　　　(B)

▲ 圖 9-3　大型捲狀與片狀軟板製作

　　大片 / 低成本與單線路 / 高精確度的策略間必須妥協，在影像與蝕刻可以用大片，蝕刻後沖壓就必須搭配靶位與個別線路工具孔加工，這些是用在後續保護膜、通孔、印字、電性測試與成形製程的參考座標。

　　捲對捲製程計算單一線路生產成本相對低，因為相同設計下它是持續操作，延伸運作相對較容易。若設計以合理時間週期生產，計算單片生產成本相當容易，可以簡單將維持運作成本分配到產品總量上。但片狀製程被用在契約生產者或小工廠，他們會同時生產小量不同線路類型，透過不同製程序列。此時，指定設備與分攤成本是比較恰當的歸類方式。

　　將所有捲對捲與片狀生產的個別特性加總檢討比較可得：

● 捲對捲長時間運作而沒有設計或製程改變是最廉價、高品質的生產方法。投資資本分攤與初期工具費用，都因降低人力需求而抵銷。

● 片狀製程對短時間運作、複雜與變動多或發展中設計是最佳選擇，工具變動比較便宜且快速，資本分攤比較低但人力耗用較高，製程控制與產品品質則可能是問題。

　　多數軟板訂單是小量片狀生產，很少數量達到值得做捲對捲生產。片狀生產軟板在一定範圍，使用各類型化學與物理技術，實在難以事先規劃在有組織且容易瞭解的狀態。龐大材料與製程互動，使得想達到最佳化生產流程相當困難。變動製程順序，可能還會讓線路片狀佈局複雜化，使得客戶很難在兩個不同工廠，看到相同產品用同種流程製作。

　　不論使用哪種方法，軟板製造的個別製程都有挑戰性。在進入觀察個別產品流程前，筆者以為應該要針對軟板材料特殊性先做討論。

軟板材料的掌握

　　軟板製程特別受到原材料特性與耗材影響，這是原材料特性會衝擊良率、基材選擇、製程排序、組裝技術、表面處理的事業。因此進料檢驗與測試確認材料性能一致性，是軟板製程成功的關鍵，且忽視它們會有相當大風險。讓軟板技術複雜的因素，包括軟板製造中每個可能的變異來源，工程師要追蹤排除以獲得最佳良率。

　　對於進料品質控制測試要確實執行，典型執行項目如表 9-1 所示。

▼ 表 9-1　軟板進料應該關心的特性項目

基　　　　材	保護膜材料	銅　　皮
• 介電質、黏著劑(如果被使用)與薄膜厚度 • 剝離強度 • 尺寸穩定度 • 熱穩定度	• 黏著劑厚度 • 揮發物含量 • 結合力 • 流動	• 結合力 • 可焊接性 • 金屬特性：晶粒尺寸、純度 • 平滑度/表面處理

軟板基材

　　軟板基材會以黏著劑貼附或無膠結構製作，黏著劑貼附基材包含一層經過單、雙面薄層黏著劑塗裝的介電質膜，這些材料會貼附上金屬薄膜。無膠材料是相對比較新的軟板概念，後續內容會進一步描述。

　　各個不同類型材料都有其強處與弱點，傳統黏著劑貼附產品具有比較低的成本與長久使用歷史，比較被明確瞭解與接受。無膠材料會比較昂貴與陌生，但具有優異耐熱、耐化學與尺寸安定特性，同時可以製作出較薄的軟板產品。業者會採購取得黏著劑貼附基材，但有時候也會以閒置壓合設備做廠內壓合製作降低成本，或廠內壓合特殊基材。

　　不論材料怎樣製作，基材必須有固定製程與材料品種，因為線路良率對基材特性相當敏感。這些複雜組合應該要檢驗，驗證銅皮與膜類型、厚度、表面處理等，這些應該達到期待水準。另外要進一步檢驗判定尺寸穩定度 (它會因為殘留膜應力而有大的變動) 與結合強度、電性、耐熱性、熱應力，所有這些特性表現的主要關鍵來自黏著劑。

保護膜與覆蓋塗裝

　　做導體線路的絕緣製程，必須留下端子區，是軟板製造與硬板最明顯的差異。理想製作技術，是使用與基材介電質相同的材料，這可以讓產品產生對稱、平衡一致、特性穩定結構。高性能基材，會選用可搭配的保護膜。這種相等結構，讓電路板兩面承受均等應力，可降低工廠庫存材料項目，同時可降低各種化學製程影響。這是保護膜標準結構，製程中絕緣層以相同介電質膜組合，且黏著劑成為基材一部份。

　　保護塗裝是利用液態或介電質膜，以塗裝或低壓壓合接著到線路上，某些場合會以影像處理定義端子開口，最後的交鏈鍵結透過熱或紫外線 (UV) 聚合。任何保護膜或覆蓋塗裝，都會包含熱且多數會影響軟板基材尺寸穩定度，當然也會影響軟板成本。這也是讓業者使用覆蓋塗裝，並以 UV 或低溫聚合的重要原因。

9-4 　個別單一製程檢討

軟板材料的裁切

　　軟板用材料，在取得時大部分是捲狀結構，如果採用捲對捲製程可能取得時就已經搭配寬度採購，不過特定狀況也可能需要做適當寬度修正或做分條處理。圖 9-4 所示，為典型的分條與分片設備作業狀況。周邊的所有捲狀材料，都可以利用這些設備分片、分條，以因應各種產品的材料尺寸需求。

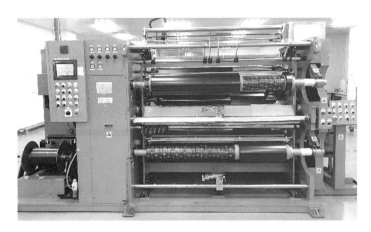

▲ 圖 9-4　軟板材料的分條、分片作業

軟板沖、鑽孔

　　軟板材料要鑽孔相當困難，尤其面對組合材料更困難。銅金屬較難以用機械加工，因為它非常軟且降伏性高，軟板用塑性黏著劑也有類似表現，它的支撐比較差，容易在鑽孔升溫產生融熔，這意味著孔壁會產生大量異位性膠渣。軟板介電質也並不合作，它們不是已經融熔 (聚酯樹脂) 就是極為強韌 (聚醯亞胺)。典型軟板鑽孔斷面狀態，如圖 9-5 所示。正確的軟板鑽孔條件，加工 PTH 孔應該類似保護膜處理條件，高進刀保持鑽孔穩定移動進入新鮮、低溫冷材料，有良好蓋板、墊板材料，300 ～ 400SFM(Surface Feet per Minute) 刀尖速度與良好的工具選擇。

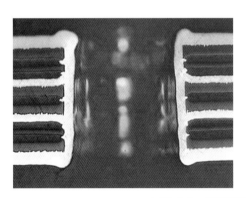
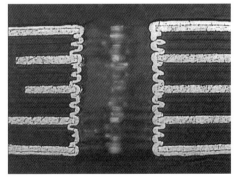

▲ 圖 9-5　典型的軟板鑽孔斷面現象

以下鑽孔條件是可以參考的作業參數。

鑽　孔	堆　疊
• 鑽針直徑：0.032 in • 進刀速度與負荷：2.5 • 進刀速度 112 in/min • 轉速：45000 r/min	• 堆疊：達到 6 片 • 蓋板：0.012-in 硬質鋁膜 • 支撐：0.093-in 鋁面顆粒板，如果必要可以加入額外 　　　蓋板材料墊在第三與第四片板間

軟板鑽孔所採用的鑽針，必須要有比較好的排屑能力，否則容易讓切割出的材料無法順利排出導致品質問題。機械鑽孔是目前業者相當普遍使用的軟板成孔技術。圖 9-6 所示，為典型多軸機械鑽孔機作業狀況。

▲ 圖 9-6　典型多軸機械鑽孔機作業狀況

捲式機械鑽孔加工

為了能應對捲式生產，不論沖孔、機械鑽孔、沖形等，都有專用連續生產機。在業者發展出雷射加工設備後，高密度的軟板產品，也可透過這種設備加工。

機械加工的捲對捲鑽孔機，可以沿用傳統鑽孔機的模式做多片堆疊加工。雷射加工：有二氧化碳及雅各雷射加工模式，主要是以脈衝打點做材料挖除工作。另外一種是準分子雷射加工，它的機械設計可以掃描式加工，兩種模式各有優劣。準分子雷射可以做出較為精準的加工，但是維護費用較貴，雷射其實加工也很快，但是操作不小心也會傷及銅層或邊緣黏著層。圖 9-7 為捲對捲雷射工系統。

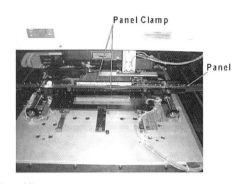

▲ 圖 9-7　捲對捲雷射加工機

　　軟板捲對捲鑽孔，為了能連續精準加工，廠商就採用特別設計的傳動機構，能夠順利輸送及固定軟板做雷射鑽孔加工。圖 9-8 所示為加工示意圖。這幾年發展出來的皮秒雷射機，是另外一種可以期待的設備，目前正在測試發展中，暫時用在切割應用，未來的潛力可期。

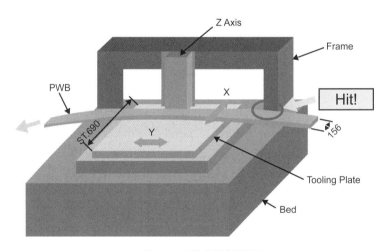

▲ 圖 9-8　捲式雷射加工

　　電漿蝕刻成孔法，因為作業速度比起其他方法慢而較不普遍。這對少數開口當然是對的論點，但當開口數多時，因為電漿可以一次做所有開口而會呈現優勢。

　　電漿因為會攻擊塑膠材料，如果要用此類做法就必須製作金屬窗遮蔽，不過電漿因為在開孔時同時可以做清潔工作，因此在製程方面又呈現出另外的優勢。圖 9-9 所示為電漿蝕刻製程及電鍍後結果。

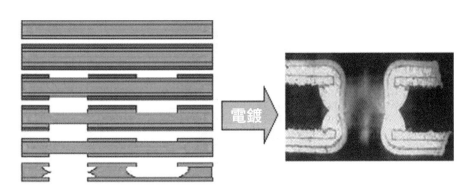

▲ 圖 9-9　電漿蝕刻程序及電鍍的成果

　　不過對於孔品質要求比較低，或者需要特殊形狀貫通結構的軟板，也可以採用沖孔、雷射、電漿、化學蝕刻等製作孔。表 9-2 所示，為典型軟板成孔技術特性比較。

▼ 表 9-2　各種軟板成孔技術比較

項目	機械鑽孔	電漿蝕刻	雷射燒孔	沖孔	化學蝕刻
孔徑 (最小)	0.2mm	0.05mm	0.03mm	0.8 mm	0.05mm
盲孔	困難	可	可	不可	可
孔壁垂直性	良好	傾斜	良好	良好	傾斜
後處理	不須	不須	須清洗	不須	不須
設備	NC 鑽床	銅蝕刻線 / 電漿蝕刻機	銅蝕刻線 / 雷射燒孔機	沖床	銅蝕刻線 / PI 蝕刻線
產量	高	低	低	高	高
RTR 自動化	困難	難度高	速度慢	可能	可能

電鍍通孔 (PTH) 製程

　　單面軟板並不需要層間連通，因此不用做電鍍通孔處理。如果是雙面、多層或軟硬板產品，則在鑽孔後必須做電鍍通孔處理。所需增加的步驟是，電漿或除膠渣處理、無電析鍍、電鍍銅處理等，這些製程會涵蓋許多故障排除與軟板生產分析工作。

　　軟板工程師在進入電鍍通孔處理前，應該要先確認孔斷面品質，檢討釘頭、黏著劑膠渣是否出現在內層襯墊來決定是否可允收。在多於一層的結構，要達到這種目標相當困難，因為介面連接需要使用混合材料結構，軟板斷面就算有良好鑽孔製程也常會產生品質問題，且 PTH 製程要面對各種材料組合也有挑戰性。

　　目前藥水供應商，已經提出化學除膠渣作業參數，不過這些參數與使用的膨鬆劑與軟板材料特性直接相關，如果沒有謹慎使用常會發生問題。傳統電漿處理，幾乎是將黏著劑、膠渣從內層襯墊表面移除的唯一選擇，它是有點複雜製程，包含高真空、高頻 (RF) 能源與混合活性氣體流動。片狀軟板會在做製程前做 1 ～ 2 小時烘烤來清除濕氣，之後放入掛架送進機械做適當循環處理。

　　多數電漿操作條件，是在鈍氣與 RF 能量下加熱升溫到適當活性點，反應是在活性氣體 (四氟化碳與氧) 中進行，以千瓦 RF 能源做活化，持續作業到片狀材料溫度達到最大極限 (90 ～ 100℃)，接著在沒有 RF 能量下有氧環境中冷卻。電漿處理會氧化有機物成灰燼，它會在後續濕製程清除，但並不影響金屬如：外部銅面或暴露在內層的襯墊。它是麻煩的製程，會因為濕氣、複雜環境與升溫而產生不平衡 (邊緣與轉角總是反應比較強烈)，同時耗盡活性物質。但如果正確操作，電漿可以處理出非常清潔內層襯墊表面與回蝕有機物，這是襯墊會輕微突出孔內的原因。

　　對多層軟板與軟硬板，無電析鍍金屬化仍然是普遍選擇。這是在有機材料表面析鍍銅金屬的製程，可以成長一層薄但導電的銅到整個板面，包括所有外部表面與孔壁。簡單的說，製程會有兩個交互作用槽被用來析鍍貴金屬 (時常是鈀)，這種貴金屬析鍍位置後續會被銅覆蓋。

　　軟板金屬化製程要通過七種以上不同化學品，其間有多個水洗。無電析鍍線需要精緻管控，常態分析調整、補充是必要且常態的負荷。大量水洗水會在製程消耗，有時候甚至會有一打以上水洗作業，這會產生昂貴供水與廢水處理成本。圖 9-10 所示，為典型無電析鍍製程。

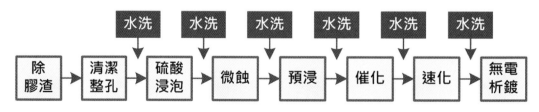

▲ 圖 9-10　典型軟板無電析鍍製程

無電析鍍主要顧忌是，總會有結合力較弱的無電銅層從孔內部桶狀孔壁區分離，這個介面可能會受到熱應力下產生故障，導致產品剝退。這種弱點目前已經有可用直接金屬化製程排除，它也經過簡化並可降低通孔電鍍成本。這些孔金屬化技術包含較少的製程步驟、更少的水洗與直接做電析鍍桶狀銅層與內層銅墊連接。工業界的信心因為持續使用而建立，軟板直接金屬化似乎已經可以取代無電析鍍做商業生產。

快速電鍍

某些無電析鍍槽生產高應力的金屬層，如果允許累積幾微吋厚度，它會自我破壞從板面剝離。因此在孔已經被無電金屬化或者直接金屬化，這個脆弱的析鍍會利用快速電鍍加厚強化，以一層輕電析鍍層來保持完整互連並建構足夠的銅來儲存，或者保持足以應對光阻塗裝前的清潔處理。部分金屬化法會建構足夠銅厚度以滿足後續製程而沒有快速電鍍，可以提供影像轉移的需求與即刻電析鍍。利用斷面切片來驗證孔與無電析鍍的品質，會從先導的板子上取樣並在大量生產前確認其表現。圖 9-11 所示，為典型的軟板電鍍設備。

▲ 圖 9-11　典型軟板捲對捲與片狀電鍍設備

影像轉移

網印可量產粗線路軟板產品，液態光阻用在較細外型 (低於 0.003 in) 與不規則表面難用乾膜產品。電泳提供液態光阻性能，可建構厚度達 1mil 光阻。乾膜影像轉移，可被用在減除、PTH 與加成製程，可做 3mil 或更細線路。電鑄可量產，用在可接受電析鍍的應用。PTF 技術用在低電流、低導電度互連與有環境顧忌的產品，它提供了降低成本與製程簡化優勢。這些是較典型軟板生產影像轉移技術，筆者嘗試概略闡述。

影像轉移，是將底片或線路資料轉移到基材上，產生光阻影像定義導線圖形來控制反應區域。這些影像可用在減除或加成法，依據底片線路類型稱為正形或負形。軟板生產兩種主要影像轉移技術，是網印與光阻處理。網印完全以印刷在基材上製作影像，而光阻製程則需要經過三個步驟：光阻塗裝、曝光與顯影。

減除製程控制的影像蝕刻，金屬線路受光阻保護，蝕刻後仍在板面。加成製程影像，保護非線路區控制析鍍範圍，線路成長在未遮蔽區，光阻厚度用來控制線高。加成技術是製精確厚線路的方法，品質主要受影像偏差量影響，而減除有兩個變數，影像偏差與蝕刻側蝕影響。在薄線路製作側蝕影響可忽視，此時兩種技術差異會減小或消失。以成本考慮，如果軟板可以用減除製作成本較低，典型減除製程說明，如表 9-3 所示。

▼ 表 9-3　減除式線路製作流程說明

步驟	製程	目的	方法
1	前處理	清潔板面以備影像處理	化學浸泡噴洗或機械刷磨處理
2	線路阻劑塗佈	以阻劑定義線路	印刷或影像轉移
3	線路蝕刻	線路製作	蝕刻液噴流
4	去膜	去除光阻	化學藥液噴流
5	覆蓋膜製作	覆蓋保護絕緣膜並提供開口做組裝	熱壓覆蓋膜或綠漆印刷
6	金屬表面處理	作出適合組裝的金屬面	電路、印刷
7	沖孔成型	製作外型及工具孔並移除廢料	模具沖壓、雷射切割、NC 切割鑽孔
8	檢查測試	剔除不良品及修補瑕疵品	電氣測試及目視檢查
9	包裝統計	成品整理包裝及品質數據整理	抽樣檢查統計數字

絲網印刷

絲網印刷技術，廣泛用在卡片、小藝品、小符號、衣服印刷、海報印刷等印刷品。絲網印刷包含推擠黏度高的光阻通過網版產生圖形，利用細緻網目 (每英吋 110 ～ 300 支紗) 將影像製作成平版狀，之後將工件以真空吸著固定印刷。

它可以製作非常厚且均勻的塗裝，美工應用可建構光亮、豐富的顏色，在電路板 / 軟板生產則以單色為主，製作蝕刻劑光阻影像，因為流變性 (Rheology) 限制解析度，大約可以製作 8mil 線寬間距。要以絲網印刷在有孔平面並不容易，也無法做蓋孔結構，只能印刷在實體工件表面。不少軟板商選擇只用金屬線路製作法製作軟板，不同時擁有兩種不同製程。但擁有兩種製程可提供製作彈性，或許有助於經濟生產方法選擇。

絲網印刷工作必須先製版，可以採用金屬與尼龍網製作工具網版。絲網會先張在固定框與非固定框上，多數印刷框是一組方形鋁管作出的方形框，固定框尺寸安定性較高，因此較適合量產使用。絲網製作時必須注意張網張力均勻度，絲網經過黏膠固定必須置放一段時間釋放內部應力才能製作線路影像，希望能夠靜置 24 小時到 36 小時。

恰當絲網密度與粗度才能作出好線路，絲網粗細是以 Mesh 描述，它是以每一英吋幾條線束為計量標準，愈小線徑及開口就可製作愈精細線路影像，但粗線徑及開口可提供較大下墨量。當絲網架到網框後會塗佈乳膠，之後用底片做曝光顯影製作出線路影像，要印刷線路的區域此時呈開放無乳膠狀態。

印刷流程包含對位，而印刷框必須保持一定離板高度，一般是距離是 1 ～ 5mm，且必須四角均勻不可有吊網。提高位置是因為絲網直接貼近軟板，在刮刀前進時會產生拉扯線路陰影。如果有離網空間，刮刀離開後絲網會自動彈跳脫離，不會產生拖拉現象。印出來的油墨線路影像，經過熱硬化或 UV 硬化就可作為蝕刻阻膜。

絲網印刷可用手動粗略操作，也可用精密控制自動操作設備技術，要生產精密產品當然必須用高階技術。絲網印刷最大缺點是操作參數多，除非不得已，少有製造者願意作如此複雜的操作控制。我們嘗試對絲網印刷影響因素作一概述：

絲網製作首要工具是底片，絲網影像不會比原底片影像品質好，最普遍的底片是 Mylar 塑膠片或鹵化銀玻璃片。塑膠片因為廉價、好操作而廣為使用，但尺寸穩定性受溫濕度影響大，玻璃底片則恰恰相反。絲網印出影像不會比絲網影像好，絲網的乳膠厚度會影響印刷影像清晰度及下墨量，某些塗佈設備可讓製作品質維持穩定厚度。絲網張力必須適度維持，過低張力會導致影像扭曲，但過高張力卻會影響絲網壽命。

曝光製作絲網，任何髒點都會複製到絲網上產生品質問題，而濕氣也會影響絲網開口狀況，因此製作與儲存絲網成為絲網品質重點。儘管乳膠是一般物料，但乳膠品質也是絲網製作品質重要因素，用較佳塗佈設備也是製作好網框的重點。有部分作業者會使用薄膜感光乳膠製作絲網，但因為厚度及強度關係，並不適合量產。

絲網離板距離會直接影響印刷品質，所謂離板距離是指絲網底部與電路板間距離，離板距離過大會產生影像扭曲，過小會產生油墨拉扯陰影。刮刀銳利度、印刷速度、刮刀角度及印刷壓力都是影響下墨量及影像品質的參數。油墨也必須控制黏度、使用時間等，落塵在絲網上的問題也會影響品質。環境溫溼度變化會影響絲網尺寸安定及油墨印刷黏度變化，因此電子工業用絲網印刷必須在溫、濕、清潔度控制環境下進行。

印刷機及油墨使用

　　絲網印刷機必須有一定精度及重復性，才能穩定控制所有必要參數，因此如何管控絲網狀況相當重要。絲網壽命在使用限期內，應可保持一定穩定水準，但超出就可能產生不可預知變化，其中尤其是尺寸變化。絲網印刷本來就包含扭曲，但恰當操作可以將扭曲降到最低。操作者必須確認最大使用壽命，並訂定管制及更換辦法，超出限制即刻破壞重製。

　　製程中油墨硬化狀況必須控制，油墨必須有充分聚合過程，才能有抗化學性及抗蝕刻性，但如果過度硬化就可能會產生脆化問題。由於絲網印刷具有操作扭曲特性，影像不會與實際絲網或底片影像一致，有機械測試報告提出，在 12"×12" 的範圍內，5 mil 尺寸重複性是可達成的。

　　對於印刷去追隨前一次產生影像這件事，所能達成的對位度會隨機械設計不同而有異。最佳印刷對位機械，是採用光學搜尋靶位設計，這類設備多數都可以做到小於 4 mil 或更小範圍對位。

正負形影像

　　一個影像被稱為正，是光阻線路圖形看起來與設計圖形相同時之謂，也就是光阻呈現出與底片不透光區域相同的影像。負形作用光阻會產生一個相反影像，與底片比較，底片透光部分就是影像出現的位置。因此對於減除 (蝕刻) 製程，如果使用負形作用光阻，則底片上出現線路的區域就會被清除。類似的在正型製程，線路區域會暴露在光阻圖形上，線路區在底片上是呈現透光區域，表 9-4 所示為其間關係。

▼ 表 9-4　製程類型、光阻類型與底片透明不透明的關係

製程類型	光阻選擇	底片線路
減除	負形	透明
減除	正	黑色
加成	負形	黑色
加成	正	透明

　　光阻應用與製程考量有關，究竟光阻該以液態或乾膜製作？最早的光阻是油墨或塗料，透過樣版或絲網將影像製作在期待保護的線路區域，印刷完畢後靠感光硬化。感光液

態光阻的發展，提供了更好的生產技術，這種技術可以產出更高精確度且高重覆的影像，同時不必面對大量塗料。但是液體光阻製作出薄塗裝，保護性容易因為微小顆粒異物干擾而偏離，因此使用液態光阻需要極為清潔、平滑的基材與清潔塗裝、乾燥環境來製作影像。

　　面對這些需求，所謂乾膜光阻就被發展出來。這種技術是將感光材料塗在暫時載體上並做乾燥，生產在潔淨室環境下進行。光阻膜後會從載體轉壓到軟板基材上，產生相對厚而對光敏感的塗裝。因為它們比較厚，乾膜影像比較能容忍髒點與異物，同時也比較強固足以存活在不同蝕刻或電鍍環境，這樣就可以讓加成製程製作出較厚的線路又有精準的尺寸。圖 9-12 所示，為典型手動及捲式軟板壓膜作業。

▲ 圖 9-12　雙面軟板手動與捲式壓膜

　　乾膜是以適當加熱與壓力轉換到基材上，可以靠連續熱滾輪或切割片狀壓合技術操作。切割片狀設備所產生的光阻塗裝會小於電路板片狀尺寸，以提供剝離光阻的外部邊緣區域，滾輪壓合到片狀軟板上需要作業員持續做片間切割，或由自動化設備自行切割。

　　乾膜會覆蓋或跨越孔來保護它免於被蝕刻，對多數軟板製造商比較傾向使用這種影像轉移介質，因為較能容忍製程變動與髒點，同時有適當解析度應對目前與未來設計需求。液態光阻可取得正、負型作用系統，乾膜則主要是負型系統，這些可幫助簡化底片處理，增加製程彈性。

　　液態光阻是以滾輪塗佈或浸泡塗佈處理塗裝，固體含量與滾輪溝槽、拉扯速度則可以控制塗裝厚度。液態光阻製造商嘗試挑戰乾膜的優勢走入電泳應用，這是以電鍍重新組合的方法，工件會浸泡在光阻乳劑中，之後通電塗裝，光阻受到靜電吸引力在工件上產生自我均衡膜。這種技術可讓均勻的塗裝建構在圓孔內，同時建立非常厚的塗裝 (可以高達 1mil)。

曝光

一旦光阻塗裝完成並足夠乾 (或者冷，如果使用乾膜，壓膜後的典型冷卻時間是 15 分鐘以上)，它就會利用 UV 曝光透過底片做影像轉移。這個製程是在潔淨室條件下進行，以避免小異物干擾，同時底片需要與工件密貼，以獲得最佳影像品質。圖 9-13 所示，為典型軟板底片人工對位生產狀況。

▲ 圖 9-13　軟板人工底片對位生產

指定平行光曝光設備與真空接觸，並應注意設備排熱功能，UV 光源也會同時產生許多紅外線，它必須儘量被吸收轉移到水或空氣冷卻系統，以保護底片避免過熱。熱對一到兩次的曝光並不重要，但經過長時間生產，過多熱累積會讓底片膨脹超出公差，這會干擾光阻曝光品質。

抽拉式曝光設備常在片狀手動曝光系統看到，底片會以插梢固定在單面或雙面，之後框架會落下進入抽拉機構。抽拉機構的底部是玻璃，上方則多是塑膠膜，它密封邊緣並下拉底片到電路板面，內部真空系統也會施力加強接觸。當使用玻璃底片會有相同程序，不過必須對增加的厚度做補償。

比較老的曝光系統將光分做兩道光束，以同時穿透玻璃與塑膠表面。最近研究則嘗試一次將能量集中在單邊，因為較短的曝光時間會比較好，多數負型光阻需求能量大約為 200 mJ/cm^2 以內。

捲對捲自動化系統製程，或高度自動化片狀生產工廠，底片對位靠相機與靶位記號，可以消除工具孔與其它干擾。使用三或四個相機的對位軟體，可以降低對位錯誤到低於 1mil。完整自動化可以延長底片壽命降低異物問題，因為設備是密封設計，不會有人員頻繁移動產塵問題。圖 9-14 所示，為軟板用捲對捲與片狀作業曝光機。平行光是製作細線路的技術核心，但作業有過份強調其重要性的現象。以薄光阻 (低於 1mil) 與良好底片接觸，在線路沒有低於 2mil 前平行光未必重要。

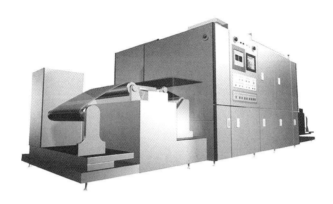

▲ 圖 9-14　軟板用捲對捲與片狀曝光機

顯影

　　所謂水溶性 (Aqueous) 顯影是電路板標準製程，普遍的顯影液是 1% 碳酸鈉在 30 ～ 35℃下作業。用於顯影、蝕刻剝膜的設備及製程都相當類似，包含一個輸送系統，一或多個噴灑艙，以顯影液衝擊電路板兩面基材的機構，最後則是水洗與乾燥。顯影後部分光阻需要做蝕刻前烘烤增加膜強度與結合力。圖 9-15 所示，爲典型軟板顯影蝕刻線作業狀況。

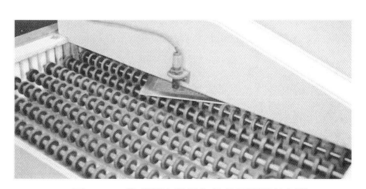

▲ 圖 9-15　捲式與片狀操作的軟板顯影蝕刻線

解析度

　　複製細緻外型的能力被稱爲解析度，業界有粗略公認的光阻厚度與解析能力關係，比較薄的光阻具有較高解析度。液態光阻系統大約會製作塗裝厚度 5 ～ 12μm，依據止負型與油墨特性而不同，某些解析度比乾膜還細緻，因此確認能力後可考慮用液態光阻。因爲它們較薄，液態光阻製程對蝕刻溶液的動態干擾也較少，因此適合用在細線路製作。

光阻有點黏，乾膜載體在曝光時必須保留，電析鍍光阻可能也需要在光阻塗裝與底片間使用離型片。這些載體其實並不被期待出現，因為會進一步增加底片與光阻間厚度空間，會劣化解析度。

在加成製程中，光阻應該要達到至少與線路搭配的厚度，同時應該要控制側向膨脹或草菇頭現象，如果線路電鍍設計需要較厚，超過 0.2 ～ 0.3mil 的乾膜厚度是較好的選擇，電鍍不應該被設計到超過光阻厚度。一旦析鍍達到影像表面，會快速如草菇頭般向外擴張超越光阻表面，這會劣化線路外型並遮蔽清潔剝除區域導致短路。

蓋孔 (Tenting) 與不平整的影像

這種製程主要優勢之一，是可跨越斷面保護孔，不過也要能夠在蝕刻後順利從貫孔結構清潔剝除。其劣勢是這種均勻厚度與低結合力的材料，難以應對表面有高低差又需要嚴謹密封的基材表面應用。典型範例如：要在凹陷、織紋表面或襯墊邊緣做保護，進行選擇性電鍍，困難度與光阻膜厚及高低差有關。液態光阻容易塗裝並克服高低差，絲網印刷在不規則表面會混亂不齊，當然也會因為傾斜度與高度而有變化。

應用光阻方面的提醒

● 因為光阻是快速曝光配方，它們必須在控制的曝光條件下作業，典型作法是以照度控制。

● 乾膜變形能力有限，可能無法進入微小表面粗度，要生產細線 (低於 5mil 的外型)，需要平滑表面、正確清潔與前處理產生良好結合力。

● 壓合溫度必須受到控制，夠高的溫度可以得到好結合力，低溫則可以避免剝除困難，溫度應該要適當會比較好。

● 顯影必須持續到曝光光阻在轉角位置已經適當被清除，對於細線又使用厚光阻的狀況就會比較困難達成。

● 光阻選擇要考慮蝕刻劑或電鍍槽酸鹼度，多數光阻可以承受酸性條件而不是鹼性。

● 蝕刻細線路，使用厚光阻會遮蔽溶液自由流動。黃金準則是，總銅皮加上光阻厚度決定最小可製作線路尺寸，1.4mil 銅皮使用 1mil 光阻有可能生產 2.4mil 的線路外型，不過這要有良好製程控制。

蝕刻

這是軟板生產製程最工程導向與需要調節的製程，蝕刻是古老金屬製造技術，當設計尺寸趨勢變得愈來愈小，它需要持續的改善。蝕刻未必會受到應有注意，不僅因為它是基本技能，也因為作為濕製程會受到環境管制關注。

影響蝕刻速度與品質的主要因子如後：

1. 溫度
2. 攪拌
3. 化學設備

　　溫度與攪拌是受到生產機械的控制，可以作爲整體製程品質觀察的指標。多數蝕刻機是水平輸送結構，具有超過一個以上的噴流段，有獨立控制、搖擺噴流管、頂部與底部調整機構、承接迴流蝕刻劑的母槽做補充或取代。後續的機構與間隔沿著輸送機構配置，水洗與中和蝕刻劑殘留並做蝕刻後的化學處理。

　　採用噴流輔助，強制讓新鮮蝕刻溶液進入狹窄空間，可以增加生產速度。噴流會有製程方向性，傾向在噴流動量方向增加蝕刻速率，而降低不期待的橫向蝕刻。蝕刻設備有水平與垂直建構，垂直蝕刻機強調的優勢是更均勻，因爲沒有水平機械水滯效應影響。不過上方邊緣會傾向更快蝕刻，因爲溶液總是從同一方向流失。

　　水平設備是普遍被業者接受的模式，當片狀軟板增加蝕刻劑，會在材料上方聚集水滯降低反應速率，可以強制調整頂部對底部噴嘴壓力或只用底部來應對特定產品。噴嘴配置與操作壓力會明顯衝擊蝕刻速度與均勻度，各個機械必須評估測量測試片與調整產出速度，操作壓力、噴嘴尺寸、搖擺頻率與化學品狀態必須要取得最佳妥協。

　　水平輸送設備較難操作軟板基材，可能需要以膠帶黏貼導引板操作，引導它通過水平輸送系統。水平設備設計，頂部與底部滾輪都有驅動齒輪在各邊並有噴管。這個複雜設計的目的，是要提供最大暴露空間給頂部與底部基材表面，並提供可靠傳輸能力。頂部滾輪是必要設計，可以抓住重量輕的軟板對應噴流力量，但需要將滾輪軸縮小並重疊搭配均勻噴流。圖 9-16 所示，爲典型軟板蝕刻設備。

▲ 圖 9-16　典型的軟板蝕刻設備

　　有廠商提出二流體蝕刻概念，技術重點是利用高壓空氣與蝕刻液噴流系統混合做銅皮蝕刻。採用過蝕 (Over Etching) 操作，以高解析光阻與較大補償設計製作線路。目前宣稱製作能力，可以在厚度 15μm 銅厚度下，製作出 15/15μm 線寬間距。這類設備，業者稱為混血蝕刻 (Hybrid Etching) 設備，已經有部分廠商採用。圖 9-17，為這類設備的外觀。

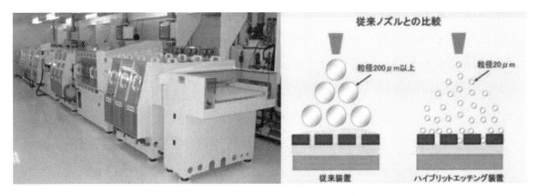

▲ 圖 9-17　Hybrid Etching 設備

　　設備利用氣體加壓，將蝕刻液霧化為更小的顆粒，可以幫助質量傳送與流體置換。搭配比較大的補償設計與過蝕刻，就可以製作出超過傳統製程的全蝕刻線路。圖 9-18 所示，為這類設備搭配適當的設計準則，所呈現出來的蝕刻示意與成果切片。

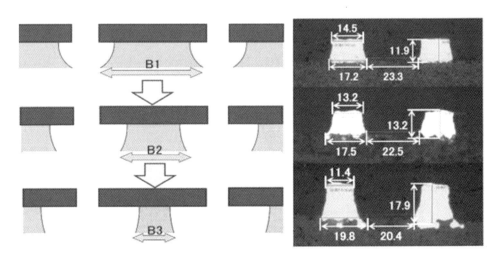

▲ 圖 9-18　Hybrid Etching 蝕刻成果

蝕刻用的化學品

　　選擇蝕刻劑會影響成本、速度與精確度，因為包含大的溶液體積，使得蝕刻劑選擇成為重大策略因子，其中相當重要的問題是要如何處理使用過的溶液。部分蝕刻劑製造商會將廢液拖走再生，這種吸引人的簡單溶液多數軟板廠愛用。因為這種專有系統 (以氯化氨

銅為基礎)，化學品成本固然高，但整體成本包含排放是有競爭力的。

　　線上再生已經可用電解冶金或電鍍處理，將溶液中過多的銅取出或結晶。再生具有封閉循環吸引力，但需要較大的設備投資與技術人員維護系統，它可維持溶液在應有強度下。另外一個技術是補充，此時一部分溶液會取出並以新鮮溶液取代。不過以補充或再生達成控制都相當關鍵，蝕刻溶液必須操作在預估強度下，因為溶液活性會影響線路寬度。

　　所有商用大量蝕刻溶液都是為銅而設計，因為銅是用在軟板與硬板生產中最大量金屬。如果有特別金屬要蝕刻，需要使用不同蝕刻劑如：氯化鐵。特別的蝕刻劑，因為用量小且困難再生，不論購買或處理都比較昂貴。表 9-5 是美國業者使用蝕刻劑的狀況比較。目前亞太地區的狀況並不一致，但是當環保意識抬頭且技術成熟度也比較高時，有可能採用類似觀點做製程規劃。

▼ 表 9-5　軟板蝕刻方案的比較

	每盎司成本，cents	速度，mils/min	蝕刻因子 *	再生
氨水＋氯化銅	8 ～ 12	2.5 ～ 3	0.2 ～ 0.4	Yes
氯化銅	4 ～ 8	1	0.4 ～ 0.6	Yes
雙氧水 / 硫酸	15 ～ 50	1	0.4 ～ 0.6	Yes
氯化鐵	>50	0.5 ～ 1	0.4	No

　　氯化胺銅是生產具有金屬電鍍 (錫) 蝕刻阻劑 PTH 板比較喜好使用的蝕刻液，但是它難以應對乾膜光阻作業，因為乾膜在高 pH 值下會受到攻擊。氨水補充溶液會在蝕刻段後的溢流水洗段添加，這種高氨水低銅化學品可以輔助去除表面氧化物或離子污染。不過如果這個位置因為過度補充流動而 pH 值太高，乾膜影像會受損且無法短時間存活。

　　如果以蝕刻溶解單位重量金屬銅的成本計算，氯化銅是最便宜的操作系統，它大約有一半鹼性蝕刻劑的速度，這可能迫使業者必須要採購額外設備且需要小心管理補充化學品如：雙氧水與鹽酸，氯化銅的先天蝕刻因子還相當不錯。

　　硫酸雙氧水系統並未普及，但可以利用冷卻 / 結晶硫酸銅做封閉循環作業。它是清潔的系統，具有低環境衝擊，但化學品與管理成本昂貴。

蝕刻因子

　　重要蝕刻劑特性，是蝕刻因子或是側蝕程度，線路上的側蝕 (在光阻底部) 是比底片尺寸窄的部分。傳統蝕刻因子表達法，以單邊變窄比率除以線路厚度表示。如果導體底部測量值為 10mil，而頂部寬度為 8mil，同時線路厚度是 1.4mil，則單邊變窄是 1mil，此時因子是 1/1.4 或 0.7。優異系統嚴謹控制，可生產底片與線路一對一的比例。

蝕刻劑溶解金屬是透過定速率的氧化反應進行，它依據溶液活性與攪拌來控制，一些方程式的範例如後：

氯化氨銅：

蝕刻：$Cu(NH_3)_4 + Cu \rightarrow 2Cu(NH_3)_2$　　　　　　　　　　　　　　　(9-1)

再生：$4Cu(NH_3)_2 + 4NH_3 + 4NH_4 + O_2 \rightarrow 4Cu(NH_3)_4 + 2H_2O$　　　(9-2)

氯化銅：

蝕刻：$CuCl_2 + Cu \rightarrow 2CuCl$　　　　　　　　　　　　　　　　　　(9-3)

再生：$2CuCl + 2Cl \rightarrow 2CuCl_2$　　　　　　　　　　　　　　　　　(9-4)

氯化鐵：

蝕刻：$2FeCl_3 + Cu^- \rightarrow CuCl_2 + 2FeCl_2$　　　　　　　　　　　　(9-5)

噴流衝擊到導體側壁會受到懸空光阻遮蔽，可以獲得較低橫向蝕刻，因此也會有較低側蝕。進一步避免側蝕的保護，來自蝕刻劑如：氯化銅在第一階段反應產生的不溶性副產物 [參考方程式 (9-3)，來自軟板碰到氯化銅時的銅氧化]。氯化亞銅是微白殘留物，會停滯在相對平靜的線路側壁區，保護它們降低進一步攻擊，直到槽體提供額外的氯 [方程式 (9-4)] 氧化它成為氯化銅並產生可溶性。方程式 (9-4) 反應速率決定於溶液中的自由氯量，為了達到最佳蝕刻因子而不是最大蝕刻速度，操作以微鈍化低氯條件作業會較好。達成類似反應，可以將氨銅蝕刻劑操作在銅高、氨水匱乏模式下，同時添加遮蔽劑在補充液中。

蝕刻機控制

均勻的蝕刻速率對高品質產出相當重要，生產蝕刻機搭配自動測量與補充系統，是為了維持槽體在製程作業範圍，這樣才能達到穩定蝕刻率與可接受側蝕。系統沒有完美的，它們都假設可在穩定下作業，同時具有一致銅負荷與化學品補充，任何因子變動都會導致超出產品公差。

氯化氨銅是以比重維護，當銅溶解時它會升高並做補充 (一種水、氨水與平衡化學品的混合液) 來降低到設定點。為了保持穩定作業這是有效方法，不過在沒有銅蝕刻時，排氣與噴流還是會對系統產生影響，如：當等待作業，系統會因為空氣流動從溶液中帶走氨水，降低了 pH 並沒有影響比重，而不會啟動補充。

比重設定範圍從 1.2 到 1.228(約等於 20 ～ 23 oz/gal 銅)，而 pH 從 8 到 8.8。對於細線產品，溶液可以操作在接近 22 oz/gal 與 pH 值接近 8，這個條件會降低蝕刻率但改善蝕刻因子接近 50%。嚴格管控是必要的，因為這種做法有可能會讓操作處於太低的 pH 狀態，銅可能會結晶出來，此時會面對相當困難的清潔程序。

氯化銅槽的狀態是由氧化還原電壓計所決定，而補充可以使用鹽酸或氯氣添加來提供自由氯，氧化可以靠空噴流或使用雙氧水、強氧化劑等作法。典型的操作參數如後：

氧化還原電壓計 (ORP)	540 mV ± 40
自由酸	1 N ± 0.2 N
溫度	45℃ ± 2°
比重	1.2832

對於細線產品，ORP 可以允許降低到 500mV 而自由酸可以低到 0.8 N 或者更低。如果使用雙氧水，其關鍵重點是要保持適當的自由酸以避免猛烈反應。

電蝕刻

電蝕刻是特殊的金屬移除方法，它是電鍍的反向製程。要蝕刻的金屬會以適當光阻圖形定義出來，之後暴露在硝酸鈉電解液中做反向電流處理。工件是放在陽極電流非常大，依據庫侖定律在 1000 A 下每分鐘金屬的溶解速率為 0.1 in^3。假設跨越電池的電壓為 15 V，典型的 18 x24-in 軟板線路具有 50% 的金屬清除率，在 0.0014-in 的銅皮上 3 分鐘內會失去大約 0.3 in^3 的金屬。能量消耗是 0.75 kWh。

這個製程在觀念上簡單而便宜，但實際運用卻相當困難，兩個主要問題是需要固定基材接近陰極面對溶液攪拌，同時要避免在沒有完成蝕刻前切斷獨立金屬區域，這種作法難度相當高。

光阻剝除

光阻是耗材且在塗裝後會再清除，這個製程稱為剝除製程。所有現在使用的光阻幾乎都被設計成水溶性 (Aqueous) 剝除型，化學品的發展是為了回應環境需求。對多數光阻，剝除液類型會比顯影液強得多，時常會操作在較高溫度，如：2% 氫氧化鈉溶液、45 ～ 50℃。

光阻剝除設備的需求應該類似於顯影設備：水平輸送機械搭配噴灑艙，其上下方都提供化學品衝擊產品表面，接著利用水洗與乾燥段做最終處理。圖 9-19 所示，為剝膜後的軟板狀況。

▲ 圖 9-19　剝膜後的軟板實物狀況

其它影像轉移技術

電鑄

電鑄是利用電鍍生產物件 (或導體線路圖形) 的製程，以電鍍製作在期待外型的主體上。這種技術被用來生產非常複雜形狀或高光滑面的金屬結構，這種結構很難以傳統方法製作。局部變化這種技術，可以用來大量生產軟板，其製程如後：

1. 半永久性的影像，被製作在拋光的不銹鋼帶上。
2. 不銹鋼帶通過連續電析鍍製程建構 1 ～ 2mil 銅到暴露區線路圖形上。
3. 電鍍鋼帶接著通過一對滾輪有黏著劑塗裝的膜會貼附在線路圖形上。
4. 沾黏導體膜被剝除脫離鋼帶 (銅並沒有強固的接著在拋光的不銹鋼上)。
5. 鋼帶繼續做另外一個電鍍循環。

電鑄優勢是低成本、完全影像複製、免於操作損傷、降低收縮、直接與強化結合力表面接著、有能力生產非常薄導體或做貴金屬表面接觸區處理，使用事先貫孔的介電質製作兩面近接的結構不需要增加人力。

PTF 或導電油墨

以實際的意義，這不是影像轉移技術，它是完全不同的作法。在這個 PTF 製程中影像就是導體，PTF 具有可用絲網印刷的優勢，可以製作相對厚並混合高分子聚合物與導電顆粒的材料到基材上，印刷後聚合物會乾燥與交鏈鍵結產生固體導電顆粒架構，形成期待的導體線路圖形。

　　因為排除了許多濕製程與環境問題，這個方法對軟板製造具有潛在重要性。不過與銅導體比，PTF 線路嚴重降低了導電度 (只有 3 ～ 4% 銅導電度)、非常低的電流負載能力與焊錫不便問題，迫使業者必須使用非傳統端子處理，如：導電黏著劑、低插入力量 (LIF) 連接器與相類似方案。

　　另一個問題是強韌性，也就是耐折與撓曲持久性。要獲得更適當的導電度，油墨負荷的導電顆粒量必須要高 (70 ～ 80%)，這意味著聚合的 PTF 線路機械特性會比較差。不論如何，這個方法相當吸引人並可用在對成本敏感的產品，可以開始應用在可接受導電膏組裝的產品。假以時日，信賴度問題應該會被解決。

保護膜的製作

　　軟板在線路製作完成後必須做保護膜貼覆，選擇性將要保護區域覆蓋並露出組裝區。有數種方法可做這個製程，在材料特性各有不同優劣。典型作法有三個步驟，它們各是：

1. 製作介電層黏貼材料，使用沖膜等切割搭配開口、鑽孔作業，材料附有的離形膜可以在貼合前撕下。
2. 切割完成材料去除離形膜做對位，對位可用手動與自動執行。多數狀況必須做預貼處理，最簡單是使用電熨斗預貼。
3. 覆蓋層壓合是熱壓製程，對短時間聚合材料可用熱滾輪製作，但對長時間高溫聚合材料必須使用熱壓合製程。

　　曾有業者向筆者推薦不同刀模製作技術，可彈性快速生產刀模。是採用刀片焊接技術，宣稱可達到更精準尺寸控制，不過未見普及應用。簡略工作示意與成品，如圖 9-20 所示。業者依據精度需求，可選擇不同製作方法。木座刀模成本低，但精度也較差，強化結構的刀模精度較高，製作成本也高。部分少量樣品，業者也會使用雷射或雕刻機做開口切割，不過產速與成本目前都還待努力。

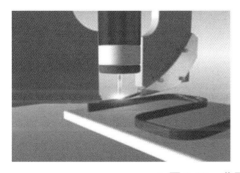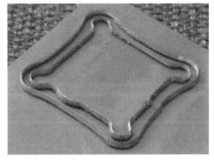

▲ 圖 9-20　典型的沖壓刀模

使用數碼控制 (NC) 切形與沖壓製作壓合開口，都會面對保護膜上的黏著劑塗裝與離型膜 (它保護住黏著劑層避免操作損傷與污染)。切割需要貫穿工具孔與開口，這些尺寸會略大 (5 ～ 10mil) 以搭配黏著劑的流動量。沖壓製作出來的保護膜開口有最乾淨、最少干擾的孔，但工具製作時間長、取得成本高、變動能力比較低。

對於樣品製作，鑽孔是比較便宜的選擇同時容易變更，不過它會因為鑽孔發熱而損傷黏著劑，就算製程條件小心控制仍然會有毛邊的風險，兩種技術對於異物風險都有顧忌。

不過當生產小開口時，除非精確對位到蝕刻圖形位置並保持壓合時無黏著劑填入，否則都會發生品質問題，綜合這些影響因子應該避免過度縮小環狀圈 (Annular Ring) 或暴露面積的製程限制。

將保護膜對位到導體線路圖形上是困難的工作，它需要技巧並避免暴露到異物環境中，特別是在剝除離型膜時容易產生靜電荷更要小心，最佳的狀態是在潔淨室環境下操作。圖 9-21 所示，為典型手工預貼與假貼作業狀況。

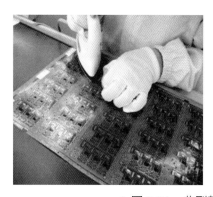 

▲ 圖 9-21　典型軟板手工預貼與假貼作業

要達成對位可以靠插梢將線路與保護膜堆疊在一起，透過普遍使用的工具孔或靠作業員眼睛都有機會可以完成這個工作。即便是已經完美對正並堆疊到位置上，保護膜還是可能在壓合中產生偏滑並出現別退。

壓合後的開口方式

有幾種技術被用來產生開口，某些狀況也可以在保護膜壓合後執行。要讓已貼附保護膜的軟板部分裸露相當困難，因為保護膜必須在沒有損傷狀況下被清除，露出指定端子區。壓合後產生開口的優勢是，位置精確度可以依據圖面座標處理，可以達到精準定義目標而不受黏著劑流動影響。不過成本會較高，因為必須有較高的技巧與面對比較差的良率。而位置座標只是開口的部分問題，開口還必須與蝕刻襯墊對正。

如果產生的開口要正確分開 10 in，但是它有可能無法正對距離不是 10 in 的蝕刻襯墊 (因為有蝕刻後收縮與其它不穩定因素)，因此良率並沒有改善。這種兩者尺寸間的不搭配問題，是軟板製造的普遍問題且沒有簡單答案，需要依據客戶設計搭配底片製作與電腦輔助設計 (CAD)、繪圖尺寸控制等幫忙。保護膜貼附後開口的方法為機械加工，薄片研磨、點狀表面雷射切除。

化學蝕刻

機械加工只能用在少數開口應用，因為每個開口都必然是耗時、高成本、高技巧作業，也會有非常大的襯墊損傷風險。化學蝕刻或雷射切除是比較安全，它們可以在較低風險下清除保護膜，可以利用能量吸收或組成差異的優勢作業。化學蝕刻成本與開口數量無關，但雷射切除與機械加工成本都直接與開口數量有關。如果只需要少量開口，機械或雷射加工成本可能因為免於嚴苛壓合預對位而被彌補。

軟板開口是製作在保護膜上，但也可能會製作在基材層上，當開口要同時製作在基材與保護膜上時，這種設計就稱為雙面裸銅設計，這種狀況會出現在軟板生產與壓合後開口比較有成本效益的時候。

軟板製造都希望 PTH 處不需要開口，同時可以被高流動黏著劑所覆蓋，這樣強化的壓合可以產出完整填充、平整、均勻的軟板。從這個觀點看，鍍通孔軟板會比較簡化材料與程序控制問題。

覆蓋塗裝製程

以感光液態或乾膜塗裝材料來隔絕蝕刻線路，可以排除耗費金錢與人力預對位及保護膜壓合製程。覆蓋塗裝的性能比保護膜差，因為在軟板表面直接做覆蓋塗裝聚合，無法達到材料最大機械特性需求。材料無法聚合或交鏈鍵結到最佳特性，沒辦法搭配軟板達到排除潛在不穩定狀態，同時也必須在塗裝特性、聚合反應、塗裝厚度等不同需求下妥協生產。用在介電質保護膜的製程，可以用各種特殊方法生產以符合最佳表現，之後選用特定良好結合力的高分子，貼附在蝕刻的線路圖形上，它們可以透過高溫高壓產生活化。液態與感光覆蓋塗裝，必須以單一化學品一次在軟板上完成所有程序。

覆蓋塗裝不容易達到高撓曲性，因為它需要與軟板一起使用並達到足夠交鏈鍵結密度，以達成適當耐熱與耐化學性。液態塗裝與感光膜技術都使用在電路板生產，但是電路板用途不需要妥協交鏈密度得到好撓曲性，因為根本不需要。

保護膜壓合

保護膜壓合需要足夠的熱與壓力來暫時液化黏著劑，這樣可促使它濕潤進入蝕刻線路圖形區與介電質表面。良好的壓合要達到無空洞填充，意味會有較多的流動，在這些條件下除非小心控制，否則黏著劑會大量流入開口。

壓合製程的品質受到後續因素影響：

● 施加的壓力與作業時間。
● 升高壓盤後的壓合溫度與升溫速率。
● 黏著劑厚度、揮發物含量。
● 導體表面處理狀態。

典型壓合壓力是在 250 ～ 300 psi 的範圍，因為保護膜黏著劑被設計成有限的流動 (以幫助保持開口潔淨明確)，完整的壓合會即刻提供全壓力，並以 5 ～ 10℃ /min 的升溫速率操作達到壓合溫度 (180℃是一般條件)，這個組合可以最大化流動並改善線路外型的填充，且縮短聚合時間限制其最大流動，過快加熱可能引起密封效應封閉線路周遭並抓住揮發物。如果過度的流動發生，降低壓力或升溫速率可能是必要的措施。

控制黏著劑流動是壓合用壓力緩衝墊的主要功能，良好技術可以控制進入開口流動量在 5mil 以下或者更少。壓合緩衝墊設計是一種藝術，有許多被愛用的系統，業者普遍使用拋棄式材料並組合離型膜與液壓緩衝支撐，作業中它們已經變形反印出線路外形，可以產生最佳停滯黏著劑流動機能。流動明顯受到黏著劑厚度影響，而這又轉而受到導體厚度的主導。比較薄的線路要達到無空洞填充，所需要的黏著劑當然會比較少，大流動對 1mil 或者更薄的黏著劑不容易發生，它相當適合用於導體厚度 1mil 的場合。

判定適當的黏著劑厚度，必須依據黏著劑特性、保護膜膜厚、線路密度等因素決定，當蝕刻線路比較厚或線路間隙比較小時，有可能需要更多的黏著劑來填充線路，當使用變形量比較低的黏著劑版本時也可能必須做同種事。以最低厚度完成適當的填充是最佳選擇，典型使用的黏著劑厚度大約等於線路厚度，對於稍微密集的線路會採用略厚的保護膜，或者在流入開口比較不敏感的產品也做同樣處理，其間的相對關係可以參考表 9-6。

▼ 表 9-6　保護膜黏著劑厚度選擇關係

銅皮厚度 , mil	保護膜厚度 , mil	黏著劑厚度 , mil
< 1.4	1	1
1.4	1	1 ～ 2
2.8	2	2 ～ 3
4.2	3	3

大開口比較容易保護避免流動區域，因為施壓時緩衝墊比較容易進入該區，也因此可以使用更大厚度的黏著劑。比較小開口 (低於 60mil 直徑區域) 就比較難以保護，同時也更受黏著劑流動性影響，因此需要降低黏著劑厚度。

不當黏著劑流動也可能來自於前述其它參數變動，可能會導致不當密封而產生氣泡或藥水沿著邊緣攻擊線路的問題。這個現象可以利用觀察空氣 - 黏著劑介面折射光來偵測，這種變化是許多影響軟板透明度變化的範例之一。簡單檢驗這類問題的方法，是利用強而小面積的點光束沿著線路邊緣，檢查是否有折射現象發生。或者切割樣本，讓幾個平行電路暴露其保護膜 / 線路介面，之後浸泡切割面到飽和的硫酸鈉鹽溶液中 30 分鐘，將介面停置在室溫下超過 24 小時並檢驗其是否出現黑色氧化痕跡。

經過以上的討論可以整理貼合製程中值得注意的問題如後：

● 異物殘留被壓入材料中。
● 材料或操作問題所造成的孔洞 (Void) 問題。
● 黏著劑過度流動造成覆蓋非期待覆蓋區。
● 滑板造成對位度的偏移。

壓膜前的金屬表面前處理

保護膜貼附前的線路表面前準備在軟板生產中時常被忽略，氧化處理 (可以產生穩定、化學鈍性表面來提升結合力與儲存穩定度) 是電路板常見的製程，但是並未出現在軟板生產製程，其可能原因之一是這種鹼性溶液會攻擊與劣化軟板介電質。經驗顯示時間、溫度與溶液濃度是氧化處理與介電質攻擊的主要影響因子，而其實該製程有相當大的製程寬容度可以讓表面鈍化卻不會達到損傷介電質的程度。

軟板生產保護膜貼附作業，其前處理是先清潔線路表面並在表面處理一層抗氧化膜等待壓合。銅膜以這種處理所產生的拉力相當低，氧化亞銅層也容易受到攻擊。化學穩定性消失，線路表面與覆蓋膜的結合力會明顯降低，當軟板暴露到焊接環境時會出現滲錫現象，被稱為 "Solder Wicking"。滲錫時常被歸類為保護膜分離，但是實際發生在焊錫助焊劑塗裝時，原始目的是要剝除金屬表面氧化物並允許融熔焊錫能潤濕基材金屬。攻擊與剝除弱氧化物，會讓焊錫自然滲入保護膜下方。

鑽孔製作的保護膜出現這類問題比例，比用沖壓製作的保護膜要高，鑽孔發熱扮演了重要的角色。修改環氧樹脂黏著劑可以讓抗滲錫能力變好，以壓克力為基礎的系統就表現得比較差。有些方法是針對改善保護膜結合力與耐滲錫性而發展，就是使用雙面處理銅皮或者大範圍的特殊表面處理。

軟板壓合製程的再檢討

捲對捲壓合製程

在捲對捲製造方面，它是靠一對配對的滾輪來執行工作，其中一支時常是金屬熱滾輪來搭配另一支順服性的矽橡膠輪，採用矽膠是因為它耐熱且普遍，加工時以膠輪向熱滾輪施力且力量大小可以調節。膜送入並暴露在概略的溫度與壓力下，調整加熱的程度可以利用變動接觸角度來調整，也可以利用變化行進速度來搭配。

滾輪壓合可以與熱塑與熱固黏著劑搭配，但是施加壓力的時間太短並不適用在許多種軟板黏著劑。這種方法可以被用在貼附保護膜，但是它必須小心控制對齊同時要恰當選擇黏著劑及膠輪材料以控制最小流動。

往復式的壓機可以用在捲對捲的製程：這是移動式的壓合機，抓牢材料並施加熱與壓力，當在行進中持續作用一段預期的時間，之後離型並快速回到前斷的位置再次做抓材料壓合的循環。這個技術的停滯時間可以延長但是有其一定的限度，如果材料的移動速度是 3 ft/min，長度 9-ft 的移動式機構只能提供幾分鐘的壓合。但是快速聚合黏著劑可能已經足夠了，這樣短的時間可以滿足保護膜的貼合。

片狀壓合製程

壓合可以提供延伸循環時間、寬廣壓力與溫度變化，壓力範圍是 100 ～ 500 psi 或者略高，而溫度比較常見的是低於 200℃，這是片狀製程的選擇。典型快壓與傳統壓合設備，如圖 9-22 所示。

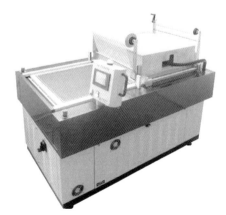

▲ 圖 9-22　典型的快壓與傳統壓合設備

　　作業會在潔淨室內先做材料堆疊成冊以降低異物量，堆疊必然會包含大片載盤來保護壓合墊，它同時可以避免材料與污染粗糙的熱盤直接接觸。載盤內會有壓合墊落在要壓合的軟板或加工材料兩面，參考圖 9-23 的典型壓合墊堆疊結構。

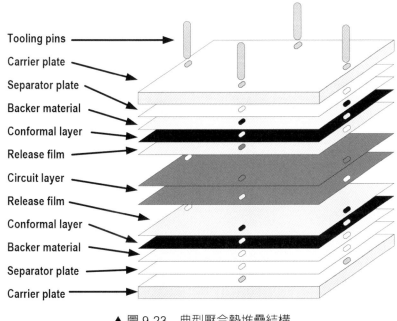

　　Tooling pins
　　Carrier plate
　　Separator plate
　　Backer material
　　Conformal layer
　　Release film
　　Circuit layer
　　Release film
　　Conformal layer
　　Backer material
　　Separator plate
　　Carrier plate

▲ 圖 9-23　典型壓合墊堆疊結構

　　壓合墊提供三種功能：

1. 吸收載盤承載厚度的變化 (變形)。
2. 保護開口避免黏著劑流出。
3. 保護工件 (離型)，避免結合到施壓層。

　　應該要留意的是，壓合載盤片總是有某重程度的彎曲，這來自於持續發生的溫度循環，大片的載盤無法保持平整且厚度總是有變化。工程師計算施加壓力都是依據載盤的面積來分攤，22 tons (44,000 磅) 壓力施加到 18 × 24-in 的載盤上代表大約有 100 psi 的平均壓力。但是因為載盤承載的材料厚度未必均勻，壓合墊也會有不當的變形，其平均的壓力不會是恰當的。

　　因為所有壓合力會集中在比較厚的區域，施加高壓力在比較薄的區域會相對降低。這是非常複雜的問題，此時就必須要使用變形層來應對，它的目的是要對低區施壓，同時轉換力量 (與壓力) 到這些區域。加入變形與液壓層是有幫助的，但是要注意其平整度與均匀度。應該要留意的是液壓或變形層的行為傾向，會朝橫向推擠而可能會扭曲軟板。

　　典型的變形墊是用鋼絨、多片可壓縮紙或纖維蓆所製作的，壓合墊材特性如表 9-3 所示。鋼絨可以再利用但是粗，可能會將痕跡轉印到材料上。可壓縮紙材比較普遍且容易取得，其均勻度、壓縮能力、成本都相當有彈性。纖維蓆是最昂貴的工具，不過也提供最佳平整度補償而沒有橫向扭曲問題。

▼ 表 9-3　壓合墊材料

變形材料	優勢	劣勢
牛皮紙	低成本	不平
墊板	低成本	不平
矽膠	均勻、耐久	高成高
陶瓷纖維氈	優異的均勻度與變形量	高成本、單次使用、骯髒

　　液壓層 (它總是在使用後拋棄)，因為它們會在表面產生印痕，在受壓與熱的狀況下流入開口、工具孔等，是以各種密度包含輻射交鏈鍵結的聚乙烯材料合成，特有的材料　如：PacoForm™ 與 PacoThane Plus™(Paper Corporation of America) 與 PAL(Gila River Product Inc.)。離型膜可以是 Tedlar、鐵氟龍 FEP、切面的 TFE、TEF- 鐵氟龍、滲透玻璃布或者特有系統。所有離型層都具有矛盾需求：它們必須在 Z 方向上移動並進入最細的軟板表面，以遮蔽黏著劑流動，但是它們必須儘量不產生橫向移動 (在 X-Y 平面)，免得導致軟板的伸展或扭曲。

　　承載板必須夠強壯，讓作業員獲得需要的上下板輔助。業者會安排滾輪輸送線搭配升降段來運送材料，以負擔堆疊室到壓合區間往返。多數材料，特別是聚醯亞胺膜與壓克力黏著劑，會明顯吸收一定量濕氣，即便是在有空調的空間也一樣。濕氣或其它揮發物，在堆疊後受壓已經無法穿透多層結構，因此乾燥是非常重要的製造考量。烘烤是低成本方法，被用在非反應性材料上，如：蝕刻過的材料與補強板，但是保護膜、黏著劑與膠片層必須受到保護避免提升溫度，乾燥這些反應性材料需要儲存在乾燥氣體 (氮氣) 或真空條件下一定期間 (如：24 小時)。

真空輔助壓合

　　有一種普遍被採用的真空壓合法，稱為 "Turkey-bagging" ，包含將載盤送入耐溫塑膠袋，接著連接到真空系統。靠壓合前真空停滯幾個小時來清除殘濕與其它揮發物，套袋在壓合循環中持續連接到真空，完成壓合時才切斷。

真空輔助壓合並不常用在單雙面軟板上，但是時常用在多層與軟硬板結構，這些產品比較會受到揮發物壓合空洞的影響。套袋是昂貴的製程，消耗大約 20 分鐘人力來納入與取出套袋。

堆疊成冊的材料上載到載盤，封閉設備的門並開始產生真空，之後在預壓排除揮發物時維持完整的循環真空，之後繼續加熱、聚合與冷卻。因為在它們的周邊是完全暴露的，整體排除揮發物程序不會受到阻礙。

真空艙壓機

真空艙壓機 (Autoclaving) 是壓合設備技術，它在 80 年代這個技術並不普及又還在力求進步的年代相當常見。這個技術也是使用耗人力且昂貴的高溫塑膠套袋來做真空輔助壓合，但壓合是利用氣體升溫順便加壓的壓力艙製作。圖 9-24 所示，為典型的真空艙壓機。

這種技術有兩種優勢：它的熱均勻度高 (利用循環氣體) 同時因為沒有載盤而沒有平整度問題。不過描述它是同向靜壓並不正確，因為它必須有硬質結構在套袋內支撐工具插梢，這樣當加熱時才能保持整體材料的平整度，如果這個結構不平整或彎曲，則施加的壓力也會不均勻。

▲ 圖 9-24 典型的真空艙壓機

真空艙的劣勢包括：

● 高設備成本。
● 危險的高壓與龐大的能量蓄積。
● 緩慢的循環 - 低加熱與冷卻速度。
● 有限的最大壓力 : 300 psi。
● 真空袋、人力與材料消耗。

快壓與傳統真空壓合的特性比較

美日等國，比較少用快速壓合法做軟板壓合生產，不過兩岸三地的廠商則有不少採用這類技術量產，其主要的原因之一當然是因為成本低速度快。不過兩者間還是存在著差異，簡單比較如表 9-4 所示。

▼ 表 9-4　軟板快壓與傳統壓合作業差異比較

快　　壓	傳統壓合
• 單片作業 • 低真空度 • 必須搭配後烘處理 • 尺寸穩定度略差 • 比較有空泡風險 • 適合比較低溫黏著劑 • 設備簡單、作業快速成本低	• 多片作業 • 中高真空度 • 直接達到完全聚合 • 尺寸穩定度比較高 • 填充品質好 • 可以採用高低溫黏著劑 • 設備比較複雜、作業慢成本略高 • 可製作多層軟板及軟硬板

軟板最終金屬表面處理

銅是活性金屬，必須要在裸露端以特定材料來處理，才能在經過儲存後仍能保持可焊接性或允許做壓合貼附。軟板製造商提供的可選擇處理，如表 9-5 所示。

▼ 表 9-5　金屬表面保護處理

處理方法	處理厚度	信賴度
焊錫電鍍	0.25 ～ 1.00 mil	普通
碳粉油墨	0.4 ～ 0.8 mil	中低
有機保焊膜	單層	中低
焊錫表面塗佈碳粉油墨	依據規格	中高
浸金	0.1 ～ 0.5 micron	中高
鍍鎳	1 ～ 4 micron	高
銀面塗佈厚膜碳粉油墨	每層 0.4 ～ 0.8 mil	普通

金被用在電路板邊緣的連接器處理，偶爾也會出現在高信賴度的軟板設計上。這種處理是靠電鍍技術，時常會在底部處理一層鎳底層，這意味著導體線路仍然保有互連機制在做導電功能。

在貼附保護膜（或覆蓋塗裝）後做電鍍是不錯的選擇，因為這表示保護膜開口與電鍍處理可以保證對齊完整，應該不會有暴露的導體面，也不會有黏著劑在電鍍面上。要執行保護膜貼附後的電鍍，導電線必須要在設計中保留下來，不論是延伸到切形位置的外部在成形時切割掉，或者也可以利用後蝕刻、成品衝壓機械加工去除等處理，無電析鍍可以在端子沒有保留導電線的狀況下做暴露端子區電鍍。

焊錫塗裝或者表面做錫處理，可以提供優異的軟板端子整體保護。它可以搭配後續（焊接）組裝技術，同時也被用在許多壓力連接器的生產。焊錫是普遍的電路板表面處理選擇，同時可以簡單的被用在軟板應用上。除非有不良的處理而出現滲錫問題，才會導致組裝焊接時的再融熔現象，這當然會破壞保護膜或覆蓋塗裝的結合性與開口而發生滲錫。

因此焊錫必須在貼附保護膜後製作，如果焊錫是要用電鍍製作則保留導線是必要考量。熱風整平焊錫則是解決方案之一，它被廣泛的用在生產低成本、侷限性焊錫處理上，但是高溫與強制熱風處理是必要的程序，因此要用預烘烤來排除濕氣，之後暴露在焊錫爐中做熱風整平清除多餘焊錫。不過這種軟板處理會讓軟板在處理後略微縮小、扭曲，且會有脫層的風險。不過在已經推動無鉛製程後，無鉛焊錫操作溫度高的問題會讓這種製程更難使用。

有機保焊膜塗裝快速普及，因為它們相當容易導入軟板製造商，在產品上並不需要導線，且可以提供適當的儲存穩定度。可以從各個主要電化學品供應商處取得，需要處理的時間則有變化，主要依據期待的儲存壽命與槽溫而定，在室溫到 50℃ 浸泡 1 ～ 5 分鐘的作法常有人使用。

無電錫析鍍是另一個可用的選擇，適合用在所有類型軟板上，它容易控制且對線路無損害。當製程中假設襯墊是清潔且不要過度儲存，這是短期合理可保持焊接性的方法。

成形與電測

多數保護膜、補強板、膠片的外型處理都相當簡單，但是當要做軟板成品成形時就沒有那樣簡單，可能需要多次處理才有辦法產出最終軟板。業者有不同程度的自動化與精確度製程，手工剪刀切割、目視或插梢對位刀模切割、高速高精度多片沖壓模具切割、雷射切割都有業者使用。圖 9-25 所示，為典型的高精度鋼模範例。

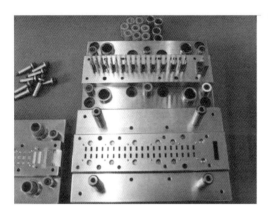

▲ 圖 9-25　典型的高精度鋼模範例

　　軟板成形有兩個與尺寸相關議題：外型的形狀與尺寸、與線路的對位關係。軟板設計，其最小成形與蝕刻線路距離範圍，以刀模切割的設定為 20mil、以精準沖模切割的設定為 3mil。比較建議將距離邊緣的寬度放鬆，以確保與導體外部能夠保持完整絕緣，特別是當使用保護膜時成形切割容易衝擊與撕裂黏著劑，這種處理會比較有保障。

▼ 表 9-6　對三種模具類型的公差與壽命期待

模具類型	成形公差 ,mil	壽命 , hits
刀模 - 眼睛對正	15	5000
刀模 - 插梢對正	10	5～8000
精密多槽沖模	5	>50,000

工具

　　各個軟板設計，都需要許多客戶工具系統資料與大量的工程文件。前段成本與工程需求時間，時常是產品是否能夠被廣泛使用的主要障礙。包含在工具系統的內容如後：

● 底片—時常是多片單一產品的組合搭配試片。

● 鑽孔程式。

● 成形模具。

● 電性測試。

　　也時常需要的部分：

● 壓合治具。

● 灌膠工具、組裝與成形治具。

● 符號打印與絲網印刷。

　　CAD 工作站是工具準備的基本配備，工具孔與襯墊位置是靠導入數據資料來設計，同時需要搭配圖面與工具系統設計以確認可以精確對齊。在有適當設備的工廠，CAD 數據是直接輸入鑽孔與切形機械、測試設備、底片繪圖機與 NC 機械工具等，這樣可以進一步降低人力需求與排除錯誤。

　　底片是主體線路圖形資料的拷貝，它是以 CAD 數據的形式儲存並在必要的時候重新繪製。工作底片壽命是有限的，會因為累積的刮傷、操作損傷、真空引起的扭曲、工具插梢拉扯的變形等因素而必須廢棄，每次再製的拷貝需要在使用前做檢驗與修補。

　　鑽孔與切形程式可能會直接輸入 NC 機械或以儲存媒體模式輸入，某些狀況下可以利用倍率因子來做孔與線路位置的縮放，以達到圖形尺寸位置與實際蝕刻線路間的最佳搭配。確認對位偏離的程度並做出資料，以供調整改進參考是相當普遍的作法，這些在單面軟板可以靠目視判定，而多層板則可能需要 X-ray。

　　共用的工具並不常看到，因為各個設計都是特殊的，且工具製作會收取費用並屬於客戶，也因此會限定使用的範圍與對象。壓合會使用治具，這些包含：治具母板外部的孔，會以 3/4 或 1-in 直徑的鑽孔程序製作在格點上，而在平板內部只會出現用來對齊的孔位用來固定插梢。治具母板是大佈局的固定工具，但是實際的軟板則是靠母板內部的固定點來配置。

　　外形結構是底片設計與設計準則的一部份，刀模的生產簡化可以直接傳輸成形數據給供應商。精密衝壓模具可能會直接利用 NC 設備生產，但是比較常需要傳統的圖面來製作。

　　電性測試治具可以靠人工製作與 CAD 資料技術製作，主要的考量是複雜度與成本問題，襯墊位置可以從數據資料中取得。

　　軟板組裝上硬體時常是由軟板製造商執行，在這種狀況下製作各種組裝工具與治具是必要的，這種特別設計的工具範例包括：

● 定形治具 (預先彎折)
● 焊接治具 (用來固定位置與保持硬體、軟板，以利大量或手工焊接，它們可能包括熱遮罩)
● 灌膠 (慣用於軟板與連接器，會依據客戶設計)
● 符號印刷或蓋印

預先彎折或定形，包含許多手工技巧與主觀檢驗。當需要嚴謹彎折將軟板配置到組裝中，簡單治工具相當有價值，可以對正蝕刻出來的線路記號，同時有限制外形保持最小半徑的功能。因為多數軟板處於較低熱固狀態，定形只能維持低限度，難免會彈回 (損失形狀) 而變動延伸形狀。大片無功能銅面可幫助彎折區保持形變，同時可能會產生永久定形。

熱塑系統如：聚酯樹脂與乙烯基樹脂與融熔連接，都可能產生較好定形。軟板定形並被治具固定，暴露到略高於介電質軟化溫度，之後以較冷空氣或流體冷卻即可完成定形。使用壓克力樹脂系統要注意，在升溫下嚴重彎折一段長時間，會產生不預期蔓延或流動。較好的作法是在冷環境下讓變形量超過需求，之後做足夠迂迴組裝以避免糾結或皺折。

對齊

將線路對位到工具的搭配位置，是軟板生產的基本製程，對位至少需要這些步驟：

- 通孔鑽孔 / 沖壓。
- 保護膜 / 覆蓋塗裝。
- 成形。
- 印製符號。
- 多層壓合。
- 電性測試。

多數治具或作業對正是依賴插梢固定工具孔，工具孔是在第一個步驟以鑽孔或沖壓製作，或是在後續步驟以目視或自動，對齊蝕刻出來的靶位。有無數作法用來改善線路與工具系統對齊狀態，但都會受到軟板本身基本穩定度影響。端子襯墊必須要有對中通孔、保護膜或覆蓋塗裝，同時必須也能正確搭配位置與硬體組裝對位。

通孔製作順序的先後，會影響到孔外形與位置精度。要降低材料移動產生的對位偏差，可以利用蝕刻後沖壓法成孔，這種作法是靠自動設備判讀蝕刻靶位中心記號，並以沖壓工具將孔製作在正確位置。當工具插梢受到輕微力量而偏離，可能會影響精確度與扭曲並可能損傷線路。

分群對齊是平衡收縮的不錯技術，但客戶圖面必須反映同樣理念。想法是只在它們需要的區域內採用接近公差，如：在連接器孔的線路圖形內，這些孔是當作準確群體來做沖壓，利用治具對準局部或分群的對齊孔，來處理這個群體所需的作業精準度。群體間距會產生較大的變異，因為多數軟板作業會先設計輕微加長並大於理論距離。

9-5 產品製程序列

到這裡讀者應該已經適當掌握了軟板材料的特殊問題與注意事項，並瞭解所使用個別製程的潛在原因。有了這些瞭解，讓我們檢驗製程與程序來組合產品製造狀況，特定起始點多數都是為了特殊產品需求所致，而某些狀況則源自於設備限制。

單面軟板製程

圖 9-26 所示為單面軟板流程，這個產品有導體層受到基材介電質支撐，同時可以有或無保護膜。

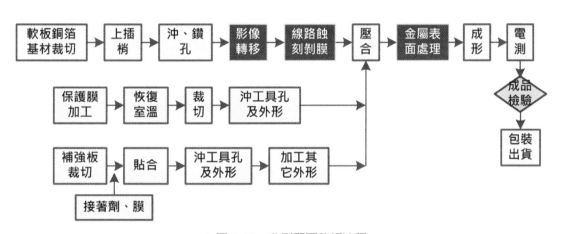

▲ 圖 9-26　典型單面軟板流程

單面軟板是軟板產品中產量最大的產品，同時是最低單位成本的產品，製程相對直接且適合採用捲對捲生產技術，這種做法可以得到更好的成本效率。介電質與導體參數可以彈性改變生產廣泛的產品，從電毯電力分佈電纜到高密度捲帶自動連接 (TAB) 技術都有。小的產品變動，業者會在製程順序間做變動。

雙面軟板製程

圖 9-27 所示為雙面軟板流程，這個產品有兩面導體層在基材介電質的兩側，依據需要可以製作電鍍通孔或不做。

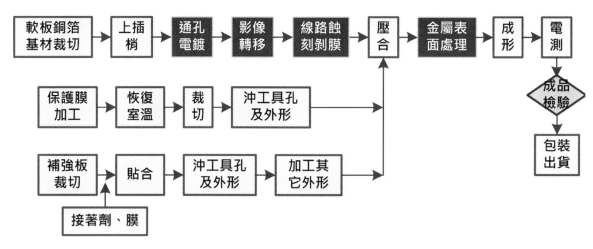

▲ 圖 9-27　典型雙面軟板流程

被用在單面軟板製作直接端子暴露的製程，也可以被延伸應用到雙面板線路的生產，同時端子會直接暴露襯墊。這樣生產的軟板可以在兩面做組裝，也可能設計成單面電性遮蔽結構。某些應用可以改變軟板設計，以扭曲反轉做軟板連接，這樣就可以避免使用雙面組裝結構。

多層軟板製程

圖 9-28 所示為多層軟板典型流程，這個產品可以提供比較複雜的接點連接，可以用在比較複雜的電子產品結構用途。

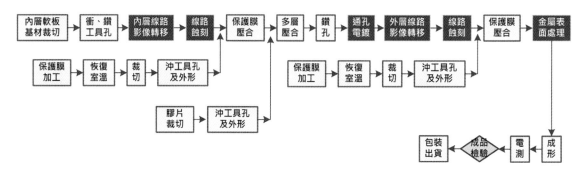

▲ 圖 9-28　典型多層軟板製作流程

多層軟板是全軟板材料結構的電路板，堆疊比較厚的區域其實已經失去了撓曲性，但是局部區域會被設計成單層堆疊或只有單、雙層軟板的結構，這種狀況下可以在硬質區做部件安裝，而保留柔軟區做彎折連接結構。功能性與軟硬板相當類似，但是因為完全使用軟板材料，比較不需要考慮與硬板搭配的製程顧慮。

9-6 特殊線路製程

減除製程是軟板線路生產最泛用的技術，最終線路會有良好的電性表現，可取得一定範圍的厚度 (它影響電阻與電流負載容量)，端子幾乎可以用所有已知的金屬處理，允許局部修補或重工而不需要特別的設備，同時可以在合理的成本下製作。

不過為了特定的需求，仍然有不少的軟板量是以替代線路製程生產，如：半加成或高分子厚膜 (PTF) 製程。

半加成程序

這個技術使用種子金屬沉積到介電質上，就是製作一層結合力良好且非常薄的金屬化膜在表面，處理過導電層的基材後續以電鍍法選擇性的建構導線。

線路與襯墊是以一層光阻開口定義出來，之後利用電鍍在光阻未遮蔽的區域製作線路達到期待的厚度，之後剝除光阻。種子層會在後續的微蝕過程中清除，而呈現出完整分離的線路圖形，所清除的金屬量對於線路尺寸影響相當小。

半加成製程快速的主導細線路市場，可以應對線寬間距 3mil 以下的產品。這種技術使用 " 無膠 " 材料，具有種子層的材料已經很容易從市場上取得。對於需要製作 PTH 通孔的產品特別有成本效益，因為介電質材料可以在事先做通孔沖壓或鑽孔，之後一起金屬化處理。後續的種子層析鍍會發生在材料的雙面與孔內，因此廠商只需要再做線路影像轉移、電鍍及蝕刻就可以完成細線路的製作。

半加成製程序列如後：

1. 準備 (有種子層的介電質)。

2. 鑽孔 / 衝壓工具孔與通孔。

3. 線路影像轉移，電鍍到期待的厚度。

4. 剝除影像膜，逐步的蝕刻清除種子層。

5. 覆蓋塗裝等。

半加成製程的優勢是可以生產非常細緻的線路外型，比全蝕刻的製程精確度高，因為析鍍建構受到光阻影像的控制為主，它穩定的控制了側壁的外型，因此會有最佳的尺寸穩定度。

因為金屬 / 介電質組合並不靠壓合的銅皮所建構，它的劣勢是需要小心控制電鍍條件以獲得均勻電鍍厚度與良好撓曲性。同時某些材料技術會採用底層強化拉力的金屬層 (Tie Coating) 處理，這些處理層必須要在線路製作完畢後清除，否則線路會呈現短路。

高分子厚膜或導電油墨印刷

PTF 的製程程序如後：

1. 準備 (只有介電質)。
2. 印刷導電線路與靶位。
3. 聚合導體線路，依據靶位衝壓工具孔。
4. 印刷介電質 (覆蓋塗裝) 層。
5. 成形等。

PTF 的優勢是它可以降低毒性廢棄物的產生，且可以用比較低的成本製作。同時它也排除了銅皮與基材壓合製程，有利於簡化製程與提升尺寸穩定度。PTF 的劣勢是高電阻、低電流負載容量，它也需要特別的組裝技術 (如：導電黏著劑)，因為導體無法焊接。

模具切割線路製作

這是被用在製作低成本大量生產粗略外型軟板的方法，它有幾個作業變數，所有線路都是以機械模具成形或衝壓法製作。最普遍的製程包括，以模具刀緣從有塗裝黏著劑的銅皮切割出局部金屬區域，同時轉移這些銅皮到一張介電質上。模具同時加熱來活化黏著劑，讓它足以活化切割面積內的銅皮黏貼到介電質上，而未活化的部分則拉掉廢棄。

　　許多汽車連接用的軟板已經用這種製程製造，它可用捲對捲大量生產寬度 12mil 以上的線路產品。必須理解，所有機械處理製程特別是迴火銅皮會引起硬化，即便是輕微撓曲、延長都會產生延伸性損失。機械加工形成的線路，不應該用在比較高撓曲性需求的應用，它與直接使用壓延迴火 (RA) 銅皮，以蝕刻技術製作的軟板功能性有差異。

濕式雕塑法 (Sculpting)

　　軟板雕塑製程是用在軟板的漸進式蝕刻法，流程類似於用在導線架的生產方法。這個製程理論上的好處是，它可以允許板內有厚度變化，例如：在端子區需要比較強的部分可以用比較厚的結構，而需要撓曲的區域則製作得比較薄。

　　最普遍使用這種特別製程的，是要在保護膜下軟板邊緣製作延伸用連接支架的產品，這樣可以作為硬體的銜接端子。端子襯墊以厚金屬製作，製作出來的厚金屬會讓金屬面特別不平。它們會突出保護膜並與蝕刻線路對齊，同時有顯著的可焊接性，因為它們高於介電質而容易清潔。

　　這種產品在製作保護膜後會有更大的收縮量，在這種結構中這類現象會相當普遍，因為它必須要採用比較厚的接合膠層，這會讓銅皮周邊介電質扭曲量變大。因為銅皮比標準厚度厚得多，因此製作細線路的能力與外型就相當有限。與標準軟板成本相比，因為需要更多製程而偏高。

9-7 ⋮⋮ 小結

　　軟板與電路板製程差異會衝擊產品設計與成本，相對於硬板製程軟板生產需要更多人工與材料。它因為材料不穩定度、操作損傷敏感性、檢驗增加、使用保護膜等而減損良率。有效軟板設計必須考量這些因子，評估下訂單時考量了增加的複雜度與成本負擔，以免誤判。

　　製作軟板會採大範圍條件與設備，軟板如果允許採用捲對捲製程，要在有高穩定度與精密設備的工廠生產。多數軟板是以片狀製造，可以降低啟動成本與採用寬廣條件。用於軟板生產的設備，類同於電路板設備，但因為材料輕薄、脆弱必須考慮增加人力與特別作業，並在輸送設備內使用導引機制。

　　貼保護膜是軟板特殊製程，它包含壓合第二介電質膜到導體上。是類似止焊漆的覆蓋塗裝，使用材料必須是柔軟高分子物質，並有比較低的聚合溫度。軟板製程因為材料尺寸穩定度而變得複雜，對位工具及多層結構增加層數，都要小心設計與增加工程考量，蝕刻後沖壓可以降低蝕刻後縮小影響，可以獲得比較好的對齊效果。單層軟板生產製程簡單寬廣，而雙面、多層結構會需要更多製程，PTH 製程可以提升線路密度簡化連接器設計。

CHAPTER 10

軟硬板製造

10-1 簡介

軟硬板這個詞彙容易讓人產生誤解，要比較清楚表達實際的意義則用「整合硬質板與軟板為一體的電路板」會更貼切。描述軟硬板的狀態，可以將其定義為：一片電路板具有局部硬質區域，而以軟板來延伸到外部成為連接中介體。一片典型的軟硬板，會包含多層線路貼附在一起的硬質區，且層間會以 PTH 互連。有補強板的軟板是最簡單形式的軟硬板，如圖 10-1 所示。

▲ 圖 10-1　簡單的補強軟板也可以算是軟硬板結構

圖 10-2 所示，是非常複雜的軟硬板範例。兩者都具有軟硬板特性，其硬質區與軟區產生互連並具有共同的導體層。

▲ 圖 10-2　相當複雜的軟硬板結構產品

　　硬質區可作為應變解除、補強與部件支撐的角色，軟性與硬質區之間的互連區域，可以吸收輕微配位偏差並提供一定柔軟度來搭配組裝，軟硬板可以滿足各種需要配置在單一立體結構內的電子產品需求。它需要比較長時間來設計，製作上比較困難且成本會比其它類型電路板高，但軟硬板是目前可取得的最密集、可彈性變化與可靠的互連機構。

　　對於傳統的高信賴度應用，如：軍事、航太、醫療方面，多數都比較常採用傳統的電路板結構製作軟硬板。這些年來由於可攜式電子產品需求大幅提升，因此如何增加構裝密度與減少佔據空間，成為電子產品提升性能的重要手法。而可穿戴電子觀念的發展，加上未來微機電生化應用的需求，又會將這類想法推向另一個發展方向。圖 10-3 所示，為典型移動型電話發展到可穿戴電子產品的軌跡。

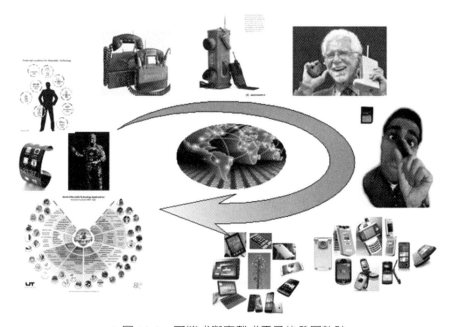

▲ 圖 10-3　可攜式與穿戴式電子的發展軌跡

整體高密度電路板設計趨勢，必然會以導入可應對高密度、可穿戴產品能力為重。目前可攜式電子產品，還將高密度與軟硬板結構整合，製作出更符合高密度構裝需求的 HDI 軟硬板。圖 10-4 所示，為典型用在手持遊戲機的高密度軟硬板應用範例。

▲ 圖 10-4　用在手持遊戲機用的高密度軟硬板

自從蘋果公司堆出 iphone 以來，各種新穎的可穿戴產品競相提出未來產品想法，可穿戴產品已經成為電子產業是否能有明天的重要想像。圖 10-5 所示，為市場已發表的可穿戴電子產品範例，可以看到其中軟硬結構可以發揮的空間。

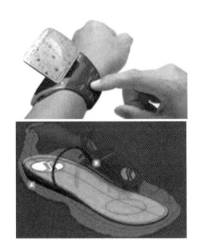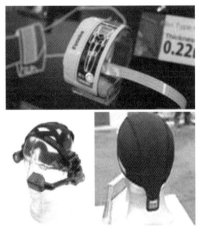

▲ 圖 10-5　炫麗的可穿戴世界

本章比較專注於釐清軟硬板製造所需要增加的步驟，從這個觀點看，大家要先熟悉純軟板與硬板才能研讀本章內容。讀者知道了如何製作電路板，它所使用的材料、技術及軟板基材、保護膜與指定黏著劑的主要製造問題，之後才比較容易進入軟硬板技術領域。為了避免有太多贅述，後續討論的基本背景仍然偏重技術差異的部分。

10-2 定義

在此先用一點篇幅介紹軟硬板詞彙與觀念，這有助於複雜製程的理解。常見的典型軟硬板，是以兩組硬質蓋板製作在電路板的上下表面，其間有一或多層軟板被夾心製作在中間，軟硬板蓋板區保持為無線路狀態最終切除。蓋板與軟板會被穩固貼附在一起延伸到硬質區，也就是含有 PTH 的部分。軟板層在需要柔軟的區域，會相互貼附或者分開 (Air Gap)，結構選擇是依據應用需求與物理特性而定。

蓋板多數不會事先製作多層結構，而是製作成標準單面線路雙銅面板，有時還會以銅皮覆蓋或者根本採用開放結構，結構是在多層壓合時建立。銅皮或蓋板壓合類似於硬板壓合製程，不過原來的銅皮被單面全銅電路板基材所取代。兩種製程都可以用在特定結構軟硬板製造，來應對單數層或其它結構的產品。

在軟板堆疊進入壓合前，蓋板、各部軟板、膠片或連接黏著劑等都會先做工具孔沖壓、開窗、開槽與局部成形來產生不貼附區或外型邊緣，這些部份是最終軟硬板比較困難處理的部份。

開窗常用刀模製作，它與黏著劑或膠片層是靠工具孔與插梢對齊，並精準切割出特定區域。同種製程也被用在產生填充材料上，它與黏著劑有同種厚度，材料如：鐵氟龍、Tedlar 或 TFE- 玻璃布。不過目前業者多數使用的製程，並不加入填充物以節省人力，但是在壓合中比較會面對斷差區斷裂、交界處厚度逐漸變薄傾斜、無法完全控制膠片流動的問題。填充物是堆疊時伸入開窗的區域，其功能為：

● 回復堆疊的厚度以達到均勻壓合壓力。
● 避免軟板層間結合。
● 鎖住黏著劑 (或膠片) 流動。
● 保持最小的扭曲。

蓋板會沿著軟板需要暴露的區域邊緣事先開槽，如果蓋板沒有在壓合前先開槽 (或者在內部製作刻痕以便斷開)，在最終產品切割這個邊緣時，就需要相當專用且精準的 Z- 軸控制，以避免損傷軟板。

軟板層邊緣未必會在最終成品與其它部份貼附在一起，因此要做介面切形就相當困難，這些部份多數都會以刀模事先局部切割。壓合前不會清除報廢區，也不會有東西被清除掉。軟板層會以整片進入製程，邊緣、邊料區的工具系統會用來輔助對齊與厚度控制。

　　如果設計需要讓 PTH 區域產生多階結構，就必須用序列式壓合。這個技術，比較薄區域的層次會先完成並經過 PTH 處理，之後導入最終的軟硬板堆疊。此時已經完成 PTH 的區域，是以額外的軟板與蓋板層密封在比較厚的軟硬板內部，建立出最終厚度後，做第二次的 PTH 製程。

　　壓合未貼附部分區域如果太大，可能會在電漿處理時膨脹並引起層分離，這必須看整體密封性與所含自由揮發物的量而定。當軟板彎折區超過 4 ～ 5in^2，膨脹的力量會在熱、真空的電漿製程中產生，這可能會拉開蓋板邊緣。面對這種狀況，有時候可以在這些區先製作排氣孔釋放壓力，不過必須在 PTH 製程前做密封處理。

　　軟硬板需要特別嚴格的品質控制，其最具挑戰性的檢驗程序是熱應力，可能需要做代表性的 PTH 試片切割、目視與斷面分析。試片需要在 125°C 下烘烤至少 6 小時之後冷卻、上助焊劑並做 288°C 漂錫 10 秒。之後檢查表面的缺點如：編織纖維異常、纖維暴露、刮傷、環狀分離、凹陷、壓痕，接著作切片來分析電鍍整體狀態及軟硬各區域的廣泛特性。

　　習慣是先檢查鄰近 PTH 孔的襯墊與線路區域，之後檢查沿著線路向下一個 PTH 孔延伸的位置。比較普遍剔退的軟硬板品質問題，是延伸區域的基材空洞，這些是在介電質結構中的空洞或氣泡，定義只要基材空洞大於 3mil 或者干擾到導體至導體間的空間就會剔退。

　　某些應用在軟板區需要非常嚴苛的彎折，漸層設計會被用來降低組立的應力 (但是必須經過相當複雜的製程與高應力焊接組裝)。漸層 (Progression) 是用在軟板層的設計技術，在彎折區的先後順序是由內而外的彎折，此時會逐漸增長來補償增加的通道長度。

10-3　製程

軟硬板流程

　　概略的推估，軟硬板製程會有軟板三倍以上的製程步驟，因此剔退機會與多層電路板相當。軟硬板結構也包括軟性基材與黏著劑，這些在溫度提升後與電路板玻璃樹脂系統比較，容易有異常行為出現。典型的軟硬板製程，如圖 10-6 所示。

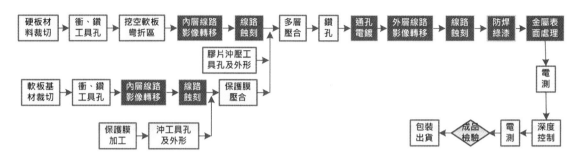

▲ 圖 10-6　典型的軟硬板製程

　　軟硬板製造需要在每個步驟中都給予特別關照，正如同在軟板的案例一樣，軟硬板生產總是受到無法偵測的材料缺點或製程變異困擾，這些缺點都可能在後續製程中引起問題或者在檢驗時導致剔退。軟硬板是較高附加價值的產品，在生產愈後段面對剔退，所產生的人力、物力、時間損失就愈大。

　　多數這類產品的剔退位置是出現在終檢，特別是令人擔心的熱應力分析，這是軟板各層、蓋板與介電質系統首次完整整合與測試。只要有微小的 0.003-in 空洞出現在延伸區就會引起產品剔退，這是處於最高價值可交貨的位置，也沒有機會做修補或重工。要改善這種問題，軟硬板的生產過程，必須要比產品投諸更多工程與監管的心力。

10-4 製程綜觀

　　如果必要，應該要快速檢討 PTH 製程，這些包含在生產雙面軟板的步驟，同種製程與設備可以用在軟硬板製作。我們會假設軟板與蓋板層都有正確設計，並提供期待的互連與尺寸，而正確的工具、鑽孔程式、底片與材料也都已經就位，工廠也都具有良好的功能與效率，並嚴謹製程控制。

　　到了這個階段材料會做機械預加工、堆疊等處理，除此之外軟硬板生產大致上與硬式電路板及軟板生產類似。實際上多數軟硬板原材料如：蝕刻層等，都是硬板與軟板製造的產出物。從這個地方開始，軟硬板製造的特別作法才開始發生，此時我們也才面對特定軟硬板製作技巧。雖然軟硬板基本製作概念相近，但是不同結構與表面狀況的軟硬板還是會有製程順序與半成本結構差異。圖 10-7 所示，為日本某電路板廠商的軟硬板製程圖示。

　　從資料中可以看到，製程是採用表面銅皮覆蓋結構製作，但是這種流程必然有其執行難處。因為銅皮強度相對比較差，只要製程操作讓它產生破裂，內藏藥水就會讓濕製程中各槽體相互污染，如果真發生這種問題，則這個製程可行性就會受到質疑。不過如果採用比較厚的銅皮支撐，同時採用內部填充結構操作，風險相對會降低，但這種作法對細線路製作的能力就會打折扣。

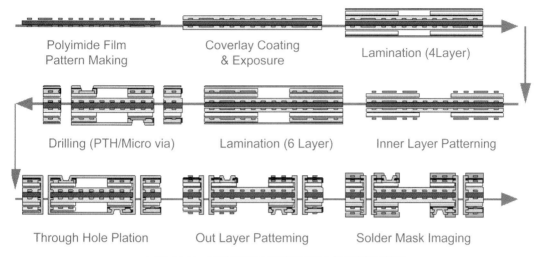

▲ 圖 10-7　日本廠商採用銅皮壓合的軟硬板製程

　　另外是筆者曾經用過的軟硬板製程，這種製程在完成軟硬板製程前，完全保持密封蓋的完整性，避免讓藥水有侵入空區的風險。這種作法可以應對各類軟硬板製作需求，且製程穩定度也比較高。典型的作法如圖 10-8 所示。這種製程的優勢是，空區軟板在整個製程中都不會碰到藥水，因此就算軟板表面有暴露襯墊的結構，也不會產生任何後遺症。不過因為蓋板必須在完成產品後清除，因此必須找到不傷害軟板又能將硬式蓋板清除的方法。

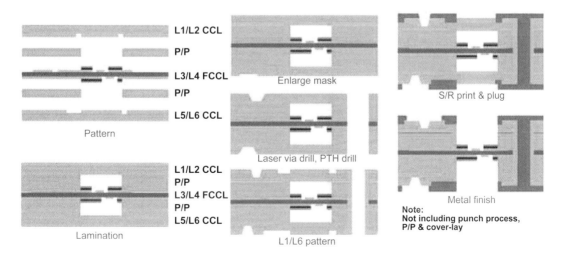

▲ 圖 10-8　比較傳統典型的軟硬板製程

傳統開蓋作法是利用深度控制的切形設備，做所謂開蓋處理，不過這種製程深度控制能力有限，加上電路板厚度會有變化也讓控制能力降低。某些廠商會採用雷射開蓋處理，不過設計製程時必須搭配工廠的工具系統與技術特長規劃，否則會有清除不完全與損傷軟板的風險。

某些廠商在面對彎折軟板區沒有襯墊暴露下，採用無封蓋製程結構生產。這種軟硬板製程在通過濕製程時會接觸藥水，因此不能有任何襯墊暴露，否則會產生不必要侵蝕與化學銅沉積發生。這種製程的好處是沒有蓋板，成品不需要一片片做深度控制開蓋，可節省相當成本，而彎折區可用整疊硬板基材直接切開再壓合。在製作超薄軟硬板方面，因為沒有蓋板需求限制，某些廠商會採用膠片直接壓合，這種製程可製作相當薄的軟硬板。

不過這種製程的缺點是，軟板區在經過除膠渣製程會受到攻擊，因此要注意軟板覆蓋膜選用與厚度設計，過低厚度與比較強的除膠渣參數，會過度損傷軟板導致信賴度問題。另外在化學銅處理方面，因為 PI 材料本身不容易活化，因此成長出來的化學銅會有偏低結合力，如果這種低結合力的化學銅在製程中產生剝離，會造成槽液污染與製程困擾，這些方面目前還是沒有徹底解決方法，只能朝高結合力化學銅製程著手。

10-5 製程細節陳述

密封

一片軟硬板含有多層蝕刻線路細節與黏著劑，會以多元工具與插梢對正。不同於其它多層 PTH 板，軟硬板的層內未必都是連續的，就是會有預先邊緣切割與外型處理、切割排除區。除非切割區域被填充，層內這些區域不會出現材料幫助保持厚度均勻性與良好密封性。

為了要讓未貼附在一起的軟板區能沿著硬板區產生硬質邊緣，並讓軟板能在最終產品上可以延伸彎折，這些軟板與黏著劑層材料必須先做機械處理，如：開縫、開槽、開窗等不同外型。這樣黏著劑在不需要貼附的區域會被清除，有時還會以填充物取代該位置來獲得均勻厚度，此時那些無法在軟硬板完成才切割的區域就都已經被切掉了。

雖然所有材料呈現扭曲與機械加工過的外型，壓合板還是必須呈現整體密封、無縫、無空洞的蓋板表面與邊緣，以利電漿與濕製程處理。這就是為何迫使開窗、填充密封程序複雜的原因，各層都要避免產生最終產品邊緣干擾，而暫時維持方便作業狀態，以維持製程步驟可作業性。

袋狀密封結構

軟板與蓋板層的斷面，中間夾層是黏著劑層。在軟性彎折區黏著劑已經被切掉，有時還會以填充材料取代，因此整體材料堆疊厚度是均勻的。不需要接合的區域不會發生密貼，不論軟板層間或軟板與蓋板間都是如此，因為填充材料可以從不需要連接的部份分離。

不過即便硬質區壓合後被膠片或黏著劑密封，內部空區被填充物與軟板包圍，懸空未密封區的蓋板槽還是可能成為 PTH 製程滲漏通道，化學品可能進入板內造成電鍍槽組成干擾與線路污染。這些開出來的槽必須完整密封，但有時候這些位置又會面對最終成品不易清除的問題。

袋狀結構是犧牲區，落在軟板層與蓋板間。袋狀結構是貼附蓋板所構成，這是以切割處理過的黏著片製作，只有結合到硬質區接近軟板層的位置為止，環繞軟板的黏著片會產生填充並輕微流入軟板區。

另一種方法是用銅皮壓合，製程中袋狀結構是被銅皮覆蓋著，軟板彎折區板材已經被開窗清除，這些銅皮覆蓋區會在最後以蝕刻清除。

排氣

就算強制使用真空輔助軟硬板壓合，挖空區還是無法避免會含有揮發物。當軟硬板要做電漿處理時，升溫與真空環境的組合效應都有機會讓材料沿挖空區域邊緣分離，因為這些變化會讓殘存揮發物膨脹並產生蓋板推力。如果挖空區小且被良好貼附，應該不會有損傷出現。但是比較大的挖空區域（大於 5 in^2）就應該要做排氣處理。做這個處理，可以利用額外鑽孔程式貫穿空區來應對。孔在通過電漿處理時要保持開放以平衡內外壓力，之後在電鍍等濕製程前以密封膠帶、焊錫或其它方法密封。

堆疊接合

軟硬板的堆疊接合製程相當困難需要許多步驟，其中在 PTH 製程前需密封作業，應該是最差的設計案例。採用漸長軟板結構問題比較小的，在蓋板底下應該可以壓縮其增加的軟板長度，這樣可以避免額外製程問題。典型應對漸長軟板的堆疊，是將蓋板切割出局部槽形窗讓比較長的彎折軟板層可以穿過釋放壓縮。從蓋板處暴露的軟板面與複雜內部暴露區域，必須要被密封以避免無電析鍍、帶藥水污染等問題。密封漸層軟硬板的方法，要看需要處理的數量範圍而定，可以用相當依賴技巧的手動貼膠，或者可用暫時性成形膠膜固定製作，這些處理會讓軟硬板凸起，在完成後都也都必須去除。這類產品製程典型斷面，如圖 10-9 所示。

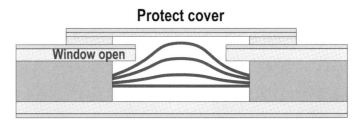

▲ 圖 10-9　有漸長軟板設計的軟硬板製程斷面狀況

其它堆疊接合製程問題：

● 各軟板層朝向曲線外部逐漸變長，如：第一層在硬質區之間的長度是 2 in，第二層可能就成為 2.02in，各層間的工具孔也要增加同樣長度，在堆疊時層間會利用插梢或其他方法定位，各軟板層都因為額外長度而朝上突出。這必須在軟板邊緣開縫並切掉多餘區域，還要包含所有影響重新分配額外長度的材料。要留意模具設計，以確認切割邊緣位置，確保堆疊時能夠回復邊緣密封性。

● 各個逐漸增長的軟板都需要有額外工具插梢，以防止堆疊時產生向外偏滑問題。除非使用足夠固定機構，否則多出來的軟板長度在壓合中會伸入硬板區，這樣會扭曲鄰近線路位置。

● 如果蓋板做開窗處理允許軟板向外突出，壓合治具必須具有釋放結構來適應軟板突出。可能需要額外墊板來建構治具厚度，這樣突出部分才不會接觸到壓機的壓合墊。

● 在數碼控制 (NC) 鑽孔與切形，應該要用比較高的壓力腳及工具來避開突出部分。有可能必須利用轉換板來支撐軟硬板，這樣可以讓出必要空間適應堆疊結合與機械處理的平整度，鑽孔與切形程式在這裡應該要做鏡射處理。

● 光阻壓合可能需要額外的填充板或墊片，這樣才能有適當壓力轉移到光阻膜上，以真空輔助片狀壓合是必要作法。

● 這種堆疊結合可以降低組立應力，但是在平面會有比較高的應力，整個後續製程與組裝階段，這種堆疊結合的軟硬板都會在拱起部分有額外應力。烘烤、機械衝擊或撓曲，都可能弱化軟板與硬質區的結合性或者加速銅皮疲勞。

● 邊緣處理 (Beading)－應用半硬化材料在內圓角沿著軟板層根部做圓角填充處理來幫助改善彎折應力分佈。

機械加工

NC- 控制的槽切形與刀模開窗是依據工具孔製作，被廣泛用在軟硬板製作。

硬質區域因為含有玻璃纖維強化層，比較難用模具切割，它們必須用切形法產生平滑、無應力、精確的外型邊緣。軟板並不適合利用切形機加工，尤其是在沒有完全緊密夾持狀況下，例如：在未貼附的撓曲區域。應付這種問題的方法之一，是在多層堆疊前處理單層軟板，在必要區域先以模具做邊緣成形或開縫處理 (還是保留無效區材料)。在完成所有濕製程包含迴焊與清潔後，再將整片板子送回切形機做最後成形。

蓋板槽已經存在，延伸到超過軟板邊緣的位置。切形機切刀插入通過板子，沿著硬質區邊緣成形，直到再度連接原槽縫或另外一個槽，做硬質區成形。切形也會切割到軟板區邊緣，但只做到足以分片的程度，軟板邊緣預切精度是軟板品質的主要影響因素。

當軟硬板脫離整板時，貼附在挖空區的蓋板仍然連接，要完整成形必須再將這些部分去除。薄蓋板連結此時維持在原處，可以幫助解除軟板區應變問題，保護軟板免受銳利蓋板邊緣損傷。

電漿

軟硬板的電漿處理類似於多層軟板處理，只是會面對挖空區的排氣與無膠材料引起的回蝕問題。電漿攻擊有機物的速率會有差異，傳統軟板線路與襯墊會被柔軟且部分清除的黏著劑圍繞，因此電漿處理會在 PTH 孔內部襯墊上下產生三面 (頂部、邊緣、底部) 連接的強壯無電銅附著連接。在無膠軟板襯墊是由聚醯亞胺膜直接支撐，這是強韌耐電漿的高分子材料。理所當然在無膠斷面的回蝕只會發生在保護膜邊緣，會出現在黏著劑或層間結合膠片位置。

以有膠材製作軟硬板，製作時應該將兩面黏著劑移除，必要時可能需要玻璃纖維蝕刻來改善銅結合力。均勻的表面處理與玻璃纖維移除相對執行較困難，同時也應該理解無電銅滲透到纖維束的程度會有變化。

表面處理

當聚醯亞胺膜出現在軟硬板結構，必須做壓合前表面處理。聚醯亞胺膜相當難以結合，因為它們表面平滑且化學反應性低，有四種方法被用來處理其表面：

● O_2 電漿處理
● 噴砂刮洗

● 丙酮擦洗
● 表面先期黏著劑塗裝

　　以噴砂刮洗粗化與鈍化光滑表面來改善機械連接性，最好不要用在成品軟板暴露區，有可能產生品質與剝退問題。噴砂需透過徹底超音波水洗來清除所有殘留物。丙酮擦洗還是有點危險性，但是快速而有效，它應該在堆疊前幾分鐘內做這種處理。但應該要留意溶劑可能帶來水，丙酮是吸水性物質應該要保持封蓋狀態。

　　氧氣電漿清洗是不錯的方法，因為它可以乾燥表面且避免暴露在異物風險中，還可以改善結合力。它是需要用到框架、耗用人力且麻煩的製程，因為電漿機內部會有氣體流動，因此蝕刻過的片狀材料必須保證均勻處理，且不會與其它板產生相互堆疊。

　　使用含黏著劑的保護膜在此就會有點好處，疊合時已經有黏著劑塗裝不會增加費用或黏著劑，在基材兩面的蝕刻線路間可以快速被結合膠填滿。任何預處理都應該在離壓合前最短時間內執行 (在 8 小時內)，這也是購買預塗黏著劑材料總是具有優勢的原因。

　　壓合前並不需要做基材處理，只需前處理金屬獲取壓合的良好結合力。良好測試結合力的方法，是利用表面能量測量方案，可結合的表面需要通過 70 dyn/cm^2 的測試。可以用水來測試，當它可以潤濕到聚醯亞胺表面，其硬板及軟板的黏著劑就應該會有適當結合性。

材料

　　軟硬板會有各種層數，良率會隨層數增加等比級數下降，因為錯誤機會與對齊難度增加，同時在管制壓合材料、鑽孔與 PTH 製程也比較困難。如果使用穩定材料，且製造精確度與製程控制改善，製作高層數軟硬板可行性會提高。複雜軟硬板製作關鍵因子是層間對位，依據美國軍方產品規格，它必須保持在 14mil 以內。符合這個需求，要搭配良好材料穩定度、小板面積與更多工具插梢輔助，在層內設計還要保留較多銅面提升穩定性。

　　對所有材料做必要檢驗與控制，在活性方面如：膠片、塗裝膜黏著劑、保護膜等都必須正確儲存，週期性做測試並在發現性能降低或過期時即刻報廢處理。材料所佔整體軟硬板成本比例還算低，應該要使用最佳且新鮮的材料類型來製作產品。材料是軟板生產的重要因子之一，在軟硬板方面的關鍵性比電路板要高得多。

蓋板

　　蓋板是強化材料，可以保護軟硬板降低組裝應力的影響。常見業者選用含玻璃纖維的基材，如果必要它可以承受大量焊接與重工循環。外觀品質問題如：織紋暴露、刮傷與殘屑等問題偶爾會出現，聚醯亞胺膜則比較容易出現損傷。圖 10-10 所示，為彎折區軟板損傷污染的案例。

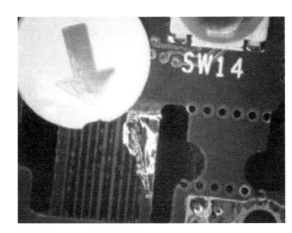

▲ 圖 10-10　彎折區軟板損傷污染案例

軟板材料

　　許多軟硬板已經用軟板材料堆疊，包含壓克力結合片、塗裝黏著劑等。這些軟板常以聚醯亞胺為基材，其它介電質如：FEP 鐵氟龍、Aramid papers 與軟性處理環氧樹脂系統，也都有成功案例。傳統壓克力與改良環氧樹脂系統，是採購上比較便宜且製程可以滿足低層數、薄銅皮產品的材料。預烘烤基材釋放內應力後有部分廠商在使用，它可以增加材料品質信心度。如果烘烤溫度夠高，這個程序也可以排除材料貼附不良問題。各層材料就像傳統軟板一樣，經過蝕刻並完成保護膜覆蓋，之後進入軟硬板多層建構程序。

　　面對層數提高，當必須使用比較厚的銅皮 (超過 1.4mil) 且需要通過 MIL 規格認證，採用其它非傳統軟板材料可能會有更高成本效益。傳統軟板黏著劑在升溫時會有龐大膨脹，如果允收標準包括熱應力測試，且只規範在硬質電鍍通孔區域，較好的作法是在該區排除使用高塑性、低交鏈密度的黏著劑。這可以靠各種結構技術達成 (部分有專利)，它包括：

● 軟板層以傳統方法製作，而保護膜只製作在軟板撓曲區，在硬質區還是採用環氧樹脂膠片結合。軟板黏著劑會出現在基材與保護膜上，但應該要排除作為結合膠片／塗裝膜層。

● 保護膜與黏著劑區應該要排除在軟板層 PTH 區外，可以用開窗及膠片取代處理，這樣就可以讓軟性區域有傳統保護膜，而硬質區域則有膠片，軟板黏著劑完全保持在基材層內不暴露。

● 所有軟板黏著劑都排除在硬質區、PTH 區外，這需要準備與使用特別基材，它有開窗處理、嵌入的黏著劑，同時要保持軟性黏著劑在撓曲區而膠片或其它強韌黏著劑在硬質區。

● 以無膠材料製作軟板層，可以排除慣用壓合與內層處理的成本與品質顧忌。有比傳統軟板材料更高的穩定性，有類似於硬質材料的玻璃轉化溫度 Tg 與熱膨脹係數，這些材料可以用來生產高層數、高密度軟硬板，且有更好的良率與生產可預期性。

良好壓合需要均勻厚度，因為壓合壓力會依據自我厚度分佈。較厚的區域有較高壓力，而較薄區域則壓力會偏低或失壓，這些低下區可能會產生潛在結合不良。軟硬板製程不同於軟板，有平整、平滑外表可提供良好影像轉移，要在軟硬板壓合後不規則蓋板表面產生嚴謹光阻接觸相當困難，平整表面也有助於鑽孔精確度維持。業者常利用大變形量材料做保護膜壓合輔助填充蝕刻線路，但這種方法不能用在軟硬板壓合。當然軟板與軟硬板兩者使用的黏著劑有明顯差異，說明如後：

● 軟硬板壓合中，需要更多黏著膠提供蝕刻外型內部的調節補償。

● 黏著劑必須開窗處理以避開不需要貼附的區域，填充材料會製成薄片狀伸入堆疊挖空區來調節出均勻厚度，同時可以控制連接與限制黏著劑流動。

傳統軟板黏著劑會以結合膠片或塗裝黏著劑形式製作，可以用在軟硬板的生產，且在低層數、簡單設計的產品上會有良好成本效益。更複雜設計或嚴格測試的產品，需要比較好的黏著劑。軟板黏著劑具有低流動性，可以保持必要軟板開放區免於黏著劑擠入。低流動性在製作軟硬板結構是不得已的選擇，因為它必須迫使設計者使用更厚的黏著劑來做蝕刻外型填充。

保護膜變形貼附到蝕刻線路周邊，可以幫助低流動黏著劑產生密封效果，但是這種方法無法用在軟硬板製造上，各層都必須有足夠的黏著劑來整平內部蝕刻外型，不應該有印記轉移到下一層。進一步看，塑性軟板黏著劑具有不預期的記憶性，它們在壓合中會抗拒變動配置，因為它們並沒有完全熱固，且受熱時總是傾向於回到它們的原始膜厚度。

電路板膠片樹脂比較適合用於多層壓合，因為它們在聚合初期具有相當好的流動性，這可以順利包覆蝕刻線路外型。當聚合進入交鏈鍵結時，樹脂會固著在應有位置但是沒有殘留應力，它們不會傾向於回到初始片狀形式。業者要能取得寬廣樹脂組成、玻璃纖維百分比與流動特性的膠片，這樣就比較容易做結構混搭。

黏著劑的 CTE

軟板基材首要通報的特性是剝離強度，不過軟板剝離強度不特定也不具正確性，難以測量、高變動性，也與故障模式無關。

感受有高剝離強度，是因為黏著劑具有延伸或彈性所致，比較強壯 (但是硬質) 的黏著劑具有比較低的剝離強度值，因為它們會自然產生應力集中的剝離模式。可惜的是高剝離強度材料多數都呈現凝固狀態，在軟板工業發展與規格，幾乎都排除使用這種高剝離值的軟性黏著劑。另外柔軟也導致在溫度高於 Tg 時有相當大的 CTE，在低層數結構中大CTE 特性也不利於多層或軟硬板結構。

理想的軟板基材 CTE 要符合銅的 17ppm/°C，這種特性最好橫跨低於 20°C 到焊接溫度 270°C 的範圍。黏著劑只是軟板結構幾個元素中的一個，為了要測試軟硬板中彈性黏著劑產生的影響，可以做蓋板與軟板結構產品膨脹測量。

需要記住的重點是，一片軟硬板是被電鍍銅結構所固定，銅的 CTE 大約為 17ppm/°C，介電質系統的膨脹高於這個桶狀結構的膨脹量。當差異夠大時，就會有桶結構破裂、襯墊浮起或者是介電質本身撕裂分離等故障發生。理想的軟硬板介電質系統應該要符合銅的 CTE，此系統包含蓋板、聚醯亞胺膜與軟板層中黏著劑。已知傳統軟板黏著劑與銅比較，有相對大的 CTE 差異，因此應該要判定傳統與無膠軟板系統在實際軟硬板結構中的貢獻。依據業者經驗顯示，比較少黏著劑的軟板系統搭配膠片連接產生的組合膨脹，會低於傳統軟板系統的一半。

膠片

膠片製造會有大範圍樹脂含量與流動特性變動，要使用在軟硬板製作，高樹脂含量、細紗、低流動膠片是比較期待的結構，典型材料是 60 ～ 65% 樹脂含量的 106 或 1080 玻纖布，具有 4 ～ 6% 的樹脂流動量。這種陳述的材料，可以調節大約它們 50% 的厚度，也就是 5mil 的膠片可以填充 2.5mil 的蝕刻外型，5mil 的膠片 (大約三張) 可以填充兩面的1.4mil 蝕刻層，同時足以填充讓聚醯亞胺膜保持平整。換言之不會發生軟板層扭曲變形，不會有蝕刻線路印痕從其中一層轉印到另一層。

壓克力黏著劑可以適應大約它本身三分之一的厚度變化，但是不同於膠片與其它熱固高分子物質，它總是保持部分熱塑性傾向於彈回平整狀態，因此在熱應力測試中可能會導致故障。

流動控制

業者期待高黏著劑流動能有效填充，但不期待它進入挖空區域。軟硬板用的軟板層，多數做過大量開窗與預切，這樣才能方便做最終外型機械加工。在軟硬銜接的斷面上，硬質區與鄰近未貼膠片的軟性區交錯，硬質區有多片膠片，此時軟性區可以用填充材料避免材料產生接合。當板子受熱並在壓合中受到壓縮，膠片樹脂會液化並流動直到它膠化完成。樹脂流動進入板層間與周邊空間，但不期待它進入挖空區，因為這難免讓清除過程損傷軟板。這也迫使業者必須在壓合高流動性優勢與保持邊緣清潔兩者間做出選擇。

這個問題可以針對兩個方向來判定：

● 選擇正確厚度填充材料，可以填滿所有軟板層間空間，留下可能的最小空間讓樹脂流動

● 嚴格指定膠片並測試，以確認正確樹脂含量、流動與膠化時間。搭配這些特性，適當控制壓合條件

膠片在儲存時會吸收濕氣，這會影響流動性與膠化狀況，因此建議在壓合前幾小時，應該要儲存在乾燥或維持在真空密合運送袋中。

替代結構

在沒有廣泛使用無膠軟板材料與膠片連接層前，軟硬板結構是低良率、高成本的產品。可攜式產品設計使用軟硬板仍在成長，毫無疑問軟硬板在構裝效率與信賴度方面有必然好處。一種替代結構，可以用來降低成本同時保持多數優勢。這是模組技術，回到軟板與硬板分離的觀念，以組裝來形成軟硬組合。

這種方法的優勢是，多層 PTH 互連硬質區可用電路板技術製作，也因此可以有較低成本且容易取得。軟板互連可以利用簡單的跳線搭配終端硬體，或者必要時可以配合慣用結構製作。在這個模組技術中，軟板或電路板都有可能會受到損傷，要分離汰換是可能的，這樣也可以節約部分成本。使用這種模組技術製作產品的整體成本，依據推估會低於軟硬板成本的 30%。

它的劣勢則是各軟板線路需要增加兩次焊接 (或壓接)，這與軟硬板相比還是增加了組裝處理負擔與信賴度風險，同時增加組裝接點也需要襯墊配置空間。

10-6 典型軟硬板產品應用

軟硬板以往是大家認定昂貴的電路板產品，不過隨著輕薄、柔軟、高複雜度產品需求增加，它的應用機會與價位都有明顯改變。目前比較常見的軟硬板應用，都比較偏向可攜式電子產品及特定微小構裝載板。圖 10-11 所示，爲典型的軟硬板應用範例。

由這些案例可以看到，其實軟硬板可以發揮的空間相當大，但是產品應用需求與安全等級也有相當大差距。這種電路板產品的整合度極高，但是需要顧忌的問題也不少，且可用來製作的技術與製程也多樣。就是因爲它具有這種大彈性空間，筆者無法用簡單陳述來涵蓋所有可能應用的案例，讀者在應用時只能見招拆招隨機應變。

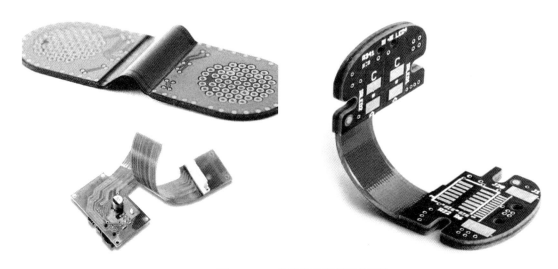

▲ 圖 10-11 典型軟硬板應用範例

10-7 小結

　　端子區有硬質層的軟硬板，形成最完整、可靠的互連技術，可用在高密度產品的構裝應用。相對於單純硬板製程增加的考量包括：複雜成形、增加開窗工具、填充內部的黏著劑層、排氣與再密封、內部不貼附區與需要符合 MIL 規格的材料工程，且整體的複合結構必須面對熱應力衝擊測試。

　　無膠材料與高流動、高交鏈鍵結黏著劑適合生產可靠、熱穩定的介電質結構，也可以應對高存活與嚴苛測試並具有高良率。

高分子厚膜軟板技術

11-1 簡介

　　高分子厚膜線路的主要應用領域，如：數字鍵盤、電話機線路、電算機、醫藥用品、印表機以及如：玩具等消費性產品。這類技術是應用加成概念製作線路，有別於電路板以減除概念製作的方法。導電線路是以印刷法製作在基材上，最簡單的結構型式就是單層高分子厚膜線路，落在一層作為承載電路媒介載體上。

　　這類產品是以薄膜開關及陣列式軟板導體為主，單一薄膜軟板浮貼在一層隔膜上，直到有外力壓迫時才會產生導通的功能。這些隔膜型式只是一層絕緣膜打上孔，看起來像一片洞洞板，孔徑及絕緣膜厚度決定壓鍵時的用力大小。薄膜開關產品採取兩種主要設計，一種是前述的隔膜型式，另外一種則是將線路做在同一邊，利用橡皮按鍵及導體將按鍵下方的上下兩組線路接通，這樣也可以算是開關型設計。因為這種設計並不包含薄膜在內，因此未必須要用到軟板技術。

　　因為薄膜開關是利用大的導電點連通，連通是透過壓力的壓著將頂部線路通過隔膜與底部線路壓接，因此高分子厚膜的柔軟特性就可以適度發揮功效。這種技術發展至今超過二十年以上，應用領域十分寬廣。某些人並不認為這類薄膜軟板技術屬於軟性電路板技術，因為幾乎沒有用到電子部件，然而多數銅線軟板卻沒有這種功能，而直接組裝部件在薄膜開關上，則是整合設計的未來趨勢，例如：加上 LED 組裝來製作鍵盤就是其中之一。

新的高分子厚膜軟板都已經將部件組裝納入，組裝可以用導電膠的黏合或是異向性導電膜連結。由於 SMD 技術的演進，產品使用的 PCB 尺寸也逐步縮小。而這種技術的引用，也使得高分子厚膜軟板得以用厚膜技術組裝。

目前更高密度的組裝可以在這類軟板上進行，某些介電印刷材料還賦予這類產品多層化的可能性。通孔的建立來自於印刷時保留的空位，依次印刷線路時可以用導電油墨將此空間補上導通。這些程序可以重複進行，直到所需要結構完成為止。雖然到目前為止四層結構是量產可以達成的水準，但是在試做方面有更多層的可能性。另外一種類似的技術，則是將成孔作業分離，在印刷下一層線路前將孔做出再做填孔及線路製作，這種做法有點類似高密度電路板的盲孔製作，之後再製作表面線路，這種技術也可以與銅線路產品混用。

11-2 高分子厚膜技術建置線路製程

利用導電粉末如：銅粉、銀粉、碳粉等做分散並與高分子膠合劑做混合，這些膠的特性可以是溶劑型或非溶劑型，銀目前仍然是這類產品的主流，主要還是因為它特有的導電性與整體表現。銅因為氧化物的導電能力差，而銅粉在製作材料時又不適合做防氧化處理，因為這會直接影響它的導電性，因此銅在此類技術應用就受到限制。聚酯樹脂材料是這類技術的首選材料，雖然其它材料也有被提出，但是主要應用仍然集中在聚酯樹脂身上。

導電油墨的線路製作幾乎沒有例外，都是以絲網印刷法印在載體上製作，經過適當升溫處理的聚酯樹脂是重要基材類型，3.4~7 mil 是比較常用的厚度。介電材料是另外一項製作關鍵，它具有幾種可能的功能，其一是綠漆功能，其二是絕緣功能，其三是保護功能，這類塗佈會做兩次以取得較平整表面，同時可以防止針孔出現，總厚度希望能夠做到 2mil以上。

銀膏線路的製作會有銀氧化物的固態遷移問題，這種問題都可以用覆蓋高分子材料防止水氣，但是對於需要連結的區域就會有處理困難，此時使用碳粉油墨塗佈就可以排除這類困擾。

11-3 ::: PTF 的材料特性

銀膏材料

如前所述導電油墨許多是由銀粉與油墨混合而成，普通的銀粉油墨 (銀膏) 是以熱塑型材料製作。加入溶劑可以提高銀含量，並能讓油墨仍然保持其操作性。表 11-1 為高分子厚膜技術所使用的材料資訊。

▼ 表 11-1　高分子厚膜材料分類

材料種類	特性類型
高分子導電油墨	● 熱固型油墨 ● 熱塑型油墨
高分子介電材料	● 溶劑型熱塑油墨 ● 熱固型油墨 ● 感光硬化油墨
高分子止焊油墨	● 沒有特別嚴苛需求
組裝用結合材料	● 非異向性導電油墨 ● 異向導電油墨 ● 黏著劑
基材	一般以聚酯樹脂最多

這類高分子厚膜油墨乾固很快，因為只需要將溶劑趕掉即可。銀粉顆粒的粒徑必須保持一定均勻度，同時必須能通過所使用的印刷絲網。充分去除溶劑可以達到高導電度，但是仍然比不上銅的導電度。

線路與基材的結合力測試，建議以 IPC-TM650 的方法測試，以膠帶黏住線路做拉扯來確認結合力的狀況。至於電性方面，可以依據 UL796 的方法測試。撓曲測試可以遵循 IPC-TM650 的延伸性老化測試模式進行。

另外一項材料重要特性就是材料的 Tg 值，這是材料相變化的值，這個值出現時就代表材料經過了相變化，可能會面對大量柔軟變形，膨脹係數也會變大許多，此時脆弱性也是使用此技術者必須了解的。

碳粉油墨

使用碳粉油墨就代表線路電阻值會大幅提高，雖然電阻提高不利於線路製作，但是電阻值在每單位面積 40~100-Ω 間變化卻可以提供電阻製作的機會。有不少油墨與銀粉交互調整，可以做出不同等級的電阻值。當然另外一個碳粉油墨的特色，就是它沒有銀膠固態遷移問題，這使得有固態遷移顧慮的產品獲得解決方案。

有一項重要的碳電阻特性就是電阻溫度係數 (TCR-Temperature Coefficient of Resistance)，這個數字要表達電阻受到溫度變化的影響度。如果值為正就代表升溫會增加電阻，負值就代表升溫會降低電阻。以下是電阻溫度係數的定義：

$$TCR = \frac{(R(T_2) - R(T_1)) \times 10^6}{R(T_1)[T_2 - T_1]} \text{ ppm/}^\circ C$$

其中

$R(T_2)$ = 高溫度 T_2 時的電阻

$R(T_1)$ = 低溫度 T_1 時的電阻

碳粉油墨的導電度並不與碳的體積含量成固定正反比關係，當碳粉含量低於 20% 左右，幾乎就發生低導電或是不導電現象。導電度會隨碳粉的量提昇非線性快速提昇，碳粉有不同型式可選，包括石墨。這類材料直流導電性，會隨溫度升高而升高。

基材與介電油墨

軟板基材的重要性質主要是以均勻柔軟為訴求，其它的軟板物料期待特性如下：

● 抗張強度。
● 撓曲能力或硬度。
● 耐磨性以及沾黏性。
● 低且均勻的漲縮性。
● 介電值及絕緣性。
● 耐燃性。
● 抗化學性。

常用的薄膜材料有 PET(Polyethylene Terephthalate)、Polycarbonate、 Polyetherimide、PI(Polyimide)、LCP(Liquid Crystal Polymer) 及功能性材料。材料的抗張強度決定了材料在應力下的表現，這包括基材的柔軟度表現。許多 PET 材料在製作過程中會有伸張拉扯的製作程序，因此它們的方向性強度就會比較弱，這會影響後續連結部件的強度。

在耐磨及沾黏性方面所需要的表現，是線路製作在基材上結合力與移除導線所需推力都必須夠大，這才能保證整體線路強度。材料的 Tg 值與熱膨脹關係密切，較高 Tg 值材料會有比較低的熱膨脹係數，為了整體材料尺寸穩定性，適度的聚酯樹脂膜熱處理會對尺寸穩定有幫助，熱處理的溫度最好比製程使用的溫度高 15 ～ 30℃，這樣就有機會讓尺寸穩定度提升，因為這種溫度多數都已經接近材料 Tg 值。

介電材料的絕緣特性對於基材與線路間的電氣特性十分重要，因為絕緣電阻的維持及耐電壓的能力都依賴這個特性。基材耐燃性影響材料的易燃程度，美國 UL 有標準測試方法可供參考。

黏合劑

高分子厚膜技術是以高分子材料將線路結合在基板上，結合劑有兩種類型，一種是非異向性的另外一種是異向性的。非異向性材料的導電能力不受方向影響，導電性均勻分布在導體內。然而異向性導電材料是有方向性的，都發生在 Z 方向，因此是一種有方向性的導電體。這種導電材料都是用高分散度導電粒子製作，分散程度使得平面方向不產生導電現象。部分異向性導電材料適合用熱塑型膠製作，因此是熱融性的，粒子粒徑約為 10 ～ 25μm，這種導電材料大約需要 3.5 ～ 20 psi 壓力、130 ～ 150℃的溫度來產生單向性導電，這類材料常用於接合 LCD 面板、軟板及軟板與硬板。

非異向性黏合劑可以設計成可塑或是熱固型材料，所使用的原料就是非異向性導電的高分子材料。這類材料內導電粒子分布在各個方向而且密度較高，印刷型的材料較為普及，經過塗佈後部件可以放在接著區，接著做硬化處理。

11-4 ∷ 表面黏著組裝

傳統通孔部件是將接腳通過電路板通孔，以波焊焊接，而 SMD 部件可以直接在線路表面組裝。傳統雙面 SMD 組裝會用點膠機在板面點出 UV 硬化黏著劑固定底部部件，防止迴焊時部件脫落偏移。傳統波焊通孔部件，經過波焊融熔焊錫可將部件固定。這種技術特別適合單面通孔部件，另一面都是 SMD 部件的電路板組裝。但對於多 SMD 結構電路板，使用波焊容易將錫擠壓到不必要區域，會干擾 SMD 組裝。因此全迴焊組裝，就成為組裝者較喜歡的製作方法。在組裝前點膠固定對部件穩定十分重要，固化穩定再迴焊品質較有保障。

　　錫膏是由錫粉與助焊劑混合出來的材料，利用印刷法塗佈到需要的區域就可以做部件安放。部件安放完成的電路板，經過迴焊爐將溫度升高到錫的熔點以上，之後降溫冷卻再做清潔工作或用免洗製程完成。因為 SMD 部件密度比較高，清洗難度相對也較高，因此適當的清潔劑及清洗機械設計十分重要。清潔度測試可以用異丙醇 (IPA) 做清洗，並量測清洗液的導電度，就可以測知清潔度的水準。組裝完成後的電路板必須經過檢查測試，SMD 部件測試不同於通孔部件，SMD 沒有引腳同時測試的施力容易傷害部件，因此採用恰當測試機具要十分小心。如果測試發現問題，可以做重工修補。

　　SMD 的組裝接腳設計對組裝影響很大，適當的設計可以避免架橋等問題，ANSI/IPC-SM-782 有接腳定義可供參考。這些設計形式，有助於提昇接腳品質並防止短斷路或冷焊發生。

　　聚酯樹脂材料的軟板以銅線路製作，寬度會比較寬可以作為散熱之用，但是因為材料怕高溫，在組裝時必須注意保護工作。SMD 部件及插腳部件都可以用於此種組裝，焊接後也必須要注意清潔工作。

　　在高分子厚膜軟板方面，導電膠取代了焊錫連接工作。因此膠的黏性可以幫助部件固定，也不需要迴焊操作溫度可以比較低。因為沒有助焊劑殘留問題，因此清潔步驟也可以省掉，對於環保是好消息。

11-5　小結

　　高分子厚膜技術用於軟板製作是低成本技術，然而使用的材料系統卻不同於銅電路板製造，因此令人接觸者感到陌生。在這類產品材料選用方面，導電線路材料、機板材料、介電材料、黏著材料等都比電路板有更多選擇性，而較低導電能力則成為這類技術發展最大挑戰。這類軟板的組裝簡單成本低廉，又有利於環保概念，且具有所有軟板的立體特性。提昇整體電氣特性，可以讓這種技術應用更加寬廣。

CHAPTER 12

軟板的品質管理

12-1 前言

　　檢驗與測試是製造業都重視的品管活動，藉此可獲得資訊與數據回饋，並透過適當手法整理分析而有助於製程改善、避免產生不良品。軟板品質控制項目和硬板類似，不過製程有其特殊性，加工精密度差異大、需要良好撓曲性等都是重點，這些都無法由產品直接觀察，必須做檢驗確保品質。本章以介紹軟板品質議題為主，並針對特殊需求加以陳述。

12-2 軟板相關規範

　　軟板最早由美軍發展出來，因此 MIL 規格也成為業界規格權威廣為使用，不過軍規對民生用途沒有規範。除美軍規範外，世界上尚有許多機構制定規範，包含私人、政府及產業協會等單位。業者以遵循 MIL 及 IPC 規範為主，輔以其它規範與準則當作軟板品質管理依據。表 12-1 所示，為業者常用規範可做為參考，較細節規範說明可參考第十四章內容。

▼ 表 12-1MIL 及 IPC 主要軟板的規範及其標題

IPC-A-600	PCB 允收標準，提供電路板允收參考標準，圖文並茂適用於軟硬板允收參考
IPC-C F150	電路板用銅皮特性標準，定義出各級銅皮應用以及特性，同時有相關的允收標準。
IPC-RF-245	有關軟硬複合板的規範
IPC-D-249	有關單雙面軟板的設計標準
IPC-4202 (取代 IPC-FC-231)	軟板基材規範
IPC-4203 (取代 IPC-FC-232)	合接著劑覆蓋膜及黏著薄膜規範
IPC-4204 (取代 IPC-FC-241C)	含金屬箔軟板基材規範
IPC-2223	軟板的設計標準
IPC-FC234	單、雙面軟板使用感壓膠組裝規範
IPC-6013A	軟板品質認可及性能規範
MIL -STD2118	軟硬板的設計需求規則
MIL-P-50884	軟硬板用於軍用電子產品的功能需求

12-3 軟板品檢

一般基本品檢項目

軟板重要的品管分為品質檢查與信賴度檢驗兩大區塊，本章以討論製造品質為主，其主要檢查項目如表 12-2 所示。

▼ 表 12-2 軟板品質檢查項目

電氣特性	線路電阻、線間絕緣、耐壓強度、特性阻抗、高周波特性、交談雜訊、電磁遮蔽
產品尺寸	線寬間距、孔環尺寸、鑽孔及最終孔徑、成品外形、板彎板翹、板厚、位置精度、覆蓋層開口準度及尺寸
線路缺點	線路缺口、線細、針孔、間距不足、銅渣、銅粗、線路剝離
鍍層缺陷	鍍層結合力、鍍層空隙、鍍層剝落、孔內結塊、鍍層變色或污染、鍍層厚度不足或不均
覆蓋層缺陷	氣泡、露線、露銅、鍍層滲入

表列項目可做非破壞檢查，當必要時則可做微切片斷面檢查，這是針對必須利用破壞性檢查的項目而作。在整體信賴度方面還必須作熱衝擊試驗 (Thermal Shock Test)、加濕試驗等，這些做法是以加速測試的手段進行，尚須依據產品屬性，配合客戶要求測試撓曲能力及耐撓曲性能，以觀察未來成品可能的組裝及環境信賴度風險。這些部分會針對進料、半成品與成品做不同程度的破壞與非破壞檢驗，相關議題都留在第十四章中討論。

產品品質要求的等級，會根據測試機種的不同而訂定不同標準。這些測試規格在產品設計階段即應制定，以便選擇適當的材料及生產技術，才能達成產品設定的品質目標。

製程內品檢 In Process Quality Control (IPQC)

軟板製程是將多個操作單元匯集而進行，即使採用捲對捲的設計，也只是部分的自動化無法完全連續生產，在每段接續的製程前後多數都會實施進出料檢驗，這種檢驗稱為製程內品檢。許多公司推動所謂的自主品質管理，其做法是在製程內由作業人員自我檢查而不由品管執行。

製程內品檢，多數採用的方法是目視外觀檢查，至於檢查的項目隨製程不同而異。表12-3 所示，為典型製程內品檢工作項目，特定的尺寸規格必須用破壞性檢查法量測。

▼ 表 12-3　典型製程內品檢工作項目

製程		檢查項目或內容
流程別	小程序	
工具孔加工		孔徑、毛邊、位置精度
線路製作	表面處理	表面處理均勻度、氧化、污垢、親水性
	壓膜	貼附完整性、氣泡、皺折、異物
	曝光	底片品質、板面清潔度、對位準度、真空度、能量均勻度、曝光框平整度、燈管能星強度、曝光格數
	顯影	光阻殘留、短斷路、光阻附著情況、污染、瑕疵等
	蝕刻	短路、斷路、刮傷、線寬間臣、銅渣、污染、線路 均勻度等
	剝膜	光阻殘留、刮傷、污染、藥液殘留等
覆蓋膜加工	開口製作	覆蓋膜尺寸穩定、位置精度、膜屑
覆蓋膜壓台	板面粗化處理	均勻度、粗化深度或厚度、氧化、污垢、親水性
	假貼	平整度、對準度、厚度、貼合性、髒物
	壓合	氣泡、板彎翹、表面凹陷

▼ 表 12-3　典型製程內品檢工作項目 (續)

製程		檢查項目或內容
流程別	小程序	
工具孔加工		孔徑、毛邊、位置精度
鑽孔 (機鑽與雷射鑽)		孔數、孔徑、毛邊、孔內粗度、釘頭、膠渣等，雷射鑽必須加上樹脂殘留、底部孔徑、孔壁形狀一項檢查
化學銅電鍍直接電鍍		析出量、析出均勻度、覆蓋率、背光檢否、析出結晶檢視、導電度 (電阻)
電鍍銅		鍍層厚度、均勻度、覆蓋率、結合力、鍍層空隙、伸長率、鍍層粗糙、孔內鋼結、導電度等
液態綠漆	銅面處理	表面處理均勻度、氧化、污垢、親水性
	光阻塗佈	均勻度、覆蓋完整性、污染、厚度
	曝光	底片品質、板面清潔度、對位準度、眞空度、能量均勻度、曝光框平整度、燈管能量強度、曝光格數
	顯影	光阻殘留、短斷路、光阻附著情況、污染、瑕疵等
鍍鎳金		厚度均勻度、針孔、結合力、污染
表面金屬處理		均勻度、平整性、焊錫性
外形加工		尺寸精度、刮撞傷、斜邊對稱性
補強板		對準度、氣泡、平整性

　　產品最後步驟是外觀檢查、電氣測試，稱爲 "終檢 (FIT-Final Inspection &Testing)" 都以全檢爲原則。電測治具須依據量測點位置製作，對絕緣層、線路、孔銅等厚度，出貨前需作完整品質報告，這就必須以破壞性檢查獲得數據。一般會在有效區設計測試結構樣本，非必要不會直接取實際產品檢驗以免降低良率。

成品檢查 Final Quality Control (FQC)

　　產品完成必須做終檢以保證成品品質，這個程序是採全檢，由於是出貨前的最後檢查，也被稱爲出貨品質管制 (OQC-Out Going Quality Control)。從品管精神看，這只能防止不良品流入客戶手中，無益於品質改善，只能說是品質檢查。常做的項目有短斷路測試、外觀檢查、尺寸檢查、機械及組裝特性檢查等。

軟板的電性測試

隨著線路密度、層次增高，從簡單治具到飛針測試、導電材料輔助測試，都可以幫助及早發現線路功能缺陷，經數據分析探討可以做為製程改善依據，且可以提高良率並降低成本。

製程中產品必然有一定比例的缺點風險，未將不良品找出任其流入下製程勢必增加不必要的成本。業者持續提升良率，設備精進、製程改善都有其貢獻，而這些可以透過電測手法驗證，它可以達成的目標如後：

(1) 降低不必要成本支出

電子產品生產過程中，因故障而造成的損失各階段不同，愈早發現挽救損失愈低。空板完成未發現短、斷路，出貨到客戶處組裝完成才發現，客戶會讓電路板廠賠償部件損失、重工費、檢驗費等。如果空板發現則可補線或報廢板子，若更意外讓電路板到達終端產品完成狀態，則整部設備可能產生的損失將更慘重。

(2) 符合客戶的要求

百分百電測幾乎已是客戶進貨共識，但是雙方必須就測試條件與測試方法達成一致規格。下列幾點是客戶與軟板廠雙方須清楚定義的：

● 測試資料來源與格式。
● 測試條件如電壓、電流、絕緣及連通性。
● 治具製作方法與選點。
● 測試章。
● 修補規格。

(3) 製程監控

在軟板製程中，通常會有 2~3 次的 100% 測試並做重工。因此，測試站是最佳搜集製程問題與資料分析的地方。經由統計短、斷路及其絕緣問題百分比，重工後再分析發生原因，整理這些數據並利用品管手法可以找出問題加以解決。

通常由這些數據分析，可以層別出幾種問題與解決方法：

A. 可歸為特定製程問題，如：底材凹陷斷路可能是壓合環境不潔造成，局部小面積線細、斷路高可能是乾膜作業不良問題。諸如此類由品管、製程工程師做經驗判斷，就可解決某些操作問題。

B. 可歸成某些特定料號問題，這些問題往往是客戶規格與製程能力有衝突或資料不合理而突顯料號不良。透過問題呈現，經由測試驗證出它的問題，再針對獨立料號改進或改用不同製程。

C. 隨機性不良比較難以歸納，必須從成本、獲利間差異來考量，因為有可能要更新設備或增加工治具來改善。

(4) 品質管制

測試資料的分析，可做品管系統設計參數或改變的依據，可以不斷提昇品質、提高製程能力、降低成本。

電測種類、設備及其選擇

軟、硬板電測大同小異，但軟板材質薄、軟比硬板柔弱，更須注意折傷、測點壓痕，自動測試機構設計更要謹慎。一般軟板尺寸很小，因此測試步驟會安排在成型前以增加產率。常見測試設備形式有四種：

1. 專用型 (Dedicated)
2. 汎用型 (Universal)
3. 飛針型 (Moving or Flying probe)
4. 複合式治具 (Compound)

不同的測試方法與設備，搭配不同的軟板設計、測試點密度、設計變動頻率、待測數量、治具成本等，會出現相當多不同的技術、設備選擇考量。圖 12-1 所示，為典型飛針測試的狀態。

▲ 圖 12-1 飛針測試的狀態

電測方案的選擇與個別技術的優劣，在許多不同的書籍與文獻中都已經有清楚的描述，筆者不在此作太多贅述，想要進一步瞭解這些測試技術細節的讀者，可以參閱拙作"電路板電氣測試與 AOI 檢驗技術簡介"，有比較詳盡的解說。

業者比較注意的還是，技術能力與成本效益問題，一般狀況下小量、多樣會採用比較彈性的測試方法，但是當面對大量固定的生產時則會採用低價、高速的測試技術。

12-4 軟板成品品質檢查

軟性電路板的品質檢測保含了外觀檢查、尺寸檢測、功能檢查及信賴性測試，是上一節電性功能測試的項目之一，目前國際公認的檢驗規範以 IPC 最普及，IPC-6013 品質規格比較受到重視。

為了彙整軟板外觀品質允收水準與看法，2010 年初台灣電路板協會也與工研院、經濟部工業局、業者等合作，完成了"軟性電路板外觀品質允收準則 (試行版)"這份規範。

其適用範圍包括單、雙、多層板軟板，涵蓋聚亞醯胺 (PI)、聚酯 (PET) 基材單、雙、多層軟板，其中包括有膠 (Adhesive，3L-FCCL) 及無膠 (Adhesive-less，2L-FCCL) 式的軟性基材。引用 IPC-6013、IPC-610D、JPCA-DG02 等規範與多家軟板廠的內部品質標準做彙整而成。主要檢驗方法以目視、放大鏡、尺規為主，必要時使用其它測試儀器或設備做檢驗。

判別等級與 IPC 律定的方法類似，依照軟板性能需求以三個判別等級區分簡述如下：

分級	定義
1 級	一般電子產品、消費性及其外部周邊產品，其對外觀缺陷並不敏感，信賴度要求等級也比較寬鬆的類型。
2 級	耐用型電子產品：包括通訊設備、複雜商用機器、儀器等，需要高性能及較長使用壽命，需要持續工作但屬非關鍵的設備。此等級的電路板有較輕微外觀缺陷可被允許。
3 級	高可靠性電子產品：包括需要持續運作功能的產品或緊急時需要即刻反應功能的產品，屬於關鍵性的設備。

規範中對於軟板使用須知、SMT 作業要求、彎折使用等都有說明，而整份文件最重要的部分是有關目視檢驗的參考標準。筆者嘗試以編表轉載的重新整理如附錄一所示。

12-5 軟板成品檢查與改善對策

　　工廠持續蒐集常態的品質資訊，將有助於改善整體製造的品質水準，同時也可以藉由這些訊息做製程的改善，典型的問題改善參考對策如表 12-4 所示。

▼ 表 12-4　問題改善對策表

問題分類	問題敘述	原因分析	改善對策
抗化性	吸附化學藥液或表面有異色斑點	覆蓋層貼附不良	改善製程參數
		蝕刻液種類和基材不相容	尋求供應商協助
		DES 製程條件不佳	曝露於藥液的時間縮至最小
			水洗乾淨
			加後烤以除去基材所合濕氣
接著劑流膠量	覆蓋膜壓合不良	使用的 Presspad 不對	更換之，並請供應商提供建議
		壓合條件不對	從壓力、溫度及 Ramp rate 來改善
		膠流量太大	可試著將疊層好的覆蓋膜 / 基材於壓合前預烤以改善之
	材料選擇錯誤	材料不符個別產品的應用	確認材料的特性，必要時請供應商建議
接著劑流膠量	與線路設計沒有適當配合	覆蓋膜的接著劑厚度不適當	檢查 pad 和覆蓋膜開口的距離比例，以求適當的膠厚
	鑽孔、沖型不良造成接著劑剝落、釘頭、及滲錫	製程條件不恰當	檢查鑽孔及沖型條件的適當性並改善之
接著強度	接著強度不佳	覆蓋膜壓合條件不適當	從壓合的時間、溫度及壓力來改正
		銅面清潔度不夠	依供應商之程序操作
			更換製程用化學品
			注意要徹底清洗
		線路設計不佳	在大銅面部分應設計網狀交叉線路 (Crosshatching) 以增加附著力
		使用的接著劑與軟板種類不匹配	檢查接著劑特性，軟硬複合板和純軟板使用的接著劑極不相同

▼ 表 12-4　問題改善對策表 (續)

問題分類	問題敘述	原因分析	改善對策
尺寸安定度	產品結構問題	銅箔厚度太薄	儘可能選擇較厚銅箔
		選擇之 PI 膜尺寸穩定度不佳	可換用 Kapton KN 或 Upilex 的 PI 膜
		PI 基材厚度太薄	儘可能選擇較厚 PI
	線路設計不良	所留銅線路面積比率低	將留在板面上的銅面積極大化以增加其安定度
	覆蓋膜壓合條件不適	Press pad 選用不適合	使用合補強的矽橡膠
		壓力太大	降低壓合施加的壓力
		覆蓋膜尺寸太大	覆蓋膜尺寸不可大於線路板尺寸
	銅面清潔處理不當	機械刷磨處理不當	以化學處理取代刷磨處理
覆蓋膜接著剝離 De-lamination	壓合後覆蓋膜剝離	覆蓋膜壓合參數不對	從壓合之時間、溫度、壓力、冷卻壓力等條件修正之
		有 Soda Strawing(指線路死角有長管狀空隙) 現象	降低基板在化學製程浸置時間 選擇適當的 Presspad 較高的壓合壓力 選擇接著劑較多的覆蓋膜
		線路密度晶	施加較大壓力
	焊錫熱衝擊後覆蓋膜剝離	基材內含濕氣	施加晶溫製程前先預烤以去除濕氣

12-6 小結

　　電路板產業是電子產業的基石，作為部件連結基地是電路板強調的特性，但是軟板功能讓硬板操控空間更形擴大。可攜式電子產品因為要方便攜帶、質量輕、好收藏，這些特性使得摺疊、堆疊、密集、3D 化構裝都變得更重要。延續發展的可穿戴電子產品，將更依賴這類技術的支援做設計。

　　如何提升軟板整體品質，不僅只是關心各種檢查而已，做整體材、物料整合與特性掌握，將對最終產品表現產生重大影響。後續章節內容所陳述的材料驗證，也是業者應該要隨時關心的議題。

CHAPTER 13

軟板檢驗與測試

13-1 簡介

　　測試與檢驗對任何工業產品都是重要課題，它可以回饋有價值資訊健全製造作業，且可避免瑕疵品送到用戶手中。品質與信賴度是產品符合客戶需求的基本條件，尤其是與生命相關的產品更必須達到百分之百品質水準，例如：汽車煞車系統、醫療用設施等。

　　軟板製作依循相同理念，應用領域持續快速擴張，品質與信賴度的重要性與日俱增。後續討論主要針對軟板產品特性需求而做，所涵蓋的信賴度及測試項目，讀者可透過檢測與標準認知，希望能對軟板品質管控的能力提升有所助益。當然它也可能會帶來痛苦，因為這類程序無法增加產品附加價值，且耗費人力。但要讓檢驗與測試有價值，必須把檢驗與測試看成是友善而非敵對程序。

　　測試產品如果無法經濟執行，以抽樣運作，這對軟板也適用。對軟板有兩階重點檢驗與測試：就是原材料階段與成品階段。原料檢驗與測試，是要確認它們可符合工業提出的規格水準。這種測試提供階段性確認，只有允收原料進入製程，因此可在前端消除潛在終端產品缺點。最終產品也會做類似測試，以確保承諾終端使用者規格可以達成。

　　產品樣本送到測試程序中，是假設它可以符合典型產品需求，以相同製程設備製造，所有離線產品應該要有相近品質。製程變異應該受到監控，而測試執行則基於統計基礎，確保連續生產能產出可接受產品。

測試不應該與檢驗產生混淆，檢驗時常是篩選過程，用來分離良品、不良品或潛在不良品。這不是貶損檢驗的價值，檢驗可以回饋特定訊息給製造者，是讓製程健全的有價值工具，可對製程有正面幫助。檢驗也必須用在評估產品品質與確認符合需求。

13-2 參考規範及規格

規範與規格的產生，可能是由使用者提出，也可能由供應者提出，兩者著眼點可能不同，但要對產品品質作出定義的目的卻一樣。問題在，如果兩者對產品需求的定義產生矛盾，要如何解決呢？這就必須以公正第三者或規範性定義作參考，那就是業界時常看到的規範由來。

業者會依據實務反應產品製作問題，這種資訊被反應在規範中，並獲得製作者與使用者認同。這樣比較容易推動產業運作，同時減少不必要期待與爭端。當然產業可以在規範外另訂附加規則，這些規則可成為產品特定規格，這些附加定義在新產品發展中特別重要也常被採用。

規範與規格時常混淆，規範是用於定義事物做法與要求，但是規格則是以結果論，就是將產品的需求清楚寫出來。規範與規格是產品製造中溝通的基準，善用這些基準將有助於工作的順利運作。

規範與規格的產生處

世界上有許多的規範訂定機構，這包含私人單位以及政府單位，而某些產業協會也會做特定產業規範制定。軟板有機構規範涵蓋這類資訊，它們包括：工業界規範、歐亞重要國家規範及美國政府、軍方、航太規範等。目前業界比較常使用的規範，以美國相關規範組織規劃的文件為多，相關重要規範組織簡述如下：

1. IPC(Institute of Printed Circuits) 成立於 1957，定期對電子電路議題做會議討論並訂定規則，多數規範對世界電子產品發展影響深遠。

2. ANSI(American National Standards Institute) 成立於 1918 年，功能主要在解決規格規範爭端與矛盾問題，他同時提供規範發展狀況資訊，並與協會組織做交流

3. NEMA(National Electrical Manufacturers Association) 成立於 1926 年，主要針對各種產品生產、輸送及電力控制與使用方面做研討。電路板業者應該並不陌生，因為電路板的基材規範就是由該組織的絕緣材料小組所訂定的。

　　除了這些組織外，美國軍規也被特定工業應用遵循，而美國 UL 規範則對電氣產品產生直接影響，這些當然也是軟板業應該注意的資訊。

軟板的相關規範規格

　　爲了便於了解，我們以 IPC 與 MIL 的規範爲藍本做簡單研討，在軟板的資訊方面這些規範有以下的主要內容：

1. 文件會定義適用範圍及主要涵蓋領域
2. 文件提供方法將產品或課題融入普遍性標題文件中
3. 文件提供分別產品等級與特定使用方法的資料
4. 文件提供資訊的文件管道
5. 相當多文件會定義需要的材料及產品，這包括：外觀、尺寸、機械特性、化學特性、電氣特性、環境因素等
6. 文件中提供品質檢定及功能表現資訊，同時支援使用手法資訊
7. 文件提供測試方法及驗證確認方法
8. 某些特定章節會提供各別材料或產品的表現資訊

　　依據這些初步了解，就可以進入代表性規範的巡禮：

IPC-A-600 系列

　　PCB 允收標準，一份相當老的 IPC 規範，提供電路板允收參考標準，圖文並茂適用於軟硬板的允收參考。

IPC-CF-150

　　電路板用銅皮特性標準，定義出各級銅皮應用及特性，同時有允收標準。

IPC-FC-231

　　軟板基材規範，用於軟板製造的應用資訊。

IPC-FC-232 及 IPC-FC-233

　　覆蓋層黏著劑的規範資訊。

IPC-FC-241

　　軟板銅皮基材資訊，定義出軟板基材規格及需求標準。

IPC-RF-245

　　有關軟硬板的規範。

IPC-D-249

有關單雙面軟板的設計標準。

IPC-FC-250

有關單雙面軟板的功能表現。

MIL-STD-2118

軟硬板的設計需求規則。

MIL-P-50884

軟硬板用於軍用電子產品的功能需求。

13-3 測試方法與原材料測試

測試的目的是為了確認產品符合一定規格水準，沒有測試標準就無法評估產品的現況與未來表現，而產品類型則會影響測試方法的選用。經濟的執行測試工作，取樣是最可行的辦法，希望這種取樣程序能代表整體產品表現。如果產品是經大量生產過程產生，一切過程都經過適當控制，品質與特性應該落在合理範圍內。製程的變因必須要監控，而取樣測試做統計分析則有助於產出允收產品。

測試與檢查並不相同，檢查只是將有問題與沒問題產物分開，但測試是要做信賴度把關，同時需要以數據化的結果表達出品質狀況與風險等級，意義並不相同。後續內容，是主要值得注意的測試項目。

原物料測試

原材料的測試，是要確認最終產品不會因為基本材料特性關係而限制了性能。為了提升使用者對信賴度的感受，用在軟板製造的原材料會經過測試，以驗證它們是否能符合指定需求。

物理性能測試

執行這種普遍機械測試，是要決定軟板底材兩個關鍵物理特性，就是底材膜極限強度與材料發生故障前可伸展程度。這些是重要機械性能考量，且對預估材料適用性相當有用，它們對於做模型模擬也相當重要。

　　原材料的物理性能測試，會檢驗特定物性項目最低表現水準，並與相對產品需求做比對，需要執行的物理測試可能包含後續基本內容：

● 伸張強度及延長率：這個測試主要是在檢驗材料的物理性承受度。

● 起始撕裂強度：這個測試用來決定要多大力量才會啟動材料撕裂，它在測量底材韌性，是軟板材料的重要因子，這是薄材料先天弱點。

● 蔓延性撕裂強度：這個測試主要在表現材料另一種韌性，是為了測量材料已經開始撕裂後，產生蔓延所需的力量，且可以表現出產品極端信賴度。如果值比較低，則採用停止撕裂的設計就更為重要，這些應該要加到軟板設計上。圖 13-1 所示，為典型撕裂拉扯測試作法示意。

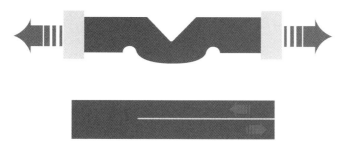

▲ 圖 13-1　撕裂起始與蔓延測試的樣品與拉扯方法示意

● 低溫撓曲度：這個測試要驗證低溫撓曲能力，用來評估材料在低溫下可承受的脆性與可能破裂狀況，這是軟板終端產品應用會面對的環境。

● 尺寸安定性：這個測試是要證明軟板材料在蝕刻後，可以符合需求整體縮小或漲大的水準。尺寸愈穩定的材料，愈容易預估其設計與製造外型的位置，對於設計者與製造商都相當重要。

● 銅皮拉力：這個測試是要驗證銅皮與基材間的最小結合強度，用在測量銅皮，但也可以用在其它不同條件組合的測試，以確認經過不同暴露條件後，是否能維持適當的剝離強度，其典型程序如後：

1. 收到材料時確認軟板銅皮與介電質的最小結合強度

2. 樣本經過 288°C 的漂錫 10 秒來模擬經過組裝與重工後的劣化狀況

3. 經過暴露五個循環的 -50°C ～ +150°C，以半小時停滯在各個極端狀態，在極端環境停滯間停留在室溫下 15 分鐘，嘗試模擬加速老化對結合強度的影響。圖 13-2 所示，為典型的剝離強度測試機範例。

▲ 圖 13-2　剝離強度測試機

● 揮發份含量：主要用來判定軟板基材內揮發物的重量百分比，它是潛在排氣脫層缺點的來源。

耐化學性測試

● 軟板需要做的化學性能測試非常有限，只有兩個用在軟板製造的主要材料有關於化學的顧忌。

耐燃測試

● 耐燃性：這項測試主要在測試最低的延續燃燒需氧量。執行耐燃測試，是要判定基材產生持續燃燒的特性。電路板需要通過 UL 的 94V-0 測試等級，這種水準表示材料是不可燃。不過軟板基材過去用 UL-94V-0 評價的狀況並不普遍，有先進軟板材料具有 94V-0 能力。

電性測試

軟板的電性表現時常是材料本身的函數，這類應用因為高速線路需求而增加，電性是利用材料樣本做檢驗並決定所有後續類型的材料。在電氣性質表現方面，會經過樣本製作做以下基本測試：

● 介電質常數：判定材料無單位的所謂介電質係數 (Dk) 是相當重要的測試項目，這項特性對於電路板的特性阻抗值有一定影響，在許多預測與計算電性表現方面的工作相當關鍵。而定義則以兩面銅間填入空氣與填入基材兩種狀況所產生的電容值比例為數值，沒有單位。這在高速線路應用方面，低 Dk 值就特別的重要。

● 散逸係數：是用來判定材料電容率 (permittivity) 與它的導電度間關係，這項特性與電路板訊號傳送的衰減有關，對於高頻低伏特數的數碼訊號品質影響較大。在某個頻率下做測量，可以輔助線路設計者做終端產品電性表現計算。吸濕是普遍現象，會增加損失因子與訊號損失，而它的重要性會隨著訊號速度成長持續增加。

- 介電強度：介電質強度測試，是要判定材料的最小崩潰電壓，這對於高電壓應用特別重要，對會面對高壓與電弧環境的產品也一樣。
- 絕緣電阻：這個測試目的在了解使用材料所能期待的最大絕緣電阻。
- 表面及體積電阻：表面與體積電阻值，是要測量與建立有關材料的最小體積與表面電阻，材料在濕熱的條件下可能會改變線路的表現。這個材料測試，是要測量材料在這種環境下所呈現的漏電傾向。

環境性能測試

採用環境性能測試，是要評估材料的特定物理與電性類型，它可能會因爲在產品生命週期所暴露的環境而改變，會做以下基本測試：

- 吸濕測試：吸濕測試，是用來判定基材在潮濕環境下會吸收多少濕氣。吸濕與電性考量有關，當材料吸收濕氣會改變其介電質係數。它在組裝時也有潛在顧忌，過度濕氣吸收可能會引起爆裂性排氣與脫層。
- 吸濕後的絕緣電阻：這個測試是用來判定暴露在濕氣中對材料絕緣電阻的影響，要驗證材料的電性在測試條件下沒有劣化到超過設定限制。
- 菌類電阻：這個測試是要驗證，材料是否會滋養菌體或產生其它生物性物質，這可能會劣化軟板的電氣特性。

13-4　軟板評估

除原物料測試外，軟板成品測試也非常重要，許多測試是重複的，主要爲了要確認材料經過製程後沒有劣化到不能接受的狀況。對原材料，測試需求已經在幾個關鍵領域有設定，針對其產品可接受狀態，業界也有參考律定規範。

軟板成品主要測試種類包括：目視檢驗、金屬處理可焊接性、物理尺寸、物理特性、線路結構整合、熱應力前後電鍍通孔品質、電氣特性、環境特性與清潔度等。前述項目個別測試需求，將做粗略檢討。可取得的 IPC 文件描述了準確測試法，讀者要實際做測試，最好仔細閱讀細節。

目視檢驗需求

目視檢查主要目的在於確認基本的要求項目，較重要項目爲：

● 脫層 - 任何材料的自我分離、導體脫離基材或覆蓋膜脫離導體，都構成脫層的證據。它被認定爲不正確製程、缺乏清潔、過大的熱應力等訊號，幾乎在所有案例中，脫層都被認定是剔退條件。

● 邊緣狀態 - 軟板檢驗中會檢查刻痕或撕裂現象，它可能會成爲撕裂蔓延與線路故障的位置，這在軟板的動態應用相當重要。沿著軟板邊緣的刻痕，可能會成爲啓動撕裂的位置，至於靜態應用也相當重要，因爲軟板可能在組裝時不經意的受力破裂。

● 補強板貼附 - 補強板是要執行重大部件的機械性支撐，最後要檢查確認選用的補強材與軟板有良好結合。若補強板邊緣的內圓角或其它邊緣區域出現斷裂，這個檢驗步驟應該可以確認它的存在。

● 焊錫滲漏 - 焊錫沿著線路表面滲漏，超過保護膜開口的範圍，這可能是不正確保護膜壓合或者可能是過度暴露到融熔焊錫的跡象。這種狀態是不期待出現的狀況，但有時候被認定爲可接受，只要它維持在一定的範圍或者議定的限制區域內，如圖 13-3 所示。

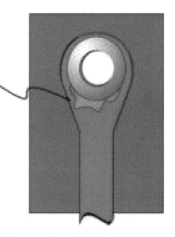

Solder wicking under coverlayer can occur during solder coating processes

▲ 圖 13-3　焊錫滲漏到保護膜下，可能發生在融熔焊錫流動到保護膜下。它可能被剔退對或被接受，但主要是它會成爲製程不穩定的指標。

● 記號 - 檢驗軟板的記號，是要驗證是否遵照圖面規定，且要避開部件位置或方向錯誤，若需要做軟板修補的場合它是必要的。軟板的順序，也可以在這個時候做檢查。

● 工作品質 - 是統包式檢驗，必須要涵蓋各式各種項目。如：出現髒點、油漬、手印、皺折、彎折或其它非特定指標，這些都可以呈現出製造者的工作品質。雖然這種檢驗可能偶爾被接受，不過它可以作爲軟板製造商的品質指標。

電鍍通孔

電鍍通孔有空洞是不可接受的，需要檢驗銅電鍍通孔尺寸或數量，以避免可能的焊接或信賴度問題。環狀空洞是主要的顧忌，且一定會被剔退。若在組裝檢驗中沒有被發現，這個電鍍通孔空洞的問題時常會在焊接時演變成排氣狀態或吹孔缺點。典型電鍍通孔破洞示意，如圖 13-4 所示。

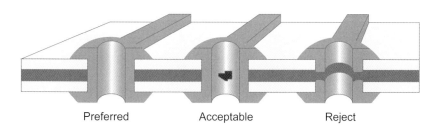

Preferred　　　　Acceptable　　　　Reject

▲ 圖 13-4　電鍍空洞可能是受到多種不同製程因素影響，小空洞並不希望出現但是可以被接受，這必須要它們沒有超過指定的限制，環狀空洞則必然會剔退。

尺寸測量需求

最終軟板尺寸測量，要確認外型與軟板搭配性，因為尺寸精確度對實際功能及極端軟板信賴度相當重要。後續內容是關鍵的檢驗與測量：

環狀圈 (孔圈)

● 判定最小的環狀圈 - 沒有足夠的電鍍通孔環狀圈 (Annular Ring)，可能會同時影響軟板互連的可焊接性與信賴度。有電鍍與無電鍍孔的需求差異大，單面軟板的孔圈面積要大得多，以確保可以獲得可靠的結合力，因此必須要檢查環狀圈是否符合最小需求。圖 13-5 所示，為通孔與孔圈關係位置示意。

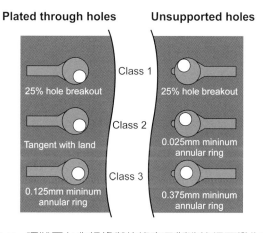

▲ 圖 13-5　環狀圈允收規格與依據產品製造等級而變化的狀況

黏著劑擠出

● 孔形與配置精確度 - 孔形與配置精確度必須要檢查，以確認通孔是在它們的正確位置。這對軟板組裝當然相當重要，特別是在使用自動化通孔組裝程序時更是如此。即便孔用作表面貼裝的工具孔，位置精度的重要性也相同。

● 保護膜對位 - 保護膜對位的整體影響類似於孔環，這是因為保護膜對位不良會干擾到可焊接面積，可能會產生比較差的接點可靠度。保護膜應該要正對襯墊，以達到最小指定需求。對位需求會因為襯墊外型設計而改變，有方法可以讓彈性變大。對於單面軟板設計，保護膜可以幫助避免襯墊浮離，此時對位就會變得非常重要，建議最小的襯墊覆蓋範圍是 270°。

● 接著劑遮蔽量 - 黏著劑擠出到襯墊是保護膜壓合非常常見的副產物，這來自於黏著劑受熱與壓力下產生的流動所致。有標準的允許襯墊擠出量，但是實際的允許擠出量應該要經過討論。良好製程技術與材料可以最小化這個影響，可以採用變形量比較大的墊材來遮檔黏著劑。對於比較新的感光保護膜，此因子不是問題。

● 氣袋現象 - 沿著軟板線路邊緣殘留空氣，稱為空泡或者氣袋現象，比較可能發生在密集封閉的線路設計區，或者是面對非常厚的銅也可能會看到。對於實際應用未必會有問題，不過是否允收還是要看終端產品的條件而定。另外濕氣所產生的毛細現象也可能出現類似狀況，膨脹的氣體會沿著線路或襯墊邊緣產生空洞。究竟應該要達到怎種的允收水準，應該要買賣雙方議定，如圖 13-6 所示。

● 外來異物 - 外來異物有時候會出現在原材料內、保護膜底下，它們在各種應用中被認定是可接受的，除非它們產生線路架橋或線路間距到低於可接受的範圍。若它們出現在彎折區，也會是問題。

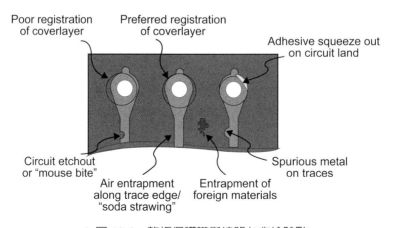

▲ 圖 13-6　軟板保護膜與線路允收檢驗點

● 孔尺寸 - 檢查孔尺寸是要驗證它符合圖片需求，同時沒有潛在的組裝問題。軟板孔尺寸若做得太小，可能會讓插入部件引腳產生困難。若是相反的狀況孔尺寸過大，它可能會難以形成焊錫結合達到期待的組裝品質。對於工具孔，孔尺寸的不精確是個問題，因為可能會失去位置精確度。

導體圖形 - 軟板最終的導體圖形，應該精確呈現出主要圖面所示的狀態。當允許出現局部線路寬度縮小達到 20% 時線路，若這是來自於缺口或鋸齒問題，過高的發生率代表有製程問題。

線路寬度與間距 - 線路寬度與間距可能是關鍵，且時常必須符合最小尺寸或間距需求，以確認正確的電性或電性表現，評估需求應該要依據主圖面資料來定義。

物理測試需求

物理測試是軟板測試的關鍵項目之一，它幫助驗證產品應用的物理適用性。後續測試，是用來確認產品品質與信賴度。軟板測試的部分，特別著重在動態軟板應用。

電鍍結合力 - 電鍍結合力或 " 膠帶 " 測試，是要確認在基材銅皮上的電鍍銅具有良好金屬結合。低結合強度可能導致潛在的線路故障，這是因為會有導體浮離或短路的風險。

無支撐孔的結合強度 - 檢驗無支撐孔的結合強度，是要確認軟板可以承受組裝與修補而不會有過度損傷。襯墊必須承受五次焊接與清除循環，這是依據普遍規格。

導體線路結合強度 - 這個測試是要確認線路製程沒有降低銅皮結合強度到達不可接受的程度，測試條件等同於原材料。

折疊撓曲性 - 折疊撓曲性測試，是要確認線路可以成功變形，符合主圖面所提需求，沒有脫層或線路斷裂問題。正確測試折疊撓曲性需要的訊息包括：彎折位置、彎折半徑、彎折角度、彎折方向與循環次數。

撓曲持久性 - 這種測試對於動態軟板應用最重要，測試設備會因為客戶需求而改變。標準測試方法與使用設備如：延展疲勞軟板測試機，可能只需要幾分鐘或幾小時來執行。不過許多磁碟機製造商會以模擬操作條件的方法做軟板測試，這種測試會花費數週到數月之久，不過業者面對這類檢驗，會尋求比較方便的統計信賴度數據測試。典型的常用撓曲持久性測試觀念，如圖 13-7 所示。

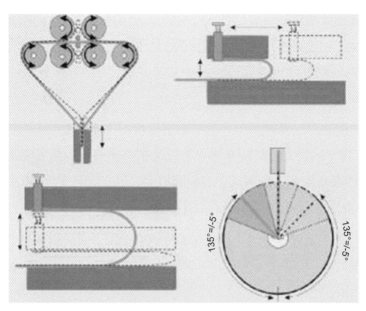

▲ 圖 13-7　軟板測試設備從左上順時針：軟板延展疲勞測試機、軟板彎捲測試機
　　　　　　(Rogers)、MIT 軟板測試機、塌陷半徑測試機 (IBM/Xytratex).

結構整合需求

　　軟板結構整合檢驗的最佳評估方法，是以顯微鏡評估熱應力測試前後的產品斷面，這類檢驗被用來呈現可能會影響最終軟板信賴度的微觀缺點。如前所述，檢驗是在收到樣品與經過熱應力測試時個別進行，這個測試是要確認產品品質與信賴度並沒有因為熱暴露而劣化，後續項目是檢查的重點：

● 受應力前評估 - 後續的點是評估在暴露到焊錫應力前的狀況，用來篩選收到產品時出現的缺點。主要偵測到的故障，可能是需要進一步的測試。

● 襯墊浮離 - 這些是在應力測試前，用來確認襯墊或銅面是否與基材具有良好的結合力。襯墊浮起時常是因為熱應力，基材膨脹可能會讓襯墊失去結合力並從軟板表面浮起。

● 電鍍整合 - 電鍍整合評估，是要確認電鍍品質、均勻度與厚度都符合規格需求，且沒有斷裂出現在通孔，以確認通孔電鍍信賴度。

● 層間錯位 - 層與層對位檢查，是要確認是否符合產品等級的最小需求，這主要是針對多層軟板與軟硬板結構而設，不過它也可能是雙面軟板的問題。

應力測試後評估

　　後續檢驗是在熱測試後做，以顯微鏡評估電鍍通孔斷面是驗證的方法，用來判定極端的電鍍通孔品質。

● 熱應力 - 漂錫熱應力測試，被用來判定是否電鍍通孔可以成功通過組裝存活。測試是以軟板暴露到 288°C 融熔焊錫 10 秒，這比典型組裝要嚴苛，但是它被用來篩選產品與避免臨界產品進入製造。樣本被固定並做斷面評估，如圖 13-8 所示。

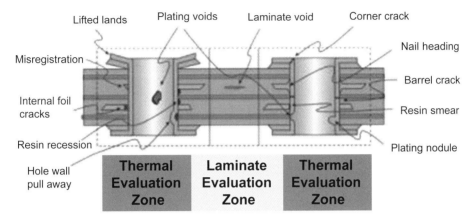

▲ 圖 13-8　軟板電鍍通孔品質與機械性整合的檢驗點

● 重工模擬 - 在電鍍通孔上做焊接與拆除部件引腳五次，是要模擬修補的場合，並評估它對軟板電鍍通孔整合的影響。這個測試需要有技巧的人員來執行，因爲不良控制的烙鐵可能會引起明顯損傷。

● 襯墊浮離 - 產品再次評估熱應力後的襯墊浮離，浮離限制等級已經設定，在測量時要確認襯墊不會在使用中浮離軟板表面。

電性需求

　　規範軟板電性需求，用來確認最終產品的正確電性表現。下列的測試，是最常被提出的軟板允收項目，其它測試如：時域反射測試 (TDR) 是有關阻抗控制線路的需求，也可能被定義在允收契約中。

● 斷路與短路 - 軟板應該做電性測試，以確認沒有短斷路出現在板面。這個測試會確認符合設計，且可以確保軟板有正確性能。測試條件方面如：線路間的測試電壓與最小電阻，應該要登載在主圖面上。

● 絕緣電阻 - 絕緣電阻測試可以複製原材料測試，且可以驗證經過線路製程並沒有劣化材料的絕緣電阻。

環境需求

　　環境測試是以模擬模式，在實際狀況下各種環境條件都會影響軟板品質、性能與信賴度：

- 濕氣與絕緣電阻 - 這個測試中，軟板被循環暴露到濕熱的空氣中 (從 80% 相對濕度、25℃到 98% 相對濕度、65℃)。這是要確認這種環境下，沒有對基材產生損傷影響，同時也沒有發生未期待的絕緣電阻劣化狀況，有時候這類測試會有點變動。

- 熱衝擊與熱循環 - 有幾個測試與條件包含在這些所謂的〝熱衝擊〞與〝熱循環〞中。多數測試包含暴露裝置到極端溫度中，來引起熱循環應變與故障。

　　熱循環是呈現極端溫度的方法，想要模擬在產品生命週期中軟板可能暴露的環境。循環條件範圍從 -65℃到 +150℃，停滯在各溫度的時間必須要事先律定，範圍從 10 分鐘到一個小時都有，衝擊測試是採用短的停滯時間。對於裸板測試最普遍的溫度條件是 -55℃到 +125℃，不過基於產品特定信賴度測試的觀念，有幾種新的熱循環測試逐漸變得普遍。

清潔度

　　最終軟板也必須測試，以確認它並沒有承載過多的離子或有機污染物，這些污染物會對長期信賴度產生負面影響。

- 離子污染物 (溶劑萃取的電阻)- 執行離子污染測試來決定殘留在板面上的離子量，可以用純的醇 - 水溶劑做清洗，之後集中溶劑並測量其電阻改變量。這種污染物若殘留在板面，可能會導致源自於腐蝕與電流滲漏或短路等潛在的故障。

- 有機污染 - 有機污染物是另外一個潛在問題來源，污染偵測可以用純的丙酮清洗軟板樣本表面，轉移清洗液到清潔玻璃表面，接著讓溶劑揮發。出現的殘留物，可能可以指出是出現了哪種有機污染物。

可焊接性需求

　　最終軟板的可焊接性測試，是要檢驗軟板在組裝作業中可能產生的焊接問題，特別是源自於不潤濕的狀態。這類檢查，是要準備可潤濕焊接的表面，並搭配正確被認證的方法來執行。

　　IPC-S-804 長久以來被用作可焊接性的驗證規範，不過它已經被 EIA/IPC-J-standard-001 所取代，它目前是比較普遍的標準，可以用在所有電子應用。

13-5 成品品質檢驗

檢查測試

　　最普遍的三個檢查步驟就是，電氣測試、AOI 光學自動檢查、目視檢驗。

電氣測試

電氣測試的設備非常多樣化，但是討論主要分為測試控制的部分及測試治具兩者。測試設備經過點對點的測試程序，利用電阻值與電壓測試法，將短斷路現象篩選出來。測試機提供不同測試電壓的能力，同樣也有測試不同電阻的能力，但是設備的極限值為何就是差別的所在。圖 13-9 是軟板的電測機台範例。

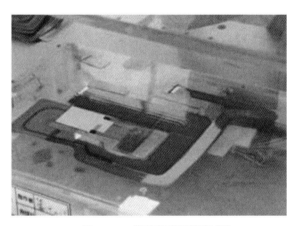

▲ 圖 13-9　軟板短斷路測試機

的軟板測試機關鍵考慮項目如下：

電流設定檢查短路的能力。

電壓設定檢查斷路的能力。

程式能力與自動化程度。

電阻量測能力。

二極體測試能力。

測試時間長短。

電容、電感的測試能力。

另外一個電氣測試的重點就是測試治具的部分，典型測試治具包含測試床台及安置在適當位置的彈性測試端子探針。這些探針可以因應不同的面積與需求而採用不同型式，而壓床的型式則是要讓軟板與探針間穩定接觸。對於小量產品，也可以考慮使用飛針系統做測試。這些電性測試的簡單內容，已經在前章品質管理內容中陳述。

光學自動檢查

自動光學檢查系統 (AOI) 在電路板業界已經是普遍設備，主要功能是比對電路板上的線路型式與實際設計需求間差距，當發現缺點問題時會留下紀錄，並提醒操作者問題的存在。

與 AOI 平行的有一組設備叫做確認機 (Verifier)，主要用於承接 AOI 設備所發現的缺點，經由放大設備讓人工再做一次確認。部分缺點可以修補則做修補整理工作，若確認無法修補則做確認報廢處理。

AOI 設備可以檢查功能性檢查所無法呈現的問題，例如：線寬間距變化現象，這可能無法由短斷路測試了解，但是可以由 AOI 檢查而獲得較清楚輪廓。這些檢查資訊可以作為後序製程改善的參考，但是沒有辦法因此改善製程能力，因此其重要性時常被製作者所忽略。

目視檢驗

人工目視檢查，並不需要太高的設備投資，但也是最不穩定的檢查方法。電路板的目視檢查，主要放在電路板表面缺點發現與修補上。但是這種檢查並不能獨立存在，都是搭配其它檢查一起執行，近年來因為光學設備的普及使得目視檢查輔助系統逐漸產生，CCD 的放大目視檢查設備已經有不錯的低單價產品可供選用。在人力負擔與檢查穩定性雙重考量下，這類輔助系統值得考慮使用。

品質統計

雖然全世界的電路板品質趨勢，都走入改善設計與製作程序的方向，但是並沒有零缺點的製程來免除品質管制工作，因此品質管制一直是製造業中重要的工作之一。品管資訊不只是提供缺點訊息，同時可以經過整理回饋作為改善製程的參考資訊。傳統品管包括簡單的各製程抽樣檢查，這樣可以獲得良率與變異狀況的上下限。而目前許多設備都附有完整品質統計分析軟體功能，不但檢驗設備可以作檢查工作，同時可以自動蒐集數據並作出分析監控，而且可以依據使用者需要作出適當的成果報告。例如：某些組裝機械可以在組裝前做部件測試，若發現缺點可以更換分離部件並作出統計紀錄，若真的品質太差還可能更換批次做生產並通知管理者。當然這些自動化的要求標準，是由作業者所訂定的。

13-6 小結

檢驗測試與品質管理有相關性卻並不相等，檢驗測試會更著重在材料與產品的特性表現方面，而品質管理比較偏重在表象性的單純特性點檢。對軟板產品，因為需要面對的組裝與產品需求比硬板複雜，且許多產品還會用在動態撓曲應用上，因此更需要對其細節特性做管控，這就必須要靠檢驗測試來完成。

CHAPTER 14

軟板需求文件與規格標準

14-1 簡介

　　軟板檢驗、測試與其製造成本不成比例,有許多因素導致必須要如此極端仔細,超越了軟板明顯具有的機械與電性特性:

1. 作為高價組裝的基礎,軟板的品質與信賴度相當關鍵重要,這比起它的相對低價格重要得多。

2. 軟板是客製化的,各設計都是特殊的,特殊性加上疑慮會增加檢驗。

3. 早期軟板用在軍事電子產品,這些必須遵循的規格與標準仍然持續。

4. 包含大範圍的材料與製程技術,因此有許多故障模式。

5. 透明度讓成品更需要檢驗。

6. 泛用的品質控制態度:當產生質疑,規定它

　　當比較瞭解軟板製造技術,會發現有許多過去強調的規則未必須要執行。許多軟板採購者,使用誇張的公差與不必要的規格,根本因素是他們並不知道實際需求,這些是否足以應對必要的產品品質控制水準。

　　過高的規格,循著現有趨勢來採購而不管製造。當設計將要在外部執行,恐懼與未知導致訂定過高規格。而當產品是在內部生產與內部使用,就會使用比較合理的品質標準,此時沒有人會從過高規格中獲利。

管理與設計者，對這種特別需求應該事先評估與斟酌。軟板是軟性、可塑產品，主要執行電性功能。首先應該要釐清的是，它是否適合硬體並提供所有必要互連功能，沒有不需要的部分，這樣就是成功產品。

成本衝擊品質需求

在執行每個協議時，關鍵目標是要建立在正確合理的檢驗需求上，因為成本是直接連結到品質水準的。軟板是客製化產品：各個產品的產生都是新事物，且每個設計都有特殊需求。良率是軟板製造成本的重要元素，軟板製造良率幾乎等同於利潤百分比，檢驗站狀況差的一天有可能會損失掉一週的利潤。製造商計算軟板價格，是依據過去的經驗來估算良率損失補償，因此檢驗規格與增加的保證，都會影響到預期的報價。

14-2 相關的軟板規格標準

規格發展是要幫助產業建立對產品的基本瞭解，並訂定產品應有的狀態特性，又要如何執行驗證。它們是基礎框架，提供凝聚產業測量作法與建立產品需求、使用水準的指標。沒有良好的標準規範與規格，就不會有任何產品特性可以被看到或遵循，這樣就無法嘉惠終端使用者。目前軟板與電路板的主要規格，來自於三種來源：工業標準、客戶需求與契約協議。

工業標準

工業標準是建立在明顯的量與使用狀況，當依據熟悉度與經驗建立了實際的品質等級，貨源之間的競爭就會設定出合理的價格。最簡單成本 / 品質固定的產品，是目錄型的採購項目。因為這類設計到使用的產品，是目錄內的項目，訂購是依據型號並引用製造商規格來做，目錄就已經提供了產品的性能表現、成本與品質等資料。可惜的是除非在特殊場合，沒有任何軟板設計可以達到足夠的量，以這種方式銷售。

客戶標準

當客戶採購足夠的產品量並成為可決定因子，他就可以設定自己的標準與需求，這就是美軍規格的狀態：在發展初期有大百分比的軟板產品是用於軍事電子產品，因此有一套來自於軍用客戶觀點的完整文件，定義軟板的標準。這些標準因為包含許多不必要的限制，因此升高了產品成本，但是它們已經被成功使用了許多年，且被廣泛瞭解與接受，又沒有潛在的隱藏性故障問題。

契約協議

　　眾所周知，電子產品時常為了改善表現或降低成本而做設計改變，業者體認到廣泛的新技術並不適合建立預期規格。當不同材料或製造方法被提出或需要滿足急迫的需求，偏離現有標準或發展特有品質需求是必要的，且可能必須在達成共同協議前執行。

　　聰明的建議是，儘量廣泛使用已經建立的標準，這應該是最佳準則。修正部分，則應該依據產品需求性能做清楚定義。設計者與潛在製造商間的協議，是有效的設計改變依據。它保持了產品的性能，但是改善了可製造性。在施與受之間，對於需求及可能激發的良好想法與創意，都可以導引出有用的設計與合理的價格。

　　花時間發展良好規格，可節省許多時間並讓產品交貨順暢。任何雙方協議標準都可能被用，臨時的、工業標準或客戶要求等都是。不過經驗顯示，經過完整使用與測試的標準如：IPC 或 MIL 等，會產生困擾機會還是較少。品質需求與參考文件應該列在採購訂單上，其優先順序也該被記載，特別是要參考工程資料與底片，它常與實際尺寸需求衝突。

　　整套工程數據與品質需求組合，表達了採購者對製造商的期待。經驗顯示，多數工程數據都可能有錯誤或混淆。這些都必須在適當時機解決：較好的時機當然是在設計前或生產前。明確、精準與簡化似乎是難以達到的目標，但是比較完備的執行文件會接近這種理想，也可以加速生產的啟動，同時比較容易讓成品滿足客戶需求。

雙尺寸狀態

　　雙尺寸在軟板設計上相當普遍，它的存在是因為數據資料包括標註尺寸的圖面與底片，這些也都是尺寸控制的文件。進一步讓這個狀態複雜化的原因是，電腦輔助設計 (CAD) 底片數據可能包括允許的蝕刻損失與材料縮小，這些有可能因為選擇的供應商而發生不正確的問題。

　　IPC 規範明確說明，軟板製造商要負責確認底片與圖面的相容性並檢驗需求。不論是引用誰的規格，比較聰明的辦法是將責任放在固定的一方。實務上底片是尺寸控制與檢驗的文件，必須非常小心檢討，以確認它所生產的軟板符合尺寸需求。採購者應該強烈要求檢討與交互檢查工程數據，同時不必訝異不預期的矛盾出現在資料中，有可能這些資料還已經被使用或執行過。

　　後續內容，是整理關鍵且對製造商比較重要的標準與規格，可以使用在軟板結構與原材料上。此處文件僅經過粗略整理，以達到快速查詢與參考的目的。這些文件在做設計、檢驗或測試軟性時，應該要保持在手上作為參考。有許多非清單內文件，它們可作為軟板製造時的參考，若對較廣泛議題有興趣的讀者應該可以做閱讀。

如前所述，有關軟板製造的規格，來自於兩個不同來源：工業本身與軍用系統，在此它們被分開以便釐清。

14-3 主要的工業規格

IPC 已經是電子互連工業標準與規格主要先驅者，最近 IPC 已經重新規劃規格與文件，讓它們能更相容於其它工業標準。因此新標準產生會更換部分老標準，不過老標準仍然會保留在藍皮書內，至於其它文件一段時間後都會陸續出現，比較值得讀者理解的新舊文件與各種軟板資料，如後所述：

一般文件

IPC-T-50G- 詞彙與定義

並不是只針對軟板，這個文件提供新近電子製造被用到的詞彙定義與特殊意義。因此它對於快速釐清工業詞彙，是相當有價值的參考文件。

IPC-2615 印刷電路板尺寸與公差

這個標準依據目前工業水準，提供單面、雙面、多層有關硬板與軟板尺寸及公差的需求訊息。

IPC-D-325A 印刷電路板的文件需求

這是一份文書資料需求文件，它圍繞著電路板最終產品整體必要文件規劃，不論原材料、特別製造需求、層數或終端產品使用等都在內，包括：主圖面需求、板定義、底片影像工具、止焊漆需求、符號需求、規格、自動化技術等等。其標準也涵蓋基本板製造需求文件、散熱片連接、端子組立、孔眼與其它硬體。

IPC-A-31 軟板原材料測試線路圖形

這個測試膜含有的測試線路圖形是用來做：尺寸穩定度、耐化學性、耐燃能力、撓曲持久性、撓曲強度、抗張力強度與延伸性、介電質係數與損失因子、體積與表面電阻、濕氣吸收、耐絕緣性與低溫度撓曲性。

IPC-ET-652 未普及的印刷電路板電性測試指南與需求

電性測試重要性持續增加，這份文件提供訊息，輔助選擇測試分析儀、測試參數、測試數據與治具需求，來執行電性測試，包括並不普及的板子與內層。

設計規範

IPC-2221A 一般印刷印刷電路板設計準則

　　IPC-2221A 涵蓋有關 IPC-2220 基本設計標準的所有文件，它建立了印刷電路板與其它類型部件貼裝或互連結構的設計需求，不論是單面、雙面或多層都在內。在許多更新中，版本 A 是有關新表面電鍍規格、內部與外部銅皮厚度、部件配置與孔公差等，擴充涵蓋部分則提供材料特性、尺寸與公差準則及孔結構，同時還更新了品質驗證試片設計。

IPC-2223A 軟板設計標準之部

　　這個文件設計，是要搭配 IPC-2221A 使用。IPC-2223 建立了有關單面、雙面、多層或軟硬板需求。它包含更新片狀尺寸、孔間距、彎折半徑、遮蔽、載盤、無功能襯墊、保護膜近接與間距、導體邊緣間距等設計準則。

材料規格

IPC-FC-234 單、雙面軟板感壓黏著劑組裝指南

　　本文件提供有關可用黏著劑訊息，也提供正確使用的製程建議，同時強調強度、弱點或限制，並指出如何執行的訊息。它提出在單、雙面軟板、薄膜開關與部件上，使用感壓膠的方法建議。也描述可能使用的材料類型與製程，以達成正確軟板附著到外殼或其它組裝的目的。

IPC-4562 印刷電路板應用的金屬薄膜

　　這個文件以往所知是 IPC-MF-150 規範，針對電路板應用的八個等級銅皮，指定其特性、性能與測試需求 (四種不同類型電鍍與四種不同類型鍛造銅皮)。

IPC-4101 印刷電路板的基材、膠片材料標準

　　這個文件取代了 IPC-L-108、IPC-L-109B、IPC-L-112A 與 IPC-L-115B，涵蓋主要被用在硬板、多層板 基材材料 (基材或膠片) 的電性與電子線路，同時也包括軟硬板及軟板的補強材料。

IPC-4202 用在軟板的軟性基材介電質

　　這個 ANSI 認證文件，建立了用在軟板與軟性平面電纜製造的軟性介電質基材需求。它提供完整的數據，設計來幫助使用者更容易同時判定材料能力與相容性。IPC-4202 包括軟性介電質材料規格，這部分是依據材料類型整理。IPC-4202 已經儘可能搭配 IPC-4203 與 IPC-4204。

IPC-4203 用於保護膜應用的黏著塗裝介電膜、軟板貼合膜

這個 ANSI 認證的標準，建立了製作軟板與平面電纜用保護膜的塗裝介電材料與軟性黏貼膜需求。它提供了完整數據，可以幫助使用者更容易同時判定材料能力與相容性。IPC-4203 包括黏著劑塗裝膜材料規格表，是依據材料類型整理。它已經儘可能搭配 IPC-4202 與 IPC-4204。

IPC-4204 用於軟板製造的基材

這個文件建立了有關製作軟板與平面電纜用的基材介電質膜材料需求，此標準提供完整數據，可以幫助使用者同時判定材料能力與相容性。IPC-4204 包括依據材料類型整理的軟板基材規格表。

性能與檢驗文件

IPC-A-600 系列印刷電路板允收規範

這是一份最老 IPC 文件，提供電路板目視允收標準，並包括特別段落強調軟板。許多硬板與軟板允收規格是相同的，硬板訊息的值也可以轉用。這個四色文件提供照片與目標描述、可接受與未確定狀況，可以用在裸板內部或外部檢查，是目前工業比較一致的依據。此文件版本持續更新，並提供更新照片與陳述，涵蓋議題包括：膠渣移除、襯墊浮離、裂紋與成品品質議題。

IPC-6011 電路板性能規格

這是一般性標準，此文件的設計是為了簡化性能規格程序，將共同點與問題整合在一起，其它特定的問題則作為片段的文件。

IPC-6013 印刷電路板、軟板與軟硬板的規格

這個規格遵循 IPC-6011 格式，不過更專注與軟板及軟硬板的議題。

IPC-6202IPC/JPCA 單雙面軟板性能指南手冊

第一個整合標準，由 JPCA 與 IPC 共同發展出來，此規範涵蓋單雙面軟板需求與考量，有超過 30 張有關軟板允收 / 剔退圖，並附錄有關聚醯亞胺軟板操作方法。同時也包含所有七個日本工業標準 (JIS) 測試法。

PAS-62123 單雙面軟板性能指南手冊

這是 IEC 認證並發行的可用公開標準，它等同於 JPCA/IPC-6202。這個標準涵蓋單雙面軟板的需求與考量。

IPC-TF-870 高分子厚膜印刷板認證與性能

這個 IPC 文件涵蓋高分子厚膜板的材料、認證與性能需求，不論是印刷、擠出沈積或用在導體、絕緣體、電阻與通孔技術都包括在內。

軟板組裝與材料標準

IPC-FA-251 單雙面軟板組裝指南

這個文件陳述安裝部件到軟板上做互連的工作指南，描述相對於硬板，軟板的特別需求及各類產品特定狀況，另外指南中也描述了可能被用來達成正確電子組裝的材料類型與製程。

IPC-3406 導電表面貼裝黏著劑指南

這是比較新的文件，涵蓋電路板組裝與線路互連用的導電黏著劑選擇指南，比較專注於使用導電黏著劑來代替焊錫。討論比較集中在現有焊錫組裝的架構，兩種主要類型的黏著劑是同向性與異向性導電材料。兩種主要類型的高分子黏著劑，熱固與熱塑也有陳述。

IPC-3408 異向性導電黏著劑的需求

這個文件涵蓋用在結合與電性連接方面的異向性導電膜，其需求與測試方法議題。應用包括後續的：軟板到玻璃、軟板到硬板、覆晶到玻璃、覆晶當軟板、晶片到硬板與小間隔 SMD 等。

主要的軍規

軍用規範公布都已經超過十年以上，比較著重在期待的使用場合與方法，當有可能以工業規格製作產品，可以簡化執行並能降低成本。因此這份文件僅作參考，有興趣的讀者可以個別研讀。不論如何，因為某些廠商有長期的契約在手，這些標準可能還是必須要遵循，不過亞太地區客戶需要這種規格的機會並不高。

MIL-STD-2118 軍用電子設備用軟板與軟硬板的標準

這份文件是一份最早的軟板與軟硬板的設計標準，含有許多有價值的規範訊息與設計指南功能，可以應對軍用軟板與軟硬板設計應用。

MIL-P-50884 軟板與軟硬板的軍規

這個規格提供軍用軟板與軟硬板的定義與測試需求，也提供製作認證板需求的底片訊息。

14-4 小結

　　這些文件至少應該持續更新，給設計師與軟板使用者參考。如前所述，還有其它有價值參考資料，應該增加到清單中。如：硬板基材規格與膠片，會被同時用在軟硬板結構與軟板用補強板，似乎也應該包含在清單中。不過重要的顧忌是，這些文件無法簡單用在採購與儲存，完整瞭解文件可以提供重要基本準則，讓業者成功執行與軟板有關事物。

　　完整的材料規格、包裝控制、產品處理等規範，都可以從美國的軍規與 IPC 規範中取得。規格選擇會直接影響產品成本，合理律訂需求可以獲致較低成本與適當品質，同時可以降低檢驗人力與增加 MRB 彈性。軟板的設計涉及到二維問題，時常必須面對底片數據、線路圖形尺寸衝突與電性需求挑戰。

CHAPTER 15

軟板組裝

15-1 組裝綜觀

當軟板在 50 年代中期出現，電子工業相當歡迎這個發明卻避諱使用，因爲沒有產品規格以這種產品構裝。今天軟板組裝是以焊接爲主要技術，且部分已經建立了完整方法，具有檢驗標準與訓練體系，又有輔助設備可以幫助執行。

在早期使用軟板組裝是相當有風險的事。可接受的標準與規格尚未定義，在沒有建置良好技術與完整體系前，選擇硬式電路板製作是比較安全的選擇。當時硬體是以連接線路型端子銷售，產品有各種形狀與尺寸，且都是爲線路連接而設計。當軟板這種部件出現需求時，第一步就是將端子插梢連接到軟板襯墊上做連接。

NASA60 年代的太空計畫，是促使更多軟板被接受的重要因素，因爲太空計畫解決技術問題需要使用軟板：它增加了儀器構裝功能性，同時降低重量並改善飛行器的重覆穩定性。當這類應用逐漸公開爲大家所熟悉，軟板逐漸從怪異轉變爲可接受。NASA 說軟板有利於飛行，則類似技術就可被用在電腦、通信等產品，更別說是如：相機等類似產品上。經過軟板商努力與時光飛逝，使用軟板並沒有嚴重問題出現，遂逐漸成爲建構電子裝置可靠、節約成本、性能提升的解決方案。

軟板組裝可以將平面概念延伸到立體形式，就好像電路板長了很多尾巴可以做極複雜的連結，同時這種連結可以避開焊接點的疲勞問題，也可能降低產品的整體組裝成本。

　　輕薄柔軟的結構使組裝幾乎不會產生內部應力，即使是高密度短接點的結構也不會有問題，這表現了 SMD 與軟板技術結合的優異性。SMD 與軟板結合可以經得起上千次熱循環測試，因為軟板可以吸收熱應力變化。熱應力是目前電子部件接點失敗率高的最大原因，為了提高電子產品在惡劣環境中的生存能力，尤其是與生命相關的產品，採用更先進材料與結構是必要措施。如：飛航管制系統、汽車操控系統、生命維持系統、飛彈導航防禦系統等，都必須作考慮。在熱變化高的惡劣環境下，愈硬的電路板愈容易發生熱應力斷裂問題。

　　薄型材料的另外一項優勢，就是它具有優異的傳熱性及隨機變形的包覆性。這意味著軟板可以用於 3D 結構，提昇產品空間利用率，這些特性都是我們要探討的。

15-2 材料考量

　　材料選擇對組裝工作是重要的，聚醯亞胺樹脂初期被用作耐焊接材料，雖然並非所有使用者都需要這種材料，但它卻是最廣為接受的耐焊接軟板材料。許多其它高溫材料在熔融焊錫環境下，都有發生短路問題的案例，因此對保守性應用，最好先採用聚醯亞胺樹脂材料製作軟板。至於替代材料選用，可以經過驗證組裝測試後再行更換。材料資訊，可以參考本書前段內容。

15-3 接合前的準備

　　焊接是軟板最普遍接合法，手焊技術幾乎可用在任何軟板材料類型接合。軟板因為有先天特性，必須做焊接前的準備，簡單準備步驟如後：

● 聚醯亞胺介電質(或任何會吸濕材料系統)，需要在 125℃ 下預烘約一小時(單層結構、軟硬板或多層軟板需要更長)來清除濕氣，接著最好在 15 分鐘內完成焊接不要過度拖延。

● 需要保持一定離板距離，保持硬體(如：連接器)與第一層軟板分離，因為需要空間來確認焊接均勻度。

● 突起接觸插梢，常被指定可超出焊錫內圓範圍，典型外觀是 0.062 in。要符合此需求，插梢必須剪切到正確長度，以提供離板高度加上軟板、內圓角、突起等高度。這需要用銳利剪切工具保持最小毛邊，毛邊會造成軟板組裝與硬體之間干擾，同時可能損傷絕緣或襯墊。

- 若有製作簡單的灌膠或擋條，就可以用定型塗裝 (Conformal Coating) 來處理，這可能是矽膠咬合或其它開放式的裝置。
- 若連接器插梢上有金存在，插梢應該要預浸在正確的焊錫合金中洗掉金，以驗證可焊接性與輔助快速的軟板搭接。
- 某些組裝前的檢驗是必要的，軟板與所有硬體項目在做接合前應該要確認是良好的。
- 事先規劃檢驗與測試，可以避免過多的人力耗費。可以透過最終組裝電性測試 (短斷路) 來執行，律定以探針做接觸測試是必要的。

15-4 部件的結構形式

終究不是所有的部件都已經用 SMD 的形式設計，因此較重且為通孔部件設計的部件，就必須使用背板或支撐機構做輔助固定。背板是無功能只用於機械支撐的機構，會先行鑽孔、對位、安裝、黏貼用以支撐軟板。背板在貼附於單面軟板時，多數都會貼在沒有線路的一面，之後以黏著劑或是感壓膠做貼合，事先製作的孔可以用沖壓或鑽孔做，尺寸都會比較大一點以方便對位。

部份生產商也使用另一種背板概念，他們採用區域性黏著法在需要支撐區域做黏貼，但卻將整塊硬板支撐在軟板後方，當製造完成後再將不要的區域去除，這種方法有利於生產又不會讓軟板失去撓曲性，只是必須注意成本問題。

通孔部件組裝與硬板組裝類似，部件直接插入部件孔，之後以波焊焊接。焊接前必須注意，若材料採用聚醯亞胺樹脂，那要事先除水以免發生爆板。除水作業，可採 110 ～ 130℃烘烤 10 ～ 30 分鐘。

傳統通孔部件要組裝在軟板上，很容易發生操作不當而拉壞脆弱軟板，因此有支撐機構設計可以降低失敗率。自從 SMD 大量用於軟板組裝後，這種問題就得到了舒緩。除非應用上需要，否則支撐機構在 SMD 部件組裝方面可以省掉。因此對設計者，採用 SMD 組裝與軟板技術的最佳組合。這種組合可以讓產品輕質化，同時提昇產品耐熱衝擊性。

15-5 接合製程

在組裝工作開始前，報廢責任與負擔應該要先議定。若客戶提供硬體，而軟板組裝被剔退是因為缺點出現在連接器上，誰要負擔軟板與組裝人力費用？除了手工焊接外，自動化方法有波焊、升降浸焊、紅外線 (IR)、雷射與熱空氣或汽相迴焊等，在大量生產時都搭配治具使用。

手工技術

圖 15-1 所示，為典型軟板手工焊接的狀況。

▲ 圖 15-1　軟板手焊作業

大量生產的接合方法

　　大量接合技術成本比較低，同時可以利用控制製程參數來改善品質並降低對技巧的依賴性。嚴謹的溫度控制，可以在傳動迴焊、治具波焊、雷射焊接實現，允許使用比較熱敏感的介電質料如：聚酯樹脂，若接觸熱焊錫時受到治具局部保護就可以在特定狀況下使用。當使用 5-mil 或更厚的聚酯樹脂，以自動化方法暴露時間低於 5 秒，證明介電質只有輕微的融熔狀態出現且品質正常，如此則大量低成本組裝就可行了。

加熱方法

　　所有大量焊接技術的核心，是提供熱能與控制的方法。最早的技術是以手動浸泡到融熔焊錫槽中，這很快被改成利用支撐架包覆保護軟板的手法，除了讓端子露出外避免其它位置暴露。在 60 年代中葉，熱焊接製程被進一步自動化，業者引進了波焊機械，而輸送系統進一步發展了遮蔽治具來搭配做接著。

　　焊錫預成形、自動火焰焊接、旋轉木馬式設備出現，之後開始使用表面貼裝技術以熱板與 IR 焊錫做迴焊接合，接著使用汽相與最後使用熱空氣焊接，現在因為對流式迴焊爐普及逐漸取代波焊技術。

　　紅外線是強大、快速、清潔的加熱方法，但是如同雷射焊接一樣受到光學與控制問題影響不易使用。IR 爐體可用來迴焊，但這種系統的溫控是猜測工作。製程要以組裝測試板做輸送速度與能階測試，直到期待溫度曲線出現，接著要保持相同條件作業，包含：顏色、粗度、質量等。因爲 IR 射源是遠紅外加熱器，組裝工件的外觀有小變動，軟板或軟硬板就可能面對過熱問題。聚醯亞胺膜吸收 IR 的效率高，又搭配了非常低的軟板熱容量，因此使用 IR 加熱，軟板區必須做遮蔽。

強制對流的熱空氣，提供了最佳的溫度控制與一致性，這個製程不論組裝部件如何改變，都不會超過設定組裝焊接起始溫度。它雖然相對加熱得比較慢，但還算有適當速度，是安全且普遍泛用的技術。

軟板表面貼裝組裝

雖然 SMD 與軟板搭配性不錯，但組裝時仍應耐心謹愼，因爲軟板是脆弱的材料，尤其表面銅皮容易產生皺折。若有這類瑕疵，就算通過電性測試客戶也會挑剔退件。多數軟板組裝要讓板面保持平坦，組裝者就必須執行搭配性規劃，這是硬板組裝線無法直接轉用的原因。

組裝部件

電子部件尺寸變異大，除了通孔部件對 SMD 部件也有一套公定尺寸標準，這包含：構裝尺寸、鏈帶尺寸、裝置袋尺寸等。IPC 對於引腳、焊墊尺寸及焊點品質要求，有品質參考定義，而 SMD 部件最簡單的是捲帶與鏈帶承載，較常見的捲帶部件如：電阻、電容、電感器、二極體等。部件捲盤尺寸有 7 吋及 13 吋兩類，可以依據不同產量需求選用。

較大構裝部件會置放在載盤或條狀包裝中，儘管使用這類部件會使操作時間加長，但各種構裝仍有它不同的優劣。部件載盤因爲可以穩固承載大型部件，同時保護部件引腳不致受傷，因此比其它承載來得安全。管裝部件則主要用於較小的 IC 部件，主要考慮是方便填充運載。各種不同設備商會針對不同部件喜好，將功能設計在他們的設備上，因此各機種都有可能會在特定組裝上有較好表現。

設備與製程簡述

如何選用軟板組裝生產設備，在採購前必須詳加考慮，多數這類設備製造商對軟板並沒有充分經驗，而對這類研發也少有投資或開發，但是若景氣好的時候卻會有不少廠商介入此類市場，這是值得注意的。軟板不會在行進中攤平，因此視覺控制系統容易失靈。又由於軟板強度不佳，對於傳動系統就不容易設計支撐機構。紅外線設備中的風扇，容易讓軟板產生飄移，而清潔系統的噴流容易損傷軟板，電氣測試則可能必須使用捲式操作，各個不同製程都可能必須因應需求修改設備與治具的設計。

生產管理資訊也是設備需要搭配的功能之一，對於品質管制要求有愈來愈嚴的趨勢，若設備能夠同時提供生產中的統計資訊及批量管制功能，將有助於生產順利運作。簡單的軟板組裝流程圖，描述在何時如何將各種部件結合在一起做組裝，如圖 15-2 所示。為粗略的組裝檢驗流程，可依據流程提供的方法做。

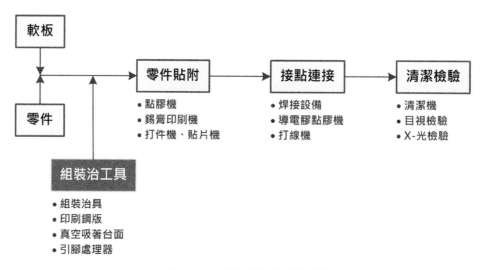

▲ 圖 15-2　簡單的軟板組裝流程

錫膏印刷作業

錫膏印刷設備有各種不同型式可供選用，從單機到連線設備都有。其中絲網及鋼板印刷是最關鍵的製程，其對位精度及下墨量都有重要影響。因為軟板伸縮、變形、參考靶點系統，都必須加入補償設計的考慮。某些設備商為了未來改進考慮，會在設備上留下改進空間設計，這個部分值得在選購時注意。

當選用新 SMD 設備時，最好的測試就是直接做所要組裝產品的測試，因為組裝狀態複雜很難事先定義出精確度、稼動率、維護需求等標準。多數設備商不會將光學對位的完成時間、輸送時間、上下料時間等列入生產速度資料，必須在選購時仔細研討。另外在機械精度部分，設備只能提供機械本身的作業精度，但這並不包含製作產品時產生的偏差，這些都值得使用者注意。

貼片作業

各個軟板在兩個連接器區都有補強板，同時在部件位置下方已經完全成形。貼片機的產能是以每秒打幾個部件計算，部件是靠鏈帶或卡匣供應，或者可以用震動整列機來提供。部件會落在事先印刷的錫膏上，但不會在錫膏印刷前打件。

SMT 重融焊接

使用錫膏做組裝焊接是極普遍的事，軟板若包裝完整儲存得宜並不需要特殊前處理就可以做上錫焊接，當然聚醯亞胺樹脂的材料預烘是例外。軟板做錫膏印刷前必須平坦置放於印刷載台，機台抓取固定方法主要有兩種，其一是以載板固定，其二是以真空吸著固定。真空吸著適合小材料，而載板操作的範圍較寬。

錫膏印刷後就可以做部件置放，這類操作都會使用載板做生產。軟板比硬板有更大公差，因此置放時必須搭配有辨識系統的置放設備。簡便的辨識系統只能對板邊靶位做處理之後就做組裝，但是對於工作尺寸大有多小片的產品，位置偏差會造成置放部件的問題。因此新的辨識系統，可以做單區域辨識並能修正位置，這樣雖然效率較差但可以彌補軟板公差造成的困擾。

某些設備也提供真空吸著的功能，但是這種功能很難延伸到迴焊爐中，若事先使用重融組裝載板，整個製程就可以順利進行，這也是為何主要軟板廠多以這種方式生產。為了讓生產順利進行，組裝過程中常使用膠帶做固定，目前業界有廠商提供防滑板產品可以改善組裝操作性。這種做法在美日等國已經有一定使用比例，但是因為製作單價高，使用量一直維持在某一個比例並非全面性使用。國內目前已有廠商提供較合理價位產品，部分廠商測試效果也不錯，可以省掉膠帶黏貼的麻煩，同時減少操作步驟降低貼膠、剝膠造成的缺點率值得考慮使用。表 15-1 所示，為幾種軟板治具夾持技術的特性比較，讀者可以依據實際的運作狀況在使用時作為參考。

▼ 表 15-1　軟板 SMT 組裝治具及挾持技術

固定的方式	缺點	優點
膠帶固定	較為依賴作業人員而且無法防止中間區域的不平整	簡單
感壓式的低黏力載板	壽命變化隨材質而有差異，設計不好就不容易取下軟板	基板較為平整
防滑載板	可以防滑但是設計影響組裝效率大必須注意	基板較為平整 簡單快速
導磁載板	需要埋入導磁材料，受熱導磁材料可能受損	簡單快速
固定夾	只固定邊緣同時彈片容易受熱疲乏	相對使用快速
真空	需要特定的工程設計及設備	概念簡單
IR 感溫下壓片 (例如：石英類的材料)	要小心操作置放	若適當使用十分有效

重融載板必須能承受操作溫度，同時能在高溫下重覆使用一定期間。硬板材料可用這種製程，但選用時應該以比熱較低的材料為主才能節約能源。必要時也可以使用機械機構及插梢，這樣才能將軟板固定在必要位置。載板的使用最好能夠貫穿整個製程，這樣才能讓組裝效率提高。

一旦焊接步驟完成，在清潔、測試操作時可以不必再依賴支撐機構。線路板可以用蒸氣或噴流清潔，因為軟板的撓曲性使部件底部污物比較容易清理，這種現象讓廠商使用網狀承載治具做噴流清潔。

也有業者使用其它加熱重融方法，蒸氣重融法就有廠商使用，至於雷射加溫焊接也有廠商使用，但以成本考慮實用性不高。

清潔

軟板可經過清潔程序而不受損傷，但是選用黏著劑、清潔劑時仍然要注意相容性。多數軟板業者會有自己的黏著劑配方，這些系統理論上應該經過測試確認品質再上線使用。當做軟板清潔時，多數人會看到軟板漂浮、脫離治具，這是因為噴流、清潔劑循環所致，因此清潔機設計必須有過濾機構設計，以免軟板脫落造成循環系統損傷。

蒙特婁公約已明訂氟氯碳化物禁用規則，這類強清潔劑不能再使用。不過軟板似乎比較容易清潔，部件下的一點線路柔軟度就可以讓清洗變得簡單，使得清潔劑較容易達到死角。以黏著劑生產的軟板容易在黏著劑上殘留助焊劑而造成麻煩，但近年來在黏著劑的改善加上綠漆覆蓋設計也降低了這類問題。

15-6 軟板與部件的準備

如同軟板組裝的理論元素，軟板與部件應該要正確的準備。多數塑膠部件與軟板的共同特性是，它們普遍會有吸水問題，這意味它們必須保存在低濕度環境。否則就必須經過預烘，以避免帶水氣的部件產生爆裂缺點如：部件斷裂或基材、保護膜起泡。

建議最佳表面貼裝部件引腳角度是 60°±5°，這個角度可以擴大到 45°-65° 範圍，因為現在部件設計已經縮小寬度。建議 55°-65° 引腳角度，是要降低熱循環中額外應變。要達到高信賴度，焊接點根部內圓角要適當。部件引腳共平面性對良好組裝相當重要，應該用加熱或其它方法強制引腳進入共平面讓引腳進入焊錫，若必要最好離線將引腳調整定型。

15-7 組裝程序的治具與工具

組裝需要治工具，這些器件會因爲選擇組裝方法的不同而有差異。例如：通孔組裝用於波焊的治具就不同於用在表面貼裝組裝的製程，在此做一點各製程粗略的討論。

波焊治具

軟板大量波焊組裝應用已有相當時間，這種做法是針對通孔部件而設，但是這種做法必須要增加處理程序。在安放部件前應該在電路板表面點膠，之後再做安放作業。軟板可以用載板支撐或用挾持機構固定，之後做點膠或黏著劑印刷處理，熱硬化或光硬化黏著劑都可以採用，而點膠機對點數少部件是不錯的選擇。

一旦部件安放完成，軟板必須以治具固定做上錫作業，此時所用的載具可以是載板或耐溫塑膠框架，這種作法類似用載船觀念操作。載具必須是不沾錫材質，鈦、鋁等都是常用材料。載具設計必須不阻礙上錫，某些聚酯樹脂材料用的框架有比較複雜的遮蔽設計。

波焊治具被設計成承載軟軟組裝的模式，在融熔焊錫波上用來維持軟板與部件穩定性。這有幾個可能方案，如：軟板可以連接在保留的補強材上，只有需要完全爲軟板的區域被做切除。以整片組裝的形式組裝，這種方法相對普遍。若缺點小片數量不多，它是相當有成本效益的方案。

另外一個可能的軟板波焊治具，如圖 15-3 所示。此處個別的孔都鑽得比較大，可以讓載板上的部件引腳與電鍍通孔正確近接焊錫波。

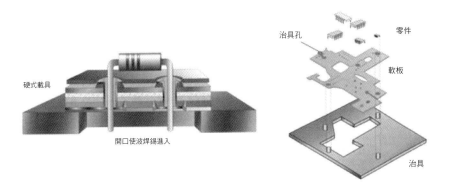

▲ 圖 15-3　波焊治具應該要支撐軟板通過波，同時提供軟板近接引腳與通孔的機構

若沒有正確的軟板表面貼裝治具，組裝執行起來相當困難。製程中需要許多不同治工具，焊錫鋼版被用來移轉錫膏到表面貼裝襯墊，不過新的錫膏噴塗技術也是選擇。

　　典型真空系統，被用在錫膏印刷時固定軟板與保持平整度，這時常還搭配特定治具。治具本身可以用各種材料製作，如：樹脂基材或氧化處理過的鋁。治具提供穩定的製程基礎，可以讓軟板以不同溫度曲線做處理，典型軟板表面貼裝治具範例如圖 15-4 所示。

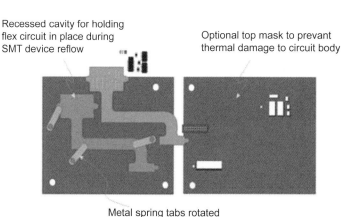

Recessed cavity for holding
flex circuit in place during
SMT device reflow

Optional top mask to prevant
thermal damage to circuit body

Metal spring tabs rotated
to hold flex in position

▲ 圖 15-4　軟板表面貼裝治具，用來保持軟板平整度與支撐迴焊作業。頂部的遮蔽設計可以避免熱損傷到其它區域，這可以用來焊接比較低的熔點溫度的底材

部件配置

　　儘管手動配置可以用在樣品或小量製作上，配置部件到軟板上的最佳方式還是採用自動化設備。先進的自動化設備效率高，且在良好的製造管理下，可以持續降低與小量生產效益的差異。部件密度是另必須要考量的因子，當部件密度增加，手動配置將會變得更為困難。在組裝作業中，非導電、高溫黏著劑被用來固定部件。它只需要小點的黏著劑，可以用點膠、鋼版印刷或轉印法執行。

互連與結合製程

　　有幾個可用的製程，用來製作軟板與部件間的電性互連。結合方法的選擇與許多事物相關，首先應該要考慮最終產品期待的電性與信賴度表現，第二則是軟板製作所使用的材料。後續內容是最普遍使用的方法：

導電膏連接貼附

　　導電黏著劑是組裝部件到電路板上的普遍方法之一，黏著劑會包含 UV 或熱聚合環氧樹脂，其中填充了銀或其它導電顆粒。這種材料可以用鋼版或點膠，在組裝前選擇性塗裝到部件襯墊上。印刷對位機制，可以依賴治具上的輔助工具點來執行，如圖 15-5 所示。

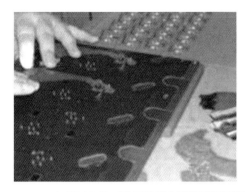

▲ 圖 15-5　軟板沾黏材料塗裝的載板可以輔助作為對位與固定軟板治具

焊錫結合

錫鉛為主的焊錫，長期普遍用在軟板與部件互連，有許多類型的錫鉛可取得，最多數是 Sn63Pb37 組成。也有其它焊料可用在軟板組裝，特別是對比較低軟化點的底材如：聚酯樹脂，最好可以選擇不同配方。銦錫 (In52Sn48 [M.P. 117℃]) 與鉍錫 (Bi57Sn43 [M.P. 138℃]) 焊料都已經用在這類產品。

製程中焊錫會被焊錫爐融化，IR、強制對流、蒸汽相迴焊爐都曾使用。任何軟板組裝，都需要留意它們的溫度曲線，它們的熱容量相對較低。無鉛焊錫讓電子產品面對特別挑戰，因為需要比較高的融化溫度，在以往並不嚴重，但是 2006 年以後實施無鉛策略讓這個問題受到關注。

特殊接合技術

降低焊接次數及嚴苛製程，這類開發在廠商間進行著，主要的目的是為了能用較便宜的聚酯樹脂材料做軟板生產。若不用高溫焊錫生產，其實聚酯樹脂的應用領域可以更廣。最典型的改善就是利用熱烙鐵 (Hot Bar) 焊接，這種技術只能用於只有端面焊接的做法，若軟板內部也有部件需要組裝就有使用困難。

熱烙鐵製程是高效率快速的組裝方法，聚酯樹脂板可以使用這種組裝而不必擔心材料劣化問題。1970 年代以後，電子計算機產品就利用這類技術做大量組裝。熱絡鐵組裝法也可以用於其他產品組裝，例如：TAB 外引腳焊接就是例證。

另外無焊接組裝法也用於軟板組裝，最典型的是導電膠連結法，不論是導電銀膠或碳粉油墨。另外在導電膜方面，也有部分廠商使用異向性導電膜來做組裝連結，這類應用目前業界也有不少成功案例。焊接與導電膠的組裝方法，比較大的差別是焊接法因為有焊錫自我對位能力，而有利於高密度接點組裝，但是在點膠連結部分卻沒有這種優勢，因此在組裝對位時就必須直接作到準確水準。

部件安放完成後必須加熱硬化接點，作業以 110 ～ 145℃左右的溫度做 5 ～ 10 分鐘烘烤，接點在此時會形成低電阻結合，符合產品基本需求。

15-8 捲對捲組裝

軟板組裝有些案例已經使用捲對捲組裝，觀念上這種方式相當吸引人，特別是軟板以捲對捲生產的產品。這種製程的顧忌之一是，生產線若需要停機，就會有大量產品面對相當大的停機風險，且重工也是棘手問題。不過它仍然是吸引人的方法，對於特定類型與大量部件數少的產品，這種方法有其空間。

這類產品的範例如：智慧卡與 RFID 裝置組裝，它們只會有一到兩個部件。這種裝置也可以使用比較傳統的焊接方法，導電黏著劑或線路連接技術都可以，一套典型的捲對捲組裝設備如圖 15-6 所示。

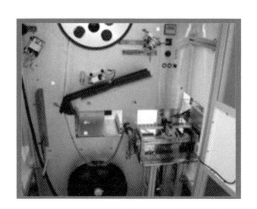

▲ 圖 15-6　捲對捲組裝設備範例，可以用在捲狀軟板組裝

15-9 打線連接

打線工程是利用金屬線操作，讓金屬線與接點上的金或鋁金屬形成結合，因此可以作出與晶片間的連通橋樑，而線的另外一端則會架接到線路端。是非常有用的互連技術，長期被用在 IC 晶片與導線架或構裝的互連，這個技術也被成功用在軟板直接組裝 IC 晶片。所謂的 COB (Chip-On-Board) 概念，就是將以往晶片必須經過導線架構裝後再做線路組裝的概念改變，直接做晶片與線路間連通。COB 的概念也可以用於軟板構裝，但是以往卻並不普遍。主要因為多數軟板有黏著劑在銅與基材間，這些黏著劑會吸收打線時的超音波能量，因此影響打線效果。近來由於無膠基材推出，這類問題得以解決。

　　打線連接是採用一到兩種方法執行：熱波連接與超音波或楔形連接。選擇打線製程，完全受選用材料的影響，也與最終產品所需信賴度相關。例如：以鋁線做楔形連接可以在室溫下執行，因此當使用比較低溫底材時是相當好的選擇。熱波連接相對需要用金線，搭配 150℃ 熱連接平台操作。對於這兩種主要方法，熱波製程提供更好的多面向製程設計，且端點配置在打第二連接點，可以用任何角度做。楔形打線連接有比較多的限制，且比較有方向性問題。

　　作為互連技術，打線連接也提供部分特殊設計的優勢，主要因為這種技術可以在做晶片直接組裝時，可以允許晶片做跳線處理。圖 15-7 所示，為軟板直接貼裝的範例。

▲ 圖 15-7　晶片在軟板上組裝結構範例，IC 晶片打線可以允許直接軟板貼裝
(資料來源：www.szseasons.com)

15-10　TAB 組裝

　　TAB 的功能，主要是用細密線路將積體電路接點駁接到外引腳，之後經過與電路板焊接完成連通，因此內引腳是與晶片連接，而外引腳則以 SMD 部件型式組裝，最常見的外引腳焊接就是熱烙鐵組裝。有部分使用者嘗試使用異向導電膜做組裝，也有嘗試使用導電膠的作法。

　　軟板的一階構裝技術也被業者引用，主要構裝法是以覆晶技術為主。傳統 C4 技術經改良，用在不同塑膠載板上，晶片經過可焊錫處理程序後可以直接做焊接組裝。可焊接晶片處理的程序，主要是在焊墊下做金屬處理，之後在金屬處理面上方製作金屬凸塊，完成後晶片就可以組裝。

　　覆晶技術最大問題就是微連結區容易產生熱應力，因為兩種不同材料的熱膨脹係數並不相同很難搭配，因此多數覆晶載板早期都是以陶瓷板為主。軟板因為漲縮係數問題，也不適合這類覆晶技術應用，但有新材料配方以共聚法做出聚醯亞胺樹脂，可以將漲縮係數降低到約 4 ppm/℃，這種材料就非常適合用於覆晶技術構裝載板。這種材料若加上底部填膠 (Under Fill) 相信可以提供軟板覆晶技術進步的動力。圖 15-8 所示為 TAB 的構裝結構。

▲ 圖 15-8　構裝完成的 TAB 兩面外型及微觀接點

15-11 壓力連接

　　許多商業無焊錫組裝法用在軟板組裝，包括散裝與大量捲式的，同時以低插入力 (LIF) 模式直接壓入，或者零插入力 (ZIF) 連接器來連接。

　　捲壓 (Crimp) 連接是大量、低成本的方法，用來結合硬體到軟板線路上。良好的捲式接觸設計，可以蓄積足夠接觸力。捲壓連接是低成本且可靠的方法，相當適合大量商業使用。圖 15-9 所示，為捲壓式軟板連接的範例與圖示。

▲ 圖 15-9　捲壓式軟板接觸範例

　　LIF 與 ZIF 連接器，是貼附高分子厚膜 (PTF) 製程所製作的鍵盤與切換開關陣列軟板準則。這些連接器打開接受軟板，之後關閉施壓在線路上直接產生高接觸力。插入力與磨損非常低，這意味著這些是可以用在 PTH 線路的正確連接器。當直接壓力接觸已經產生在蝕刻軟板線路上，它們必須有保護層與抗氧化物表面處理，來維持接觸穩定度。

以往錫鉛是常被選擇的處理，它可以在製程中以熱風整平法簡單加上去。透過螺絲壓力接觸比較少使用，它使用時必須隔絕保護軟板，以避免力矩可能產生的損傷，利用墊圈來避免與螺紋器件接觸是適當的處理。圖 15-10 所示，為典型的 ZIF 軟板連接範例。

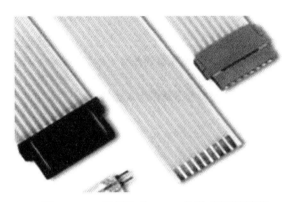

▲ 圖 15-10 零插入力 (ZIF) 的軟板連接範例

以彈簧金屬導體製作的軟板，鈹銅是良好的材料選擇，可以定型產生一片導體接觸結構。接觸設計可以是傳統懸臂或是環狀內部彈片，這些結構可以用在卡式連接器的邊緣連接。圖 15-11 所示，為短軟板搭配鈹銅導體與完全裸露端子接觸。

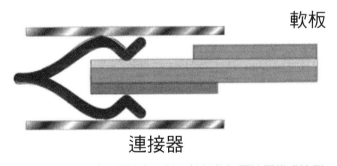

▲ 圖 15-11 鈹銅彈簧夾頭搭配軟板的加壓接觸模式範例

直接壓接結構很簡單，主要是將軟板和其他基板利用異向性導電膠以加壓壓合在一起。通常端點表面會鍍上一層 0.1 ～ 0.5 μm 厚的金，若鍍焊錫接點可靠性會較差。圖 15-12 是利用簡單夾具固定的例子。若接點間距很小而點數很多，必須設法控制壓力分佈均勻度。不過由於直接壓合不需要焊錫的高溫，製程比較容易控制線路板的尺寸精密度。目前所能達到的接點間距為 0.2mm，接點數目在 150 個左右。

▲ 圖 15-12　以夾具直接壓接固定的軟板連接範例

15-12 ∷ 異向性導電膜的應用

　　異向性導電膜也有部分軟板應用實例，特別是在軟板與硬板或軟板與部件間的連結，有些新嘗試想用這類材料做兩張單面板間連結，製作多層軟板。因為這種材料的特性是單向性導電模式，導電方向恰好與壓合方向一致，因此只要把要連結與不連結區域用介電質分離，就可以達成導通功能。圖 15-13 所示為異向性導電膜用於 IC 構裝的概念。凸塊與基板間的導通，靠的就是異向性導電膜的單向導通能力。

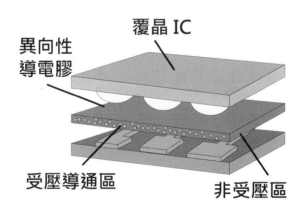

▲ 圖 15-13　異向導電膜的應用

　　這種做法因為只有導通區域會產生連結，並沒有累積應力會產生，因此高層數軟板結構也可以製作，這就是有名的 Z-Link 技術，這種材料的特性也可以用在軟板的其它連接應用。

15-13 凸塊連接技術
(Bump Interconnection Technology)

圖 15-14 圓錐凸塊，也是軟板半永久連接的模式。這種結構的接點通常是平面配置，由於可配置端點面積較大所以接點間距也較大。

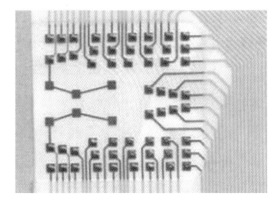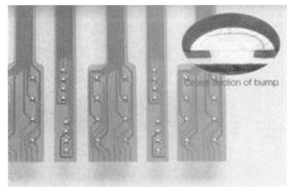

▲ 圖 15-14　軟板半永久性連接之圓錐 (Dimple) 凸塊連接範例

不過利用圓錐凸塊結構無法達到細間距的構裝。這種構裝主要用在噴墨印表機的墨水匣的接觸面上，如圖 15-15 所示。也有特定的儀器需要定期拆卸，此時也可以使用這種連接機構。

▲ 圖 15-15　彩色墨水匣的軟板結構

墨水匣必須經常更換，所以使用這種方便更換的半永久連接。通常圓錐凸塊的部份必須鍍上厚度 3 ～ 5 μm 硬鎳和 0.1 ～ 0.3 μm 的金。

15-14 其它組裝連接技術

晶片直接組裝 (DCA-Direct Chip Attachment) 的概念已經引用到軟板組裝，應用所謂二階構裝技術讓晶片直接與電路板結合，這種應用在電子構裝業已經有實用案例。一階構裝技術指的是晶片做顆粒構裝，之後再以構裝部件安裝到電路板上，但是直接製作目前已經逐漸成熟。

軟板應用領域，因為半導體構裝需求而向上延伸，典型應用如：TAB、COF、CSP等，這些應用比較偏向構裝載板討論範疇，僅以圖 15-16、15-17 整理代表性結構載板應用狀況。TAB 應用已如前述，COF 應用則可以應對更高密度接點設計。讀者若希望瞭解比較詳細的技術，可以參考拙作〝電子構裝技術應用〞或者相關技術書籍與資料，在此不做贅述。

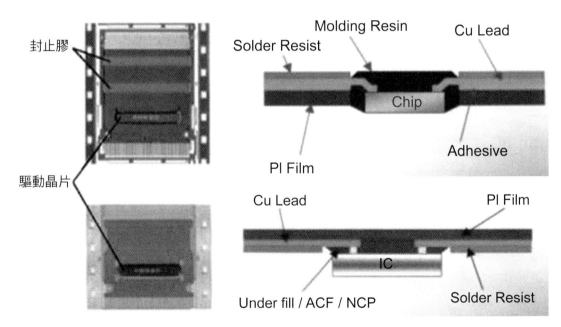

▲ 圖 15-16 典型的 TAB、COG 軟板構裝結構範例

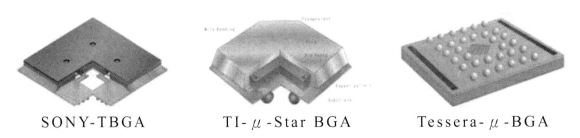

SONY-TBGA   TI-μ-Star BGA   Tessera-μ-BGA

▲ 圖 15-17 典型的軟板但導體構裝應用範例

15-15 ⠿ 組裝的成果表現

軟板的熱承受能力

　　當引用新組裝材料時，熱應力對產品信賴度的影響都會優先考慮。電子產品應用環境變化大，工程師會對環境適應性提出更多樣化需求。SMD 技術在更密更短引腳設計下，對傳統熱應力造成的破壞會更敏感，因此對組裝熱應力承受能力要求勢必殷切。

　　有報告提到測試資訊，範例是將熱循環測試用於硬板與軟板做比較測試，以美國軍方規格標準做 30 秒由 -55℃到 125℃，1000 次以上熱循環測試。以 30mil 厚度硬板為測試樣本，軟板則以聚醯亞胺樹脂 1mil 厚度基材 1 盎司電鍍銅皮為樣本。

　　經過測試發現硬板在 10 次循環後就出現異常狀況，而在 1000 次循環後幾乎兩端銜接處都出現斷裂現象，但是軟板在同樣測試下卻沒有出現異常問題，測試持續到約 2500 小時的時候才出現第一個異常現象。

　　另外測試也顯示，當軟板組裝區域愈硬、固定愈死，電氣異常現象發生時間愈早。由此可知軟板輕薄可以提供柔韌質地，同時因為有利於快速散熱而使熱應力影響降低，非常有利於高密度組裝。

品質表現

　　由於軟板應用面正不斷延伸，因此在整體組裝品質表現方面的評價仍有待觀察。軟板技術其實已經是老掉牙的概念，但是延伸性應用與新契機卻不斷湧現。

　　汽車工業在上世紀中葉就已經開始使用軟板技術降低接點簡化連結結構，電算機也在其後大量採用此技術生產以減輕重量及厚度，相機產業採用軟板多年來解決複雜連結問題，解決了它重量及行動性問題。

　　近二十年來個人電腦產品如雨後春筍般出現，許多磁碟、光碟、記憶、輸出入設備驅動機構也都使用軟板設計生產。軟板可以充分發揮輕質化、小型化的優勢，這些品質特性改進都是不爭的事實。

成本的影響

　　以單純電路板製作費用，軟板成本確實比同面積硬板要貴。但產品使用軟板設計後可以降低連結器、排線、跳線機構，同時可以彈性設計產品結構做立體組裝。這些附加優點使產品得以縮小尺寸、減輕重量、易於收存，對省下的許多組裝及部件費用或許可以補償軟板製作費高昂的缺點，但是軟板所能提供的附加價值會在無形中呈現。

15-16 連接器

軟板有時候會作為兩或三個以上固定機構間的動態連結，軟板用於這種多機構間電纜連結型式，也有連結器特性必須討論。

插入式的連結

薄膜式軟板端面可以採用插入式連結法，這種軟板端面可以製作成機械式面接觸結構或是直接壓入型式。這兩種連接器的型式非常像目前電器用插座設計，這種設計許多軟板產品都有採用。

焊接型連接

焊接型連結器有兩種型式，一種是穿透式通孔連結，另一種是表面貼裝型。穿透式設計必須在板面製作通孔，之後接腳由軟板端面反向插焊接，聚醯亞胺樹脂類產品比較常用這種型式。但聚酯樹脂類材料就比較常用表面貼裝法。圖 15-18 所示，為典型通孔焊接軟板範例。

▲ 圖 15-18　典型通孔焊接軟板範例

零插入壓力連結

有些零插入壓力的端子設計可以用於軟板連結，這種機構包括機械挾持機構、壓著軟板貼近端子或硬式電路板。壓力產生可以靠彈簧或其它壓力機構，多數薄膜鍵盤就是使用這類機構。

軟板本身作為端子連結

軟板本身也可經由端面結構調整與其他線路連結，這時軟板端面必須作防氧化處理以保持活性，做法包括鍍金、鍍錫加印油墨或鍍銀加印油墨等。圖 15-19 所示，為典型按鍵式軟板範例，屬於端子連接型軟板。

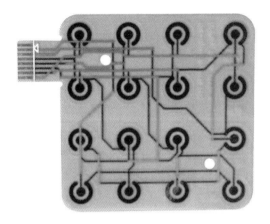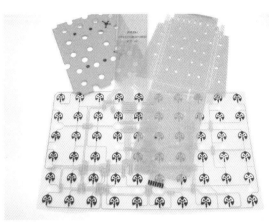

▲ 圖 15-19　按鍵式軟板範例

15-17 檢測及重工

電氣測試

軟板的測試因為操作性問題會比硬板困難，特別是若測試的是多部件多單元軟板。軟板投料需要有插梢來輔助定位，而真空輔助固定則有助於測試進行。

修補重工

聚醯亞胺樹脂的軟板材料，比較能承受重複焊接而不會產生劣化問題，對於這類能力測試會以五次迴焊為標準。重工程序與硬板相似，對於從軟板上取下較大部件動作，可以採取真空吸著做固定。聚酯樹脂軟板多數不會考慮重工，這很少例外，因為材料容易受熱變形收縮。

高分子厚膜軟板可重工，不過主要還是看黏著劑類型而定。某些黏著劑可以在某個溫度軟化，因此在取下部件或破壞連結時不會傷到電路板。但是高分子厚膜軟板的組裝失誤率極低，因此是假設不需要重工的。

15-18 組裝與設計的關係

硬板用 SMD 焊墊設計原則也可以用在軟板，當然軟板設計也可以依據需要做修正。軟板有些不同於硬板設計特性值需要檢討，其中尤其是線路設計要避免斷裂危險，必須特別注意。比較明顯的問題如：線路進入焊墊的方向錯誤就是個大問題。

焊錫擴散又是另外一個問題，若發生就可能要許多工時修補，覆蓋層必須要有遮擋區才能防止端子間焊錫擴散。某些製作者採用精密印刷供應適當錫膏量做焊接，以防止焊錫擴散獲得良好焊點。

靶位設計非常重要，影響到軟板製作精度及組裝方便性。靶位設計會採用圓圈、方框、菱形、十字等。每種光學辨識系統都有辨識限制，這種設計必須以工廠採用的設備規格為準。某些辨識系統對靶位表面狀況敏感，因此適當保持靶位表面處理完整性，也有助於靶位辨識。例如：以通孔為靶、以鍍金十字為靶等都是可行辦法。但是某些時候若使用銅面為靶容易發生問題，尤其是銅面容易氧化變色，會造成辨識系統誤判。

若在組裝後還要作電氣測試，這些電氣測試用靶位在設計時也要一併考慮。電氣測試端點大小設計十分重要，恰當設計可以降低失誤率。軟、硬板測試點設計不當，對測試結果的影響參考比較，如表 15-2。

▼ 表 15-2　測試點尺寸與測試結果的關係

測試點尺寸 (直徑)	對不準 (HP SIMPLATE 治具)	傳統的治具失誤率 (ppm)
40 mil	0.02 ppm	1.20 ppm
35 mil	1.30 ppm	29.99 ppm
30 mil	48.00 ppm	465.00 ppm
25 mil	1002.00 ppm	4849.00 ppm

15-19 組裝應用的考量

軟板經過清楚定義，是可以使用在許多不同領域，這些定義包含產品使用環境及組裝操作溫度。若軟板只用於辦公室，那高分子的厚膜軟板就是可選用的產品。若電氣及機械性需求高，那就必須考慮採用銅導體的聚醯亞胺樹脂材料製作軟板。若軟板需要經歷超過億次以上動態撓曲，那麼輾壓銅皮就是必要技術，若有特殊組裝需求如：打線組裝，那麼就必須要使用無膠基材軟板。

通信業大量使用軟板製造手機，顯示器業採用軟板製作面板驅動模組，電腦業用軟板提昇電腦週邊儲存設備驅動機構彈性及處理速度。許多業者希望能開始評估使用高分子厚膜技術的可能性，希望這種技術能繼續降低製作成本，同時減低因蝕刻及化學製程造成的環境負擔。

　　某些軟板設計需要超過一個以上的部件組裝區，例如：磁碟或儲存系統就會將編碼區與解碼區分別做在軟板兩頭。某些混用的技術如 SMD 加上 TAB 的組裝設計，也被用於驅動設備上。簡易支撐機構，也可以用於動態撓曲軟板設計上，某些軟板設計會將框架設計到軟板機構裝，主要目的除了支撐也有對位目的。

　　若設計上必須要通孔與 SMD 部件同時設計，那最好將兩個區域分開，這樣可以讓迴焊與波焊作業比較獨立不受干擾。理想的設計策略，是將 SMD 區設計在一端，在完成組裝後就用治具將此區彎曲分離做波焊，這樣就不會有部件發生焊錫重融的問題。

　　另一個值得討論的是軟板整板製作法，因為軟板可製作尺寸有時候會大到 18" × 18"，這時板面會有很多線路單元。這個單一單元可以切割再做組裝，也可以直接以全板組裝。當然以全板組裝會較有效率，這樣也可以直接做全板測試。

　　整板組裝可以先組裝測試再切割或由軟板製作者先切割，目前至少有三種以上不同的製作概念被使用。軟板可以用半剪做切割，留下連邊做組裝，這種做法類似於硬板的 V-cut 或是折斷邊設計，在組裝完成後可以很容易的將成品分成單一部件。另外一個概念則是將軟板單元切割並直接移轉到載板上，載板是防滑板，軟板直到組裝完成才取下來。第三種方法是使用選擇性支撐，主要作法是在支撐板上選擇性塗上黏劑，其它區域則挖空將軟板支撐起來做組裝，這些被貼附的區域則會做部件安裝，支撐板設計必須便於後續軟板卸除。

15-20　組裝定型

　　軟板外型建構，可以在焊錫前或其它作業中進行，簡單的治具與輔助工具就足以控制其彎折位置與形狀。完成這些工作，可以靠輔助治具，典型治具外型特徵是：

● 連接器 (或軟板端子線路) 是被插梢固定與夾持，以建立精確的尺寸參考位置。

● 治具表面是圓滑、柔軟的，以達到最小絕緣損傷。

● 軟板不再滑動並將自己融入定型的行為 (不要夾持兩端然後嘗試去從中間定型)。

　　軟板介電質是熱塑與熱固塑膠的混合，熱塑系統可以產生適當精確的熱變形，因為這些介電質在適度溫度會再形塑產生無應力形狀。介電質是部分熱固聚醯亞胺膜與它們的黏著劑混合體，並不會產生良好的定型且會傾向於逐漸轉換回原始平整未定型狀態。

　　要做聚醯亞胺系統塑形可能相當危險：彎曲、未預期的皺折與黏著劑移動都可能會發生。其中的例外是利用非常扎實的壓力與在特定區域提升溫度來迫使黏著劑移動。當這個作業被正確執行，短距離的黏著劑足以被替代，並產生永久性與嚴謹的彎折，一般會有約

15% 回彈量。

若預期會提升溫度 (80°C 或更高) 或者長時間浸泡，將聚醯亞胺絕緣的軟板嚴謹夾持彎折來做組裝並不是好主意。可能會因為持續應力與熱而導致皺折或分層。

塑形的提醒：因為軟板總是會回彈一個程度，不太可能對軟板做精準的定型塑形。若塑形的需求出現在設計文件上，應該要確認也出現有關再度應變的狀態描述。

將塑形區域保留最大的金屬區塊設計，在塑形時可以將回彈量降到最低。當需要有嚴謹的彎折，所有可能的導體金屬都應該要保留在線路上，若可能即使是在第二個虛構層也一樣。

灌膠

灌膠是一種藝術不應該隨意的嘗試，精確的混合與填充化合物，產出潔淨、平滑的灌膠外型、不要有氣泡或空洞、高絕緣電阻與良好的降伏性，這些沒有良好的技巧都無法實現。

有無限多種可能的灌膠設計與製程，簡單的指南如後：

● 灌膠工作站應該包括熱盤、超音波清潔器、手工具 (刮刀、手套、膠帶、剪刀、鑷子)、量尺或適當尺寸的平衡儀、填充器 (用於預處理化合物)、真空排氣設備與乾燥 / 空調與聚合爐。

● 在灌膠前連接器必須密封，以避免受到未聚合化合物滲入接觸。連接器有一半懸空的插梢會與另外一半對齊，若懸空區被焊接到軟板就會有麻煩：懸空接觸並沒有密封，而組裝到軟板會補強這個接點，這不利於自我對齊功能。最佳技術是焊接固定的一半 (時常是母端子) 到軟板，這樣可以避免這些問題。但是 連接器選擇時常必須依據另外一邊的介面來決定，若組裝必須以懸空製作，則 (1) 接點必須被密封以避免灌膠化合物流動污染粗化表面 (2) 兩面在密封與組裝製程時都應該要做粗化來對中與對齊接觸點。

射出模具

設計灌膠模具是複雜的工作，典型的灌膠模具是以幾個部件所建構，它會在完成軟板組裝後拆裝來清除完成的產品。灌膠模具設計遵循這些指南：

1. 連接器穩定 (搭配墊圈) 送入灌膠模具並以暫時螺絲保護。
2. 若軟板透過邊緣進入，會成為墊圈形式並被良好夾持。
3. 灌膠模具內部應該保持平滑以便離型脫膜。

4. 需要一個入料口與一個排料口，灌膠化合物射入通過模具入料口，流動通過與圍繞軟板及硬體，並擠出所有空氣經排出口排出。

5. 溫和加熱到較低黏度並輔以排氣是一般用法，鋁是良好模具材料選擇，因為容易機械加工、操作並具有良好導熱。不過若期待有長壽命，鋁就不是好選擇，因為它難以在無損傷下完整清潔。

6. 模具必須能分解，讓連接器與軟板順利排出並做必要拋光與清潔，模具分解會依據需要而有不同設計。

7. 模具設計時能包含確認記號是必要想法。

灌膠材料

灌膠化合物會有部分塑性以降低脆性與斷裂風險，這些現象可能來自於聚合時不同的收縮狀態所致。比較軟的化合物在軟板與硬體上會比較柔順，在嚴苛彎折或彈性變化時比較不會產生切割或損傷軟板絕緣層的狀況。多硫化合物被普遍用在機架製造，因為它們禁得起燃燒考驗，聚氨酯類與尼龍彈性環氧樹脂也被廣泛使用。多數化合物是不透明的，聚合作用會受到某些類型外來化合物或離型劑所遮蔽，這樣會因為化合物類型 (與操作溫度) 而產生空洞或氣泡。

真空排氣被用在複雜硬體與灌膠未填滿場合，特定灌膠化合物多少都可能會殘留氣泡或污染物 (有時候是離型劑)，而在聚合時作用。真空填充製程，包含放置已組裝軟板、灌膠與真空艙內混合化合物，並將化合物打出。在化合物停止排氣後，它會被熟悉操作的人員灌入模具，化合物被分散進入薄層通道幫助釋放任何吸附的揮發物，這是靠使用特殊漏斗形通道結構來達成。

射出灌膠程序

射出灌膠被用在大量生產，這個技術需要對灌膠發展有良好理解，同時其軟板、硬體單元必須可以承受必要的高溫與壓力。當執行良好時，射出灌膠組裝會是平順、有效並可以持續作業的。

主要的工程問題是：

● 灌膠必須密封到軟板上。

● 正確配置注入口與排氣口。

● 決定正確的射出溫度與壓力。

● 選擇灌膠化合物—傾向於低溫聚合材料，並具有優異電性。

● 定型塗裝。

● 焊接結合與切割連接器插梢會有銳利邊緣或點，它可能會損傷軟板絕緣層或可能會沾住異物。定型塗裝是類似奶油的絕緣材料，可以覆蓋與保護陣列焊接點，該處並不需要做灌膠處理。

● 傾向使用高流變性化合物，這是在推擠時容易流動或平滑化的材料，可以進入期待區但不會產生後續凹陷或流動。製程中並不期待產生完全沒有氣泡密封的定型塗裝結構，其想法只是要覆蓋接點留下平滑外觀。良好材料選擇包括沒有醋酸根聚合的矽橡膠或者有流變性負荷的環氧樹脂等。

15-21 製作記號

● 內建型號、版本等級與確認連接器及端子，是軟板先天的優勢。若無法在底片上包括這些訊息，就會使用表面沖壓或製作符號來處理。軟板表面符號的應用，需要使用溶劑清潔做適當的表面處理，之後利用混合油墨與適當的橡膠印章或絲網印刷製作，同時必須製作在正確區域，接著做油墨聚合。

● 符號可以製作在命名標籤上，之後以轉印法轉換到軟板組裝上，條碼就是標籤符號的形式。MIL 規格指定，應該採用非導電、永久性、硬化油墨或塗料，它會被製作在軟板或標籤上，之後轉換到軟板上。要留意，這些外部符號規格必須能夠承受助焊劑、融熔焊錫、清潔溶液與定型塗裝。

機械加工處理

　　軟板偶爾會有機會做機械性組裝，有時候需要貼附補強板、連接器、鉚釘或打洞，軟板本身可能或被夾持到電子產品外殼壁面上，以保持其能避開冷卻風扇或動態裝置，又或者用來提升承受衝擊與震動的能力。動態應用時常包括小心配置與夾持軟板，以確保能有足夠長壽命。多個軟板未貼附層可能會被結合在一起以達到整齊的目的，或者可能會被鬆散的綁在一起，中間夾雜著遮蔽機構來改善性能。

　　應用導電膠帶作為外部遮蔽，是機械性製程。貼膠帶也被用在綑綁過度尺寸的線路導體或同軸電纜，讓它們與軟板整合在一起，以滿足小批量需求或工程改變。

15-22 小結

　　軟板是電子產品連結的媒介,而 SMD 技術與軟板技術的整合對於高密度連結則是效果加成的做法。立體設計可能性使軟板組裝得以提昇產品空間利用率,軟質及低膨脹新材料開發使得覆晶技術得以在軟板領域實現,而薄型特性讓 TAB 構裝獲得揮灑空間。

　　組裝方法會衝擊軟板設計、線路成本及組裝成本。焊錫銜接是最普遍的技術,這迫使業者必須使用比較高成本的介電質,它可以承受製程中必要的溫度。自動化焊錫製程,有適當遮蔽與合理檢驗需求且允許輕微熔解,就有可能允許使用低成本的 PET、聚乙烯基材料或其它介電質來降低組裝成本。

　　SMA 技術持續成長,比較小的部件與更複雜的設備設計推動了這個趨勢。透過慣用的連接器或導電黏著劑做壓接,這是另類的方法可以用在低成本介電質組裝上。

　　塑形是可能的,特別是在熱塑介電質系統。聚醯亞胺可以被某種程度塑形,但隨著時間變形與扭曲。無塑形軟板形狀,可以讓生產達到高精確度的水準。

　　灌膠與定型塗裝被用在端子區的再次絕緣處理,以保護鄰近軟板避免接觸到銳利焊點或夾持接觸插梢。印刷或蓋章的符號,被作為輔助部分組裝製程確認連接器及接點之用,可以用在修補場合。

參考文獻

1. TPCA 季刊相關軟板專題，TPCA 發行

2. "工業材料" 雜誌各期相關軟板發表文章，工研院材料所發行

3. "電子與材料"雜誌各期相關軟板發表文章，工研院材料所發行

4. "電路板資訊雜誌"各期相關軟板發表文章，電路板資訊雜誌社發行

5. 電路板基礎製程簡介 / 林定皓；2012；台灣電路板協會

6. 高密度軟性電路板入門 / 沼倉研史 著 林振華；林振富 編譯 / 全華科技

7. 印刷電路板電子組裝技術概述 / 林定皓；2007 台灣電路板協會

8. 電路板電氣測試與 AOI 檢驗技術簡介 / 林定皓；2008 台灣電路板協會

9. 電子構裝技術概述 / 林定皓；2010 台灣電路板協會

10. 軟性電路板技術介紹 / 林定皓；2011 台灣電路板協會

11. 高密度印刷電路板技術 / 林定皓；2015 台灣電路板協會

12. Flexible printed circuitry/Thomas H. Stearns; 1996 MacGraw-Hill

13. Flexible Circuit Technology-THIRD EDITION/ Joseph Fjelstad; 2006

14. Flexible Thinking 系列 / Joseph Fjelstad ; Circuitree

15. Printed Circuits Handbook (Fifth Edition)/Clycle F. Coombs, Jr.；McGraw-Hill

16. Stearns, Tom The status of flexible printed wiring as we approach the year 2000, Brander International Consultants, Nashua, New Hampshire

17. IPC(1996) IPC-T-50: Term and Definitions for Interconnecting and Packaging Electronic Circuits, Revision F (June 1996), IPC, Northbrook,IL

18. Handbook of Flexible Circuits, by Gilleo, Ken 1996.

19. "All-Polyimide Flexible Laminates for Displays"THE BOARD AUTHORITY.MARCH .200l，by KURT D.ROBERTS.

20. " Flex Circuit Design Guide" , Minco.

21. "Flex Circuit Design Guide"，Teledyne

22. IPC-TM650TEST METHODS MANUAL

23. MIL-P-50884：DPRINTED WIRING BOARD，FLEXIBLEOR RIGID-FLEX GENERAL SPECIFICATION FOR.

24. Circuitree 相關議題

25. PC FAB 相關議題 .

26. "Rigid and Flexible Circuits as an IC Packaging Medium"Presented at IPC Printed Circuits EXPOR 2001 by Joseph Fjelstad.

附錄一

▼ 附 1-1　裸軟板外觀檢驗允收準則 (參考資料：TPCA-F-001 準則)

A. 空板：

FPC 空板 (成型外觀)			
破損			
定義：	FPC 本體在成型後，本體表面與板邊的破損狀態。		

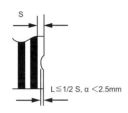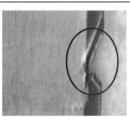

允收標準：			
等級	判定標準	檢驗方法	缺點分類
1,2 級	邊緣缺損範圍不可超過板邊至最近導體所形成間距的 1/2 或未超過 2.5 mm(取其中較小者)。	10 倍放大	次缺
3 級	由供需雙方商定	10 倍放大	次缺
折 / 壓 / 針痕			
定義：	FPC 本體 (導體、CL、基材) 及金手指在成型後，因製程組裝或其它外力所造成的損傷痕跡，會影響後段加工及組裝。		

▼ 附 1-1　裸軟板外觀檢驗允收準則 (參考資料：TPCA-F-001 準則) (續)

允收標準：			
等級	判定標準	檢驗方法	缺點分類
1,2 級	1. FPC 板面不可形成銳角 (死折)，壓痕不可透過 FPC 背面凸起 (背面不可反白)，導體針痕應小於 0.1mm 2. 測試針痕不可露鎳、銅 3. 鍍層區域折、壓痕 (包含輸入 / 輸出端子部位)，需平整，不可有裂痕	折壓痕：目視 針痕：10 倍放大	次缺
3 級	FPC 板面不可形成銳角 (死折)，壓痕不可透過 FPC 背面凸起 (背面不可反白)，導體、鍍層區域折、不可有壓痕。	目視	次缺

導體刮痕	
定義：	是由銳利金屬或其它尖銳物對導體所造成的刮痕，對導體形成明顯傷害。

允收標準：			
等級	判定標準	檢驗方法	缺點分類
1,2 級	無保護膜覆蓋部位，不可露銅、鎳	10 倍放大	次缺
3 級	由供需雙方商定	10 倍放大	次缺

外型毛邊	
定義：	因為 FPC 在沖切外型時，所造成的 FPC 外型有毛刺或毛邊產生。

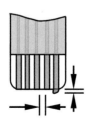 

▼ 附 1-1　裸軟板外觀檢驗允收準則 (參考資料：TPCA-F-001 準則) (續)

允收標準：

等級	判定標準	檢驗方法	缺點分類
1,2 級	導體、非導體毛邊長度需小於 0.2mm 或需小於導體線距之 1/2 (取其中較小者，不可脫落，導體不可與內部線路接觸)	10 倍放大	次缺
3 級	由供需雙方商定	10 倍放大	次缺

孔穴毛邊

定義：	因為 FPC 在沖切孔時，所造成的孔穴毛刺或毛邊，有時將會影響後段部件之組裝不良。

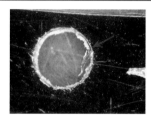 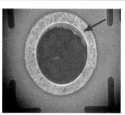

允收標準：

等級	判定標準	檢驗方法	缺點分類
1,2 級	1. 部件孔內不可影響組裝或焊接功能 2. 非部件孔毛邊不可大於 0.2mm	10 倍放大	次缺
3 級	由供需雙方商定	10 倍放大	次缺

沖切段差

定義：	FPC 於多段沖切成型時，因前後沖切精度所造成之外型尺寸段差。

允收標準：

等級	判定標準	檢驗方法	缺點分類
1,2 級	段差不可大於 0.2 mm(一、二沖間) 備註 : 不可沖切到最外邊之導體	10 倍放大	次缺
3 級	由供需雙方商定	10 倍放大	次缺

▼ 附 1-1　裸軟板外觀檢驗允收準則 (參考資料：TPCA-F-001 準則) (續)

板翹				
定義：	FPC 空板成型後之外觀產生不平坦、彎曲或皺摺的現象，將會影響後段組裝及最終使用性能。			

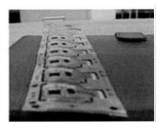

允收標準：				
等級	判定標準	檢驗方法	缺點分類	
1,2 級	1. FPC 本體以手指按 FPC 的其中一邊，另一邊翹曲不得超過 15mm(A < 15mm) 2. 輸出端子部板翹不可超過 5mm (置於平台上) 3. 連板之板翹標準小於 8mm (對焊接功能不造成影響)	目視及尺規	次缺	
3 級	由供需雙方商定	目視及尺規	次缺	

殘膠				
定義：	FPC 之接著劑在經製程或沖切成型過程中所形成的接著劑碎屑殘留，將影響 FPC 外觀及後段組裝製程。			

允收標準：				
等級	判定標準	檢驗方法	缺點分類	
1,2 級	1. 導體不可有殘膠 2. 殘膠直徑 (d)：1.0mm ≤ d < 2.0mm，每片 FPC 不超過 1 個以上。0.1mm ≤ d < 1.0mm，每片 FPC 不超過 5 個以上	10 倍放大	次缺	
3 級	不可有任何殘膠	10 倍放大	次缺	

▼ 附 1-1 裸軟板外觀檢驗允收準則 (參考資料：TPCA-F-001 準則) (續)

表面油污	
定義：	因製程不慎在 FPC 空板表面上形成油污，造成 FPC 外觀不佳。

允收標準：

等級	判定標準	檢驗方法	缺點分類
1,2,3 級	不可有表面油污	目視	次缺

B. 導體：

導體	
斷路	
定義：	FPC 上的導體線路，因製程或其它因素所產生的導體斷線現象，將使其電流或訊號傳遞中斷。

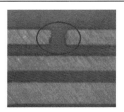

允收標準：

等級	判定標準	檢驗方法	缺點分類
1,2,3 級	導體不可發生斷路	NA	主缺

短路	
定義：	FPC 上的導體線路，因製程或其它因素所生導體的不正常跨接，會產生功能性問題。

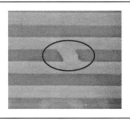

▼ 附 1-1　裸軟板外觀檢驗允收準則 (參考資料：TPCA-F-001 準則) (續)

允收標準：			
等級	判定標準	檢驗方法	缺點分類
1,2,3 級	1. 導體不可有短路發生 2. 保護膜下共同迴路之短路可不判定	NA	主缺

殘銅	
定義：	FPC 上的導體線路，因製程或其它因素在導體間距中產生導體的殘留，殘留導體範圍過大將引起線路間絕緣度下降，產生絕緣不良現象。

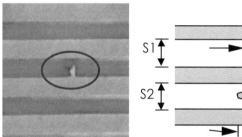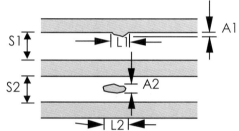

允收標準：			
等級	判定標準	檢驗方法	缺點分類
1,2 級	L1 ≦ 2 S1, A1 ≦ 1/2 S1 L2 ≦ 2 S2, A2 ≦ 1/2 S2	10 倍放大	次缺
3 級	L1 ≦ 2 S1, A1 ≦ 1/3 S1 L2 ≦ 2 S2, A2 ≦ 1/3 S2	10 倍放大	次缺

針孔	
定義：	因製程及其它因素，在 FPC 導體線中所發現之細微孔洞。針孔過大將導致線路阻值過高及訊號傳輸失真。

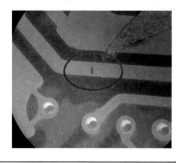

▼ 附 1-1 裸軟板外觀檢驗允收準則 (參考資料：TPCA-F-001 準則) (續)

允收標準：

等級	判定標準	檢驗方法	缺點分類
1,2 級	1. 線路針孔寬＜線寬 1/3，長度不可超過 1 mm 2. 無線路 (大銅箔區) 針孔長寬不可大於 1mm 3. 焊墊區域針孔不可超過 pad 整體面積的 20%。 4. 輸入 / 輸出端子部位，比照導體標準判定 (在連接器接觸區域不允收)	10 倍放大	次缺
3 級	1. 線路針孔寬＜線寬 1/4，長度不可超過線寬 2. 無線路 (大銅箔區) 針孔長寬不可大於 0.5mm 3. 焊墊區域針孔不可超過 pad 整體面積的 10% 4. 輸入 / 輸出端子部位，比照導體標準判定 (在連接器接觸區域不允收)	10 倍放大	次缺

缺口

定義：	因製程及其它因素所引起的 FPC 線路導體的寬度缺損，其缺損的長度與成品的導體寬度應符合一定之比例原則，避免造成電流傳導及訊號傳輸的障礙。

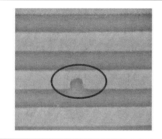 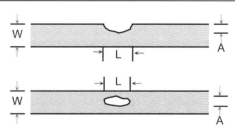

允收標準：

等級	判定標準	檢驗方法	缺點分類
1,2 級	1. L ≦ W2. A ≦ 1/3W 2. 焊墊區域缺口不可超過 pad 整體面積的 20% 3. 輸入 / 輸出端子部位，比照導體標準判定 (在連接器接觸區域不允收)	10 倍放大	次缺
3 級	1. L ≦ W2. A ≦ 1/4W 2. 焊墊區域缺口不可超過 pad 整體面積的 10% 3. 輸入 / 輸出端子部位，比照導體標準判定 (在連接器接觸區域不允收)	10 倍放大	次缺

▼ 附 1-1　裸軟板外觀檢驗允收準則 (參考資料：TPCA-F-001 準則) (續)

變色				
定義：	FPC 導體部位因製程因素所產生的線路變色現象。			

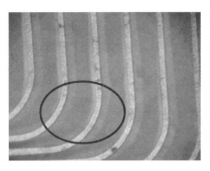 

允收標準：

等級	判定標準	檢驗方法	缺點分類
1,2 級	1.　不可有手指紋變色 2.　保護膜下線路變色不可超過總面積的 10%	10 倍放大	次缺
3 級	導體皆不可出現變色	10 倍放大	次缺

剝離				
定義：	FPC 導體線路因製程及結構所產生之應力，造成導體與絕緣基材間分離現象。			

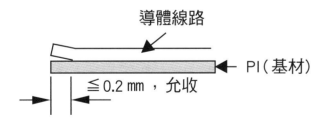 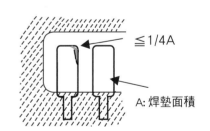

允收標準：

等級	判定標準	檢驗方法	缺點分類
1,2 級	1.　金手指前端浮銅 ≦ 0.2mm，可允收 2.　焊墊區：未超過焊墊面積的 1/4，可允收	10 倍放大	次缺
3 級	導體皆不可出浮離現象	10 倍放大	次缺

▼ 附 1-1　裸軟板外觀檢驗允收準則 (參考資料：TPCA-F-001 準則) (續)

龜裂

定義：	FPC 導體線路因製程及結構所產生之應力，造成導體產生裂縫，將造成電流傳導及訊號傳輸之不良或中斷。

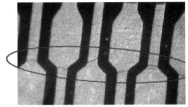

允收標準：

等級	判定標準	檢驗方法	缺點分類
1,2,3 級	導體不可發生斷路	10 倍放大	主缺

鍍通孔孔環破出 (Break out)

定義：	FPC 在線路曝光製程中，因材料漲縮或對位偏移問題，造成鍍通孔部份孔壁區域破出孔環，在 DES 製程中由於破出孔環的鍍通孔壁未能得到蓋孔乾膜保護，因此蝕刻液可能會由此滲入，造成孔壁凹蝕或不完整等現象。

允收標準：

等級	判定標準	檢驗方法	缺點分類
1,2 級	1. 鍍通孔之孔環破出之周長超過 1/4 以上，不允收 2. 線路和孔環交接處，不可破環	10 倍放大	次缺
3 級	不允許任何鍍通孔出現破環現象	10 倍放大	次缺

C. 保護膜

保護膜 (Coverlay)

偏移

定義：	FPC 貼合透明保護膜時，因貼合精度及對位不良造成的貼合偏差。

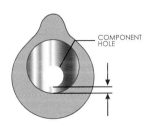

▼ 附 1-1　裸軟板外觀檢驗允收準則 (參考資料：TPCA-F-001 準則) (續)

允收標準：			
等級	判定標準	檢驗方法	缺點分類
1,2 級	1. 保護膜偏移不可超過 ±0.3mm. 2. 保護膜偏移不可讓鄰接線路導體露出 (主缺，其餘次缺) 3. 圓環式承墊 (pad) 覆蓋膜偏移，最小導體裸露寬度需大於 0.05mm 4. PAD 焊接有效面積需達 75% 以上	10 倍放大	次缺
3 級	1. 保護膜偏移不可讓鄰接線路導體露出 (主缺) 2. 圓環式承墊 (pad) 覆蓋膜偏移，最小導體裸露寬度需大於 0.1mm 3. PAD 焊接有效面積需達 85% 以上	10 倍放大	次缺

溢膠	
定義：	FPC 於貼合保護膜時，需在高溫、高壓作業，保護膜接著劑會因製程、產品特性等因素，而有接著劑溢出之現象。溢膠量過大，可能會對 FPC 後段組裝造成負面影響。

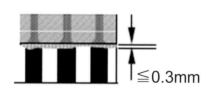 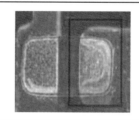

允收標準：			
等級	判定標準	檢驗方法	缺點分類
1,2 級	1. 保護膜接合處溢膠 ≥0.3mm，不允收 2. PAD 焊接有效面積需達 75% 以上	10 倍放大	次缺
3 級	1. 保護膜接合處溢膠 ≥0.2mm，不允收 2. PAD 焊接有效面積需達 85% 以上	10 倍放大	次缺

氣泡	
定義：	FPC 在做保護膜壓合時，因材料搭配因素或壓合製程不當，所形成外觀有氣泡現象。

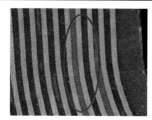 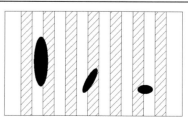

▼ 附 1-1　裸軟板外觀檢驗允收準則 (參考資料：TPCA-F-001 準則) (續)

等級	判定標準	檢驗方法	缺點分類
允收標準：			
1,2 級	1. 保護膜氣泡不應跨越 2 條導線 2. 板邊氣泡不允許	10 倍放大	次缺
3 級	完全不可有氣泡產生	10 倍放大	次缺

異物

定義：	FPC 在做保護膜貼合時，因外來雜質污染，造成保護膜貼合後有異物附著產生。

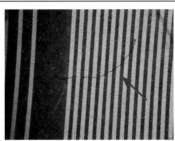

等級	判定標準	檢驗方法	缺點分類
允收標準：			
1,2 級	1. 導電性異物依 1-2-3 殘銅標準判定 2. 異物造成保護膜突起或剝離，不允收 3. 非導電性異物橫跨第三條線路，不允收 4. 非線路區域雜質長度超過 2mm，不允收	10 倍放大	次缺
3 級	1. 導電性異物依 1-2-3 殘銅標準判定 2. 異物造成保護膜突起或剝離，不允收 3. 非導電性異物橫跨第二條線路，不允收 4. 非線路區域雜質長度超過 1mm，不允收	10 倍放大	次缺

刮痕

定義：	保護膜在貼合製程或之後工序中，受外力及異物刮傷而形成之保護膜外觀傷痕。

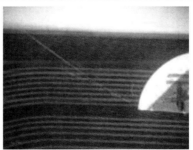

▼ 附 1-1　裸軟板外觀檢驗允收準則 (參考資料：TPCA-F-001 準則) (續)

允收標準：			
等級	判定標準	檢驗方法	缺點分類
1,2 級	1. 刮痕不能露出導體 2. 刮痕深度 (d)≤1/3 保護膜厚度 (t)	10 倍放大	次缺
3 級	刮痕深度 (d)≤1/5 保護膜厚度 (t)	10 倍放大	次缺

D. LPI / 油墨

LPI / 油墨	
缺墨	
定義：	FPC 在以油墨或液態感光油墨做導體線路覆蓋時，因印刷製程條件不當或油墨特性不佳，所形成的塗膜印製缺陷。

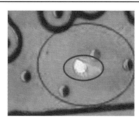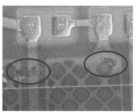

允收標準：			
等級	判定標準	檢驗方法	缺點分類
1,2 級	1.　不允許導體裸露 2.　非導體區域缺墨小於 0.5mm 3.　板邊缺墨以保護膜破損標準判定	10 倍放大	次缺
3 級	1.　導体裸露不允許 2.　非導體區域缺墨小於 0.2mm 3.　板邊缺墨以保護膜破損標準判定	10 倍放大	次缺

溢墨	
定義：	FPC 在以油墨或液態感光膜做導體線路覆蓋時，因印刷製程條件不當或塗墨印刷特性 (流變特性) 不佳，所形成的塗墨滲漏現象。

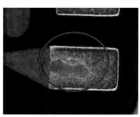

▼ 附 1-1　裸軟板外觀檢驗允收準則 (參考資料：TPCA-F-001 準則) (續)

允收標準：			
等級	判定標準	檢驗方法	缺點分類
1,2 級	1. 溢墨 ≥ 0.2mm，不允收 2. 焊點有效面積需達 75% 3. 殘留在接觸區中者不允收	10 倍放大	次缺
3 級	1. 溢墨 ≥ 0.1mm，不允收 2. 焊點有效面積需達 85% 3. 殘留在接觸區中的不允收	10 倍放大	次缺

偏移	
定義：	FPC 在以油墨或液態感光保護塗膜做導體線路覆蓋時，因材料漲縮或曝光對位偏移，所形成的偏移現象。

允收標準：			
等級	判定標準	檢驗方法	缺點分類
1,2 級	1. 偏移不可讓鄰接線路露出 (主缺) 2. 圓環 pad 覆蓋偏移，最小圓環導體裸露寬度需大於 0.05mm 3. 焊點有效面積需達 75%	10 倍放大	次缺
3 級	1. 偏移不可讓鄰接線路露出 (主缺) 2. 圓環 pad 覆蓋偏移，最小圓環導體裸露寬度大於 0.1mm 3. 焊點有效面積需達 85%	10 倍放大	次缺

氣泡	
定義：	FPC 在以油墨或液態感光保護塗膜做導體線路覆蓋時，因印刷製程及後段硬化烘烤條件不當所形成的塗液 (膜) 產生氣泡現象。

▼ 附 1-1　裸軟板外觀檢驗允收準則 (參考資料：TPCA-F-001 準則) (續)

允收標準：			
等級	判定標準	檢驗方法	缺點分類
1,2 級	1. 不應有氣泡跨越 2 條導線 2. 板邊氣泡不允許	10 倍放大	次缺
3 級	皆不可有氣泡產生	10 倍放大	次缺

異物

定義：	FPC 在以油墨或液態感光保護塗膜做導體線路覆蓋時，因製程環境外來雜質污染，所形成的塗液 (膜) 產生雜質異物。

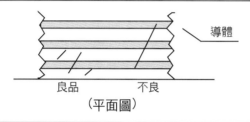

允收標準：			
等級	判定標準	檢驗方法	缺點分類
1,2 級	1. 導電性異物依 1-2-3 殘銅標準判定 2. 異物造成油墨凸起超過總厚度或剝離，不允收 3. 非導電性異物橫跨第三條線路，不允收 4. 非線路區域雜質長度超過 2mm，不允收	10 倍放大	次缺
3 級	1. 導電性異物依 1-2-3 殘銅標準判定 2. 異物造成油墨凸起或剝離，不允收 3. 非導電性異物橫跨第二條線路，不允收 4. 非線路區域雜質長度超過 1mm，不允收	10 倍放大	次缺

表面刮痕

定義：	在 FPC 接續部位使用接著劑及補強材料做補強板貼合，因接著劑特性或貼合製程控制不當，造成 FPC 與補強板間產生氣泡，影響兩者間的接著特性。

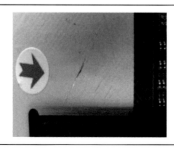

▼ 附 1-1　裸軟板外觀檢驗允收準則 (參考資料：TPCA-F-001 準則) (續)

允收標準：			
等級	判定標準	檢驗方法	缺點分類
1,2 級	1.　刮痕不能露出導體 2.　刮痕深度 (d)≤1/3 保護膜厚度 (t)	10 倍放大	次缺
3 級	刮痕深度 (d)≤1/5 保護膜厚度 (t)	10 倍放大	次缺

E. 印刷油墨

文字偏移	
定義：	FPC 在完成線路製程後，以油墨印刷文字及號碼作為成品識別及其它標識之用，因油墨印刷製程條件不當，造成油墨印刷偏移之現象。

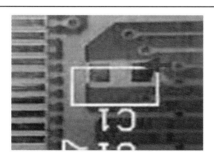 

允收標準：			
等級	判定標準	檢驗方法	缺點分類
1,2 級	1.　焊點表面不可有印刷油墨附著 2.　印刷偏移量需 ≤0.3mm	10 倍放大	次缺
3 級	由供需雙方商定	10 倍放大	次缺

文字模糊	
定義：	FPC 在完成線路製程後，以油墨印刷文字、號碼作為成品識別及其它標識之用，因油墨品質特性不佳或印刷製程條件不當，造成印刷之文字產生模糊而無法辨識之現象。

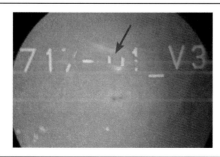 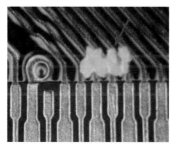

▼ 附 1-1　裸軟板外觀檢驗允收準則 (參考資料：TPCA-F-001 準則) (續)

允收標準：			
等級	判定標準	檢驗方法	缺點分類
1,2 級	1. 所印文字無法看出其字體及辨識其意思，判定不允收 2. 所印文字以膠帶測試其附著特性，需無法剝離	目視 3M-600 膠帶	次缺
3 級	由供需雙方商定	目視 3M-600 膠帶	次缺

F. 補強板貼合

補強板貼合	
氣泡	
定義：	在 FPC 接續部位使用接著劑及補強材料做補強板貼合，因接著劑特性或貼合製程控制不當，造成 FPC 與補強板間產生氣泡，影響兩者間的接著特性。

允收標準：			
等級	判定標準	檢驗方法	缺點分類
1,2 級	1. 使用熱固型接著劑補強材，氣泡不可大於所黏接補強材料面積的 10% 2. 使用其它接著劑補強材，氣泡不可大於所黏接補強材料面積的 1/3 3. 氣泡造成總厚增加須符合客戶要求	目視	次缺
3 級	由供需雙方商定	目視	次缺

異物	
定義：	在補強材貼合製程中因製程環境之外來污染，造成 FPC 在補強材貼合後有表面凸起之現象。

 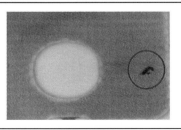

▼ 附 1-1　裸軟板外觀檢驗允收準則 (參考資料：TPCA-F-001 準則) (續)

允收標準：			
等級	判定標準	檢驗方法	缺點分類
1,2 級	1.　異物面積大小不可超過補強材貼合面積的 10% 2.　補強材中異物造成之 FPC 凸起，不可影響其總厚度	10 倍放大	次缺
3 級	不可有異物造成 FPC 之凸起	10 倍放大	次缺

貼合偏移

定義：	在補強材貼合製程中因製程條件控制不當，而造成補強材在貼合後產生貼合位置的偏移。

允收標準：			
等級	判定標準	檢驗方法	缺點分類
1,2 級	1.　接著劑或補強膠片偏移 (含膠溢出) 不可超過 +/-0.3mm 2.　不允許有補強材因偏移而覆蓋 FPC 孔穴	10 倍放大	次缺
3 級	1.　接著劑或補強膠片偏移 (含膠溢出) 不可超過 +/-0.2mm 2.　不允許有補強材因偏移而覆蓋 FPC 孔穴	10 倍放大	次缺

接著不足 (分層)

定義：	在 FPC 接續部位使用補強材料做補強板貼合，因接著劑特性不佳或貼合製程控制不當，造成 FPC 與補強板間貼合性不足而產生二者分層之狀況。

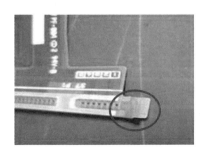 

▼ 附 1-1　裸軟板外觀檢驗允收準則 (參考資料：TPCA-F-001 準則) (續)

允收標準：			
等級	判定標準	檢驗方法	缺點分類
1,2,3 級	不可有分層現象發生	目視	主缺

補強板毛邊	
定義：	所貼合之補強板材因沖切製程精度控制不良，在其邊緣產生碎屑或毛邊，影響 FPC 整體外觀及後段組裝製程。

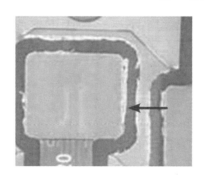

允收標準：			
等級	判定標準	檢驗方法	缺點分類
1,2 級	補強板毛邊 < 0.3mm	10 倍放大	次缺
3 級	補強板毛邊 < 0.1mm	10 倍放大	次缺

G. 表面處理 (鍍層或皮膜)

表面處理	
鍍層變色	
定義：	因鍍層製程處理不當，造成鍍層表面色差、變色之外觀現象。

 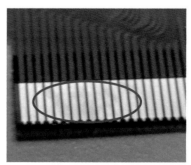

▼ 附 1-1　裸軟板外觀檢驗允收準則 (參考資料：TPCA-F-001 準則) (續)

允收標準：

等級	判定標準	檢驗方法	缺點分類
1,2,3 級	1. 變色 (黑化) 不允收 2. 不應有目視可見之明顯紅斑、指紋、污跡	目視	次缺

鍍層露銅

定義：	因鍍層前製程處理不完全，造成雜質殘留而產生導體局部無法上鍍現象。

允收標準：

等級	判定標準	檢驗方法	缺點分類
1,2 級	1. 整支導體未上鍍不允收 (主缺) 2. 輸入 / 輸出端子露銅，寬＜ 1/3 線寬 , 長度＜線寬，連接器接觸部位不可露銅 3. 焊墊露銅需小於可銲面積 25% 4. 按鍵 (key pad) 、大地露銅需小於 0.2mm	10 倍放大	次缺
3 級	1. 整支導體未上鍍不允收 (主缺) 2. 輸入 / 輸出端子露銅，寬＜ 1/4 線寬 , 長度＜線寬，connector 接觸部位不可有 3. 焊墊露銅需小於可銲面積 15% 4. 按鍵 (key pad) 、大地露銅需小於 0.2mm	10 倍放大	次缺

焊錫 (金) 滲入

定義：	因保護膜貼合不良或鍍層製程控制不當，致使鍍液滲入導體與保護膜 (或 LPI) 之介面，造成導體表面有輕微變色之現象。

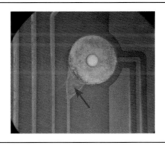

▼ 附 1-1　裸軟板外觀檢驗允收準則 (參考資料：TPCA-F-001 準則) (續)

允收標準：			
等級	判定標準	檢驗方法	缺點分類
1,2 級	1. 導體與保護膜介面其焊錫 (金) 層之滲入長度 ≥0.5mm，不允收	10 倍放大	次缺
3 級	1. 導體與保護膜介面其焊錫 (金) 層之滲入長度 0.3mm，不允收	10 倍放大	次缺

鍍層厚度不足

定義：	FPC 表面鍍層因製程控制不當，造成鍍層厚度不足，可能影響後段組裝良率。

允收標準：			
等級	判定標準	檢驗方法	缺點分類
1,2,3 級	鍍層厚度需符合客戶要求	X-ray	主缺

鍍層色差 (白霧)

定義：	FPC 表面鍍層，因前處理製程或藥水使用不當，造成鍍層表面有輕微白霧色差現象，影響鍍層外觀判定。

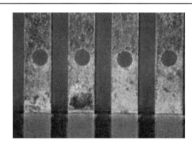 

允收標準：			
等級	判定標準	檢驗方法	缺點分類
1,2 級	1. 鍍層白霧狀無法去除者 2. 焊接區域允收 3. 輸入 / 輸出端子部位，目視不允收	目視	次缺
3 級	由供需雙方商定	目視	次缺

▼ 附 1-1　裸軟板外觀檢驗允收準則 (參考資料：TPCA-F-001 準則) (續)

鍍 (化) 金殘留

定義：	以鍍 (化) 金做為 FPC 表面鍍層，因鍍層製程條件控制不當或其它因素，造成鍍化金殘留，影響外觀及功能問題

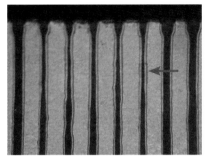

允收標準：

等級	判定標準	檢驗方法	缺點分類
1,2,3 級	1. 依據導體殘銅允收標準判定 2. 線距間殘金，不允收 3. 線寬須符合圖面公差	10 倍放大	次缺

鍍層氣泡與浮離

定義：	因鍍層製程控制不當，使得鍍層產生氣泡，嚴重者造成鍍層浮離，將會影響鍍層品質進而使後段部件組裝製程產生不良。

允收標準：

等級	判定標準	檢驗方法	缺點分類
1,2,3 級	不允許有鍍層產生氣泡與浮離發生	10 倍放大 3M 膠帶	主缺

附錄二

外觀檢查

部件焊接外觀缺點

部件焊接			
缺件			
定義：	因焊接製程不良或其它因素，使部件沒有焊接於其上的缺件現象，將造成 FPC 組裝不良無法發揮其功能。		

允收標準：			
等級	判定標準	檢驗方法	缺點分類
1,2,3 級	組裝製程不允許缺件發生	目視	主缺
錯件			
定義：	因焊接製程不良或其它因素，使部件未按原焊接位置安排，而發生錯誤焊接現象，此項 FPC 組裝不良將使 FPC 無法發揮其正常功能。		

允收標準：			
等級	判定標準	檢驗方法	缺點分類
1,2,3 級	組裝製程不允許錯件發生	目視	主缺

▼（續前表）

部件反向

定義：	因部件未按工程資料中之正確面向或極性做焊接，而發生部件反向焊接現象，此項 FPC 組裝不良將使 FPC 無法發揮其正常功能。

NG品

允收標準：

等級	判定標準	檢驗方法	缺點分類
1,2,3 級	組裝製程不允許部件發生反向與極性錯誤之焊接	目視	主缺

部件位置偏移

定義：	因焊接製程不良或其它因素，使部件焊接發生位置偏移現象，造成 FPC 組裝外觀不良及影響長期功能可靠性。

▼（續前表）

允收標準：			
等級	判定標準	檢驗方法	缺點分類
1,2 級	1. 偏移量 >1/2 焊墊寬或 1/2 部件寬 (取其中較小者)，不允收 2. 偏移若接觸到鄰近線路者，不允收 3. 部件腳端 2 端同時偏移突出焊墊，且雙向突出不在同一側 (歪斜)，不允收	目視	次缺
3 級	1. 偏移量 > 1/3 焊墊寬或 1/3 部件寬 (取其中較小者)，不允收 2. 偏移若接觸到鄰近線路，不允收 3. 部件腳端 2 端同時偏移突出焊墊，且雙向突出不在同一側 (歪斜)，不允收	目視	次缺

空、冷焊	
定義：	因焊接製程不良或其它因素，使部件做焊接而發生末端爬錫不良的現象，造成 FPC 空焊及冷焊，將影響其發揮正常功能。

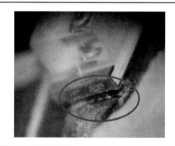

允收標準：			
等級	判定標準	檢驗方法	缺點分類
1,2,3 級	組裝製程不允許部件發生空焊及冷焊	10 倍放大	主缺

短路	
定義：	因焊接製程不良或其它因素，使部件做接時發生接腳焊錫產生跨接，造成 FPC 焊接短路現象，將影響 FPC 發揮正常功能。

▼（續前表）

允收標準：			
等級	判定標準	檢驗方法	缺點分類
1,2,3 級	組裝製程不允許部件發生焊接短路問題	目視	主缺

部件沾錫

定義：	因焊接製程不良或其它因素，使部件做焊接時發生部件塑膠本體沾錫現象，勢將影響 FPC 外觀及其發揮正常功能。

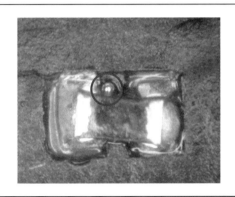

允收標準：			
等級	判定標準	檢驗方法	缺點分類
1,2,3 級	部件塑膠本體沾錫現象，不允收	10 倍放大	次缺

助焊劑殘渣

定義：	FPC 在做部件搭載組裝時，為使焊接狀態良好需使用助焊劑，焊接完畢後助焊劑不能殘留於部件導體位置，以免影響 FPC 最終電性功能。

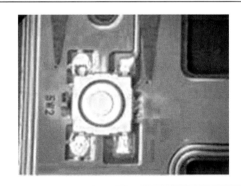

允收標準：			
等級	判定標準	檢驗方法	缺點分類
1,2,3 級	部件接觸內 PIN 或其他未焊接手指、PAD 部位殘留助焊劑，不允收	10 倍放大	主缺

▼（續前表）

吃錫量				
定義：	因焊接製程不良或其它因素，使零組在焊接時發生接腳吃錫量不足，造成部件焊接強度不足，影響 FPC 正常功能及長期可靠度。			

允收標準：				
等級	判定標準		檢驗方法	缺點分類
1,2 級	1.　晶片 (Chip) 部件吃錫高度必須高於部件高度之 1/4 2.　露金面積小於有效面積的 10%，均可允收		10 倍放大	次缺
3 級	由供需雙方商定		目視	次缺

焊錫強度				
定義：	FPC 在做後段部件搭載組裝時，因表面鍍層不良或焊錫製程不良，造成焊接部件接腳焊錫強度不足，影響 FPC 正常功能及長期可靠度。			

允收標準：				
等級	判定標準		檢驗方法	缺點分類
1,2 級	依據銅箔抗撕強度 0.49 N/mm ≦ G (0.56kg/cm) 符合度，以判定焊接強度大於 銅箔。確保焊盤結合品質穩定，不會從焊盤剝落。		推 (拉) 力器	主缺
3 級	由供需雙方商定		推 (拉) 力器	主缺

▼（續前表）

部件側立	
定義：	FPC 在做後段部件搭載組裝時，因焊錫製程不良或其它因素產生部件側立現象，將影響 FPC 部件焊接效果、整體外觀與組裝，並可能使 FPC 無法發揮正常功能。

允收標準：			
等級	判定標準	檢驗方法	缺點分類
1,2,3 級	焊接部件側立，皆不允收	目視	主缺

部件缺陷 / 破損 / 污痕	
定義：	FPC 在做後段部件搭載組裝時，因所欲焊接之部件有缺陷、破損、污痕等缺點，將造成焊接上之部件無法發揮正常功能。

電阻破裂

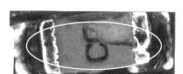
電容破損

電容破裂

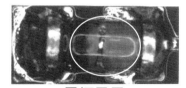
電極暴露

允收標準：			
等級	判定標準	檢驗方法	缺點分類
1,2,3 級	1. 部件不可有破裂及破損之情況 2. 部件及 FPC 本體區不能有髒污、毛屑及雜質	10 倍放大	主缺

連接器焊接外觀缺點

連接器焊接			
焊接偏移			

定義：	FPC 在做後段部件搭載組裝時，因焊接製程不良或其它因素，可能造成焊接位置偏移，導致 FPC 整體組裝外觀及連接導通電性不佳。

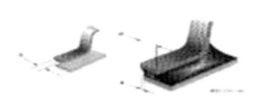 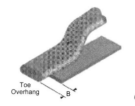

A ≦ 1/3W   PIN 腳不可突出

允收標準：

等級	判定標準	檢驗方法	缺點分類
1,2 級	1. 偏移量 >1/3 焊墊寬或 1/3 部件寬 (較小者)，不允收 2. 偏移若接觸到鄰近線路，不允收 3. 連接器端橫向偏移突出基板焊墊端邊界，不允收	目視	次缺
3 級	由供需雙方商定	目視	次缺

浮離	

定義：	FPC 在做後段部件搭載組裝時，連接器因焊接製程不良或其它因素發生焊接浮離現象，導致 FPC 組裝外觀、焊接強度不足及連接導通之電性與長期可靠度不佳。

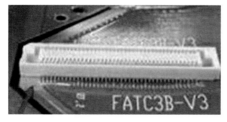 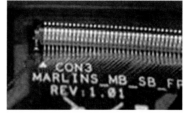

允收標準：

等級	判定標準	檢驗方法	缺點分類
1,2 級	1. 連接器浮高不可超過 0.3mm 2. 吃錫量須符合部件焊接吃錫之規定	10 倍放大	次缺
3 級	1. 連接器浮高不可超過 0.2mm 2. 吃錫量須符合部件焊接吃錫之規定	10 倍放大	次缺

▼（續前表）

吃錫量

定義：	FPC 空板在做後段部件搭載組裝時，因焊接製程不良或其它因素造成連接器吃錫量不足，可能導致焊接強度不足及連接導通電性與長期可靠性不佳。

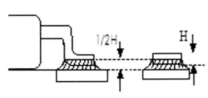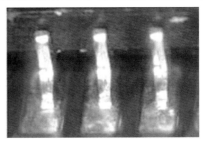

允收標準：

等級	判定標準	檢驗方法	缺點分類
1,2 級	1. Pin 兩側或前端吃錫高度需高於連接器 Pin 總高度之 1/3 2. 如連接器 Pin 偏移，單側吃錫須達連接器 Pin 總高度之 1/2 3. 焊墊露金面積需小於有效面積的 10%，可允收	10 倍放大	次缺
3 級	由供需雙方商定	10 倍放大	次缺

錯件

定義：	FPC 在做後段部件搭載組裝時，因焊接製程不良或其它因素，使連接器未按原位置安排發生錯誤焊接，使 FPC 無法發揮正常功能。

允收標準：

等級	判定標準	檢驗方法	缺點分類
1,2,3 級	不允許連接器錯件焊接發生	目視	主缺

助焊劑殘渣

定義：	FPC 在做後段部件搭載組裝時，為使連接器焊接狀態良好需使用助焊劑，焊接完畢後助焊劑不能殘留於部件之導體位置，以免影響 FPC 最終電性功能。

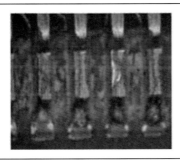

▼（續前表）

等級	判定標準	檢驗方法	缺點分類
允收標準：			
1,2,3 級	1. 連接器接觸內 PIN 或其他未焊接手指、PAD 部位殘留助焊劑者，不允收	10 倍放大	主缺

端子變形

定義：	FPC 做後段部件搭載組裝，連接器端子受不當外力或製程應力變形，使組裝外觀、焊接強度不良，影響其焊接與電性可靠度。

允收標準：

等級	判定標準	檢驗方法	缺點分類
1,2,3 級	連接器端子變形，不允收	目視	主缺

溢錫

定義：	FPC 在做後段部件搭載組裝時，因焊接製程不良或其它因素，使連接器有過多錫量虹吸溢至端子內，造成不必要沾附或形成連接器焊接短路。

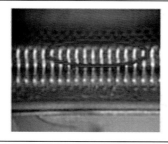 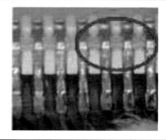

▼（續前表）

允收標準：			
等級	判定標準	檢驗方法	缺點分類
1,2 級	連接器之接觸端子，溢錫超過連接器高度之 1/3 者，不允收	10 倍放大	次缺
3 級	由供需雙方商定	10 倍放大	次缺

沾錫

定義：	FPC 在做後段部件搭載組裝時，因焊接製程不良或其它因素，使連接器端子間或本體產生不必要焊錫沾附，可能造成連接器焊接短路。

允收標準：			
等級	判定標準	檢驗方法	缺點分類
1,2 級	1.　連接器內接觸 Pin 沾錫，不允收 . 2.　連接器塑膠本體不可沾錫 3.　金手指不可沾錫	放大 10 倍	次缺
3 級	由供需雙方商定	放大 10 倍	次缺